河南省科技攻关项目（162102110064）：羊源降胆固醇益生乳酸杆菌的分离筛选及其微生态制剂的开发

河南自然科学基金（162300410080）：纤维小体乳酸杆菌表面展示系统的构建

生物发酵饲料技术研究与生产应用

李旺 著

中国水利水电出版社
www.waterpub.com.cn
·北京·

内 容 提 要

生物发酵饲料是利用微生物的新陈代谢和繁殖，生产或调制出具有绿色、安全以及高效等诸多优点的饲料。

本书对生物发酵饲料技术与应用进行了研究，主要内容包括：生物发酵饲料原料、生物发酵饲料工艺、生物发酵饲料产品、生物发酵饲料应用、生物发酵饲料存在问题、生物发酵饲料前景等。

本书结构合理，条理清晰，内容丰富新颖，可供相关技术人员参考使用。

图书在版编目（CIP）数据

生物发酵饲料技术研究与生产应用 / 李旺著. -- 北京 ：中国水利水电出版社，2018.6 （2024.1重印）
ISBN 978-7-5170-6567-8

Ⅰ. ①生… Ⅱ. ①李… Ⅲ. ①发酵饲料一研究 Ⅳ. ①S816.6

中国版本图书馆CIP数据核字(2018)第140558号

书　　名	生物发酵饲料技术研究与生产应用 SHENGWU FAJIAO SILIAO JISHU YANJIU YU SHENGCHAN YINGYONG
作　　者	李　旺　著
出版发行	中国水利水电出版社 （北京市海淀区玉渊潭南路 1 号 D 座 100038） 网址：www.waterpub.com.cn E-mail：sales@waterpub.com.cn 电话：(010)68367658(营销中心)
经　　售	北京科水图书销售中心(零售) 电话：(010)88383994、63202643、68545874 全国各地新华书店和相关出版物销售网点
排　　版	北京亚吉飞数码科技有限公司
印　　刷	三河市元兴印务有限公司
规　　格	170mm×240mm　16 开本　13.25 印张　237 千字
版　　次	2019 年 1 月第 1 版　2024 年 1 月第 2 次印刷
印　　数	0001—3000 册
定　　价	62.00 元

前　　言

饲料成本占养殖业总成本三分之二，饲料工业核心技术是饲料配制技术。先进的饲料配制技术为我国畜牧业发展和人民生活水平的改善做出了突出贡献。然而，随着畜产品产量的增加，也出现了一系列令人担忧的问题，如畜产品品质下降问题、药物残留问题、养殖行业的污染问题，这些问题都是需要着手去解决的。因此，从饲料和养殖环节考虑，研制能提高动物生产性能、安全无害的新添加剂一直是畜牧业和饲料业的优先课题。微生物发酵饲料是利用微生物的新陈代谢和繁殖，生产或调制出具有绿色、安全以及高效等诸多优点的饲料，其在促进动物生长、替代抗生素、农副产品再生资源化和减少人畜争粮等方面具有良好的发展前景。

作者

2018年3月

目　　录

第一章　生物发酵饲料相关概念

第一节　饲料相关概念

饲料,即提供给动物的一切可食物质,是动物体在整个生命活动过程中,为满足自身生长及生产的需要,必须不断从外界摄取的营养物质。动物需要的是饲料中的某些营养物质,这些营养物质经过动物的新陈代谢,最后形成动物本身的结构物质或者动物产品[1],从来源分,包括植物性饲料,动物性饲料,矿物性饲料和微生物饲料。饲料原料种类繁多,且根据饲料资源开发情况不断出现新的饲料原料种类。我国相关管理部门定期进行饲料原料的标准化管理和数据更新。我国最新的饲料原料目录更新至2013年12月,并就新增补的原料种类进行了必要的说明。

饲料的分类也是饲料相关概念的一部分,而目前世界各国饲料分类方法尚未完全统一。美国学者L. E. Harris(1956)的饲料分类原则和编码体系,迄今已为多数学者所认同,并逐步发展成为当今饲料分类编码体系的基本模式,被称为国际饲料分类法。国际饲料分类是以各种饲料干物质(dry matter)中的主要营养特性为基础,将饲料分为8大类。20世纪80年代,在张子仪院士主持下,根据上述原则结合我国实际情况建立了中国饲料分类编码。总共分为8大类(图1-1)和17个亚类。另外,饲料还有其他很多分类方法,按饲料来源分类,主要有植物性饲料、动物性饲料、微生物饲料、矿物质饲料、人工合成饲料。按营养价值可分为全价配合饲料、浓缩饲料、添加剂预混料、精料混合料。按形状可分为粉状饲料、颗粒饲料、膨化饲料、碎粒料、块状饲料[2]。

按饲料物理性状分类,有以下几类:粉状饲料,是目前国内普遍采用的料型,是把按一定比例混合好的饲料粉碎成颗粒大小,细度大约在2.5mm。这种饲料的生产设备及工艺均较简单,耗电少,加工成本低。养分含量和动物的采食较均匀。品质稳定,饲喂方便、安全、可靠。但容易引起动物的挑食，造成浪费。颗粒料，是以粉料为基础，经过蒸气加压处理而制成的块状饲料，其形状有圆筒状和角状。这种饲料密度大，体积小，改善可适口性，并保证了全价性饲料报酬高，特别是肉用型动物及禽、鱼等应用效果最好，一般可增重5%～15%。因此，颗粒料在国外配合饲料生产量中占46%以上。颗粒饲料在经过制粒过程中的加热加压处理，破坏了部分有毒成分，起到杀虫灭菌作用。但是这种饲料的制作成本较高。在加热加压时使一部分维生素和酶等活性物质失去活性。颗粒料的直径根据动物的种类、年龄不同而有具体的要求。我国一般采用的直径范围是肉鸡1.0～2.5mm，成年鸡4.5mm。颗粒料的长度为其直径1.0～1.5倍。颗粒料的硬度宜5～10kg/cm²。碎粒料是用机械方法将颗粒料再经破碎加工成细度为2～4mm的碎粒。其特点与颗粒料相同，就是由于破碎而使动物的采食速度稍慢。压扁饲料，是将籽实饲料（如玉米、高粱等）去皮，加16%的水，通蒸气加热到120℃左右，然后压成片状、冷却，再配制各种添加剂即成。据日本学者研究，这种饲料可提高饲料的消化和可利用效率，适口性好，并且饲料由于被压成扁状，表面积增大，消化液可以充分浸透，利于发挥消化酶的作用。另外，还有其他块状饲料及液体饲料等。

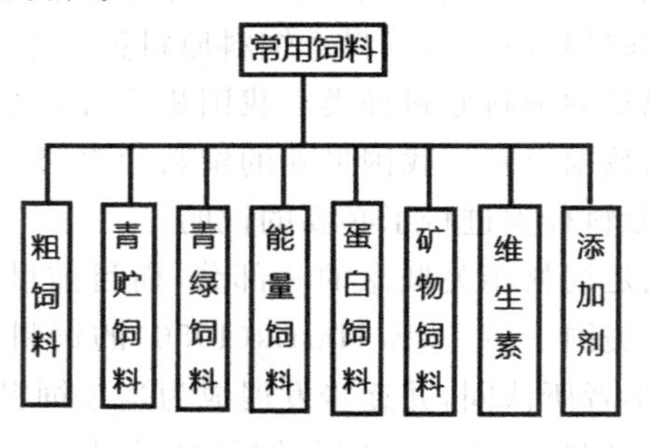

图1-1 饲料国际分类

按原材料分类饲料可分为粗饲料、青绿饲料、青贮饲料、能量饲料、蛋白质补充料、矿物质饲料、维生素饲料及添加剂。粗饲料指干物质中粗纤维的含量在18%以上的一类饲料，主要包括干草类、秸秆类、农副产品类以及干物质中粗纤维含量为18%以上的糟渣类、树叶类等。青绿饲料指自然水分含量在60%以上的一类饲料，包括牧草类、叶菜类、非淀粉质的根茎瓜果类、水草类等。青贮饲料用新鲜的天然植物性饲料制成的青贮及加有适量糠麸类或其他添加物的青贮饲料，包括水分含量在45%～55%的半干青贮。能量饲料指干物质中粗纤维的含量在18%以下，粗蛋白质的含量在20%以下的一类饲料，主要包括谷实类、糠麸类、淀粉质的根茎瓜果类、油脂、草籽树实类等。蛋白质补充料指干物质中粗纤维含量在18%以下，粗蛋白质含量在20%以上的一类饲料，主要包括植物性蛋白质饲料、动物性蛋白质饲料、单细胞蛋白质饲料等。矿物质饲料包括工业合成的或天然的单一矿物质饲料，多种矿物质混合的矿物质饲料，以及加有载体或稀释剂的矿物质添加剂预混料。维生素饲料指人工合成或提纯的单一维生素或复合维生素，但不包括某项维生素含量较多的天然饲料。添加剂指各种用于强化饲养效果，有利于配合饲料生产和贮存的非营养性添加剂原料及其配制产品，如各种抗生素、抗氧化剂、防腐剂、粘结剂、着色剂、增味剂以及保健与代谢调节药物等。

按营养成分分类分为全价配合饲料、配(混)合饲料、蛋白质补充饲料、添加剂预混料。全价配合饲料又叫全日粮配合饲料，是由能量饲料、蛋白质饲料、矿物质饲料，以及各种添加剂饲料所组成，该饲料所含的各种营养成分和能量均衡全面，能够完全满足动物的各种营养需要，不需加任何成分就可以直接饲喂，并能获得最大的经济效益，是理想的配合饲料；配(混)合饲料又叫基础日粮，是由能量饲料、蛋白质饲料、矿物质饲料按一定比例组成的，基本上能满足动物营养需要，但营养不够全面，只适合农村散养搭配一定量的青饲料进行饲喂；蛋白质补充饲料又叫蛋白质浓缩饲料，是指以蛋白质饲料为主，加上矿物质饲料和添加剂预混合饲料配制而成的混合饲料，动物的蛋白质浓缩饲料一般含蛋白质30%以上，矿物质和维生素也高于饲料标准规定的要求，因此，不能直接饲喂，但按一定比例添加能量饲料就可以配制成营养全面的全价配合饲料。一般情况下蛋白质补充料占全价配合饲料的20%～30%。由于使用浓缩饲料既方便又能保证配合成的饲料质量，是饲料发展的重点产品；添加剂预混料是由营养物质添加剂和非营养物质添加剂等组成，以玉米粉、豆饼粉及面粉等饲料作为载体，根据动物的不同品种和生产方式而均匀配制成的饲料半成品。

饲料的加工调制技术有很多种，配合饲料的除杂、粉碎、混合、质粒等是目前规模化饲料加工最常见的加工方式。除此之外，在饲料原料目录中列出了共66种饲料加工方式。常见的有：

氨化(Ammoniation)：将粗饲料用氨或铵盐进行处理，改善其品质，提高其利用率。

爆裂(Popping)：在不加水的条件下，通过加热或烘炒，使谷物熟化、体积膨大、表面出现裂缝。

剥皮/去皮/脱皮(Peeling)：完全或部分去除谷物、豆类、种子、果实或蔬菜的种皮、果皮或内壳。

发酵(Fermentation)：应用酵母、霉菌或细菌在受控制的有氧或厌氧条件下，增殖菌体、分解底物或形成特定代谢产物的过程。

分选(Fractionation):通过过筛或气流处理将物料中不同容重、不同粒径的组分分离。

烘干(Drying):去除物料中的水分或者其它挥发成分。

烘烤(Roasting/ Toasting):物料置于火、热气、电或微波等加热环境中,进行烘焙、干燥,以提高消化率、加深颜色或减少天然抗营养因子。

挤压膨化(Extrusion/ Extruding):物料经螺杆推进、增压、增温处理后挤出模孔,使其骤然降压膨化,制成特定形状的产品。

加热(Heating):通过提高温度,加压或不加压,对物料进行处理的方法。

碱化(Basification):向物料中添加碱性物质使物料由酸性变为碱性(提高 pH 值)的过程。

瘤胃保护/过瘤胃 (Rumen protection/ By-pass rumen):通过加热、加压、汽蒸等物理方法,或者通过使用加工助剂,防止或减缓营养物质在瘤胃内降解的过程。

浓缩(Concentration):通过去除水分或其它液体成分以提高主体组分浓度的过程。

喷雾干燥(Spray drying):将液体物料雾化,并以热气体干燥的过程。

青贮(Ensiling):将青绿植物切碎,经过压实、排气、密封,在厌氧条件下进行乳酸发酵,以延长储存时间。

第二节　生物发酵技术

一、定义

发酵技术是指人们利用微生物的发酵作用,运用一些技术手段控制发酵过程,大规模生产发酵产品的技术,称为发酵技术。发酵的概念来源于酿酒的过程。“发酵”最初来源于拉丁语“发泡”[4]。而工业上的发酵是指利用微生物制造工业原料或工业产品的过程,包括厌氧培养和通气培养。厌氧培养的生产过程,如酒精,乳酸的生产等;通气培养的生产过程,如抗生素、氨基酸、酶制剂的生产等。发酵工程主要指在最适发酵条件下,发酵罐中大量培养细胞和生产代谢产物的工艺技术,根据各种微生物的特性,在有氧或无氧条件下利用生物催化(酶)的作用,将多种低值原料转化成不同的产品的过程。而广义上的发酵工程由三部分组成:分别是上游工程,发酵工程和下游工程。其中上游工程包括优良菌株的选育，最适发酵条件（营养组成、pH 值、温度等）的确定，营养物的准备等；下游工程指从发酵液中分离和纯化产品的技术。

在饲料领域，发酵已经变成了一个非常重要的加工处理方式，包括液体发酵和固体发酵两大类。

液体发酵是现代生物技术之一，它是指在发酵容器中，模仿自然界中菌种生长过程所必需的糖类、有机和无机含有氮素的化合物、无机盐等一些微量元素以及其它营养物质溶解在水中作为培养基，灭菌后接入菌种，通入无菌空气并加以搅拌，提供适于菌体呼吸代谢所需要的氧气，并控制适宜的外界条件，进行菌大量培养繁殖的过程。工业化大规模的发酵培养即为发酵生产，亦称深层培养或沉没培养。

饲料领域涉及到的液体发酵包括酶制剂的液体发酵生产法，抗生素的液体发酵，赖氨酸、色氨酸、苏氨酸等氨基酸的液体发酵生产法，抗生素、抗菌肽等抗菌消炎物质的液体发酵生产法，部分维生素的液体发酵生产法。

固体发酵是微生物生长在潮湿不溶于水的基质进行发酵，在固体发酵过程中不含任何自由水，随着自由水的增加，固体发酵范围延伸至黏稠发酵（slurry fermentation）以及固体颗粒悬浮发酵。饲料领域涉及到的固体发酵方法包括使用历史较久远的青贮饲料。也包括目前部分固体发酵法生产的酶制剂，固体发酵方法生产的饲料原料（发酵豆粕、酿酒酵母培养物、酿酒酵母发酵白酒糟、发酵果渣等）。以目前的产业规模和科学研究来看，固体发酵饲料原料是生物发酵饲料领域里的热点内容。

二、发酵工业必须具备的条件

发酵工业必须具备的条件有以下几个方面。

（1）某种适宜的微生物　就饲料领域来说也就是 2013 版《饲料添加剂目录》中允许在动物养殖和饲料中使用的微生物菌种。包括：地衣芽孢杆菌、枯草芽孢杆菌、两歧双歧杆菌、粪肠球菌、屎肠球菌、乳酸肠球菌、嗜酸乳杆菌、干酪乳杆菌、德式乳杆菌乳酸亚种（原名：乳酸乳杆菌）、植物乳杆菌、乳酸片球菌、戊糖片球菌、产朊假丝酵母、酿酒酵母、沼泽红假单胞菌、婴儿双歧杆菌、长双歧杆菌、短双歧杆菌、青春双歧杆菌、嗜热链球菌、罗伊氏乳杆菌、动物双歧杆菌、黑曲霉、米曲霉、迟缓芽孢杆菌、短小芽孢杆菌、纤维二糖乳杆菌、发酵乳杆菌、德氏乳杆菌、保加利亚亚种（原名：保加利亚乳杆菌）、产丙酸丙酸杆菌、布氏乳杆菌、副干酪乳杆菌、凝结芽孢杆菌、侧孢短芽孢杆菌（原名：侧孢芽孢杆菌）共 35 种微生物菌种。

(2)要保证或控制微生物进行代谢的各种条件　即培养基的组成、温度、溶氧浓度、pH 值等;按照发酵方式同样需要具备液体发酵工艺参数和固体发酵工艺参数之分。

(3)微生物发酵需要的设备　相对来讲,液体发酵设备更容易控制,标准化程度更高,以不同结构的各级发酵罐为主。固体发酵无标准化设备,受规模、菌种等条件不同的限制,发酵设备可以说千差万别。但有一个前提是,发酵设备一定要与所用菌种相适应,与所设计的工艺相适应。

(4)收集菌体或代谢产物或发酵产品的方法和设备　对液体发酵而言,产物和产品主要有菌种、代谢物、特定产物;如饲料领域的微生态制剂为活菌(常见的芽孢杆菌、酵母),酶制剂为代谢产物,抗菌肽、抗生素等为定向发酵产物。收集的设备也大不相同,菌种收集主要依靠离心浓缩、过滤等设备获得菌体;代谢产物往往根据产物特征进行分离纯化;定向发酵产物需要更复杂的交换、过滤和纯化等设备。此部分设备和工艺涉及到生物化工领域的诸多内容。

三、发酵工程的特点

微生物发酵生产的研究大体上有两种方式:一种是小规模发酵的研究形式,如在实验室里进行大量摇瓶培养,观察限制反应速率的各种因素,确定最适的培养方法;另一种是大规模的研究形式,利用小型和中型反应器(以发酵罐为主)进行培养试验,并进一步在工业规模上研究发酵生产产物的分离和精制方法,以确定在细胞水平上的综合的最适培养条件。

由于微生物种类繁多,繁殖速度快,代谢能力强,催化的反应类型多,容易通过人工诱变获得有益的突变菌株,同时由于微生物能够利用有机物、无机物等各种营养源,不受气候、季节等自然条件的限制,可以用简易的设备来生产多种多样的产品。所以,在酒、酱、醋等酿造技术基础上发展起来的发酵技术非常迅速,具有下述特点:

①发酵过程在微生物菌种自动调节下进行,每一个微生物个体为一个生物反应器,数以亿计的微生物共同在一个空间内完成相同反应,产生群体效应。

②反应通常在较温和的温度范围内进行,条件温和,能耗少,液体发酵设备要求精密度较高,固体发酵设备要求较简单。

③原料通常以玉米浆、糖蜜、淀粉等有机碳水化合物为主,可以是农副产品、工业废水或可再生资源,微生物本身能有选择地摄取所需物质并代谢出相应的产物。

④容易生产复杂的高分子化合物，能高度选择地在复杂化合物的特定部位进行氧化、还原或者官能团引入等反应。

⑤发酵过程中需要防止杂菌污染，设备需要进行严格的清洗、灭菌；空气需要过滤等。

四、发酵工程的内容

发酵工程主要包括菌种的培养和选育，发酵条件的优化，发酵反应器的设计和自动控制，产品的分离纯化和精制等。目前较成熟的发酵行业包括：食品工业、化工、医药、冶金、能源开发、污水处理、防腐、防霉等。生物发酵饲料行业属于后来跟进行业，但是规模大、增量迅速，能够改善环境、提高畜产品价值，给发酵工程带来新的发展前景。目前已知具有生产价值的发酵类型有以下五种：

1. 微生物菌体发酵

微生物菌体发酵是以获得菌体为目的的发酵方式。传统的菌体发酵工业有面包制作的酵母发酵及食品的微生物菌体蛋白发酵两种类型；在饲料行业各种各样的微生态制剂均属于微生物菌体发酵的类型，其目的是通过改良培养基，改善培养条件达到菌种密度的最大化，获得单位质量或体积内最多的菌体数。如活性干酵母、芽孢杆菌、乳酸菌、丁酸梭菌等。除此之外，现代的菌体发酵工业常用来生产一些药用真菌：如香菇类、天麻共生的密环菌以及获得名贵中药——茯苓的茯苓菌和获得灵芝多糖的灵芝等药用真菌。通过发酵生产的手段可以生产出与天然药用真菌具有同等疗效的药用产物。

2. 微生物酶发酵

酶普遍存在于动物、植物和微生物中。最初，人们都是从动、植物组织中提取酶，但目前工业应用的酶大多来自微生物发酵，因为微生物具有种类多、产酶面广、生产容易和成本低等特点。微生物酶制剂有广泛的用途，多用于食品和轻工业中，如微生物生产的淀粉酶和糖化酶用于生产葡萄糖，氨基酰化酶用于拆分DL-氨基酸等。酶也用于医药生产和医疗检测中，如青霉素酰化酶用来生产半合成青霉素所用的中间体6-氨基青霉烷酸，胆固醇氧化酶用于检查血清中胆固醇的含量，葡萄糖氧化酶用于检查血中葡萄糖的含量等。

目前在饲料里面使用的酶达到几十种，包括：淀粉酶（产自黑曲霉、解淀粉芽孢杆菌、地衣芽孢杆菌、枯草芽孢杆菌、长柄木霉3、米曲霉、大麦芽、酸解支链淀粉芽孢杆菌)、α-半乳糖苷酶(产自黑曲霉)、纤维素酶(产自长柄木霉3、黑曲霉、孤独腐质霉、绳状青霉)、β-葡聚糖酶(产自黑曲霉、枯草芽孢杆菌、长柄木霉3、绳状青霉、解淀粉芽孢杆菌、棘孢曲霉)、葡萄糖氧化酶(产自特异青霉、黑曲霉)、脂肪酶(产自黑曲霉、米曲霉)、麦芽糖酶(产自枯草芽孢杆菌)、β-甘露聚糖酶(产自迟缓芽孢杆菌、黑曲霉、长柄木霉3)、果胶酶(产自黑曲霉、棘孢曲霉)、植酸酶(产自黑曲霉、米曲霉、长柄木霉3、毕赤酵母)、蛋白酶(产自黑曲霉、米曲霉、枯草芽孢杆菌、长柄木霉3)、角蛋白酶(产自地衣芽孢杆菌)、木聚糖酶(产自米曲霉、孤独腐质霉、长柄木霉3、枯草芽孢杆菌、绳状青霉、黑曲霉、毕赤酵母)等。通过近30年对饲料酶制剂的研究和应用,饲料酶制剂在节约饲料粮、提高料肉比方面做出了巨大的贡献。新酶和改进酶不断推出,继续丰富和完善饲料酶制剂的研究和应用推广技术。

3. 微生物代谢产物发酵

微生物代谢产物的种类很多,已知的有37个大类,其中16类属于药物。在菌体对数生长期所产生的产物,如氨基酸、核苷酸、蛋白质、核酸、糖类等,是菌体生长繁殖所必需的。这些产物叫做初级代谢产物,许多初级代谢产物在经济上具有相当的重要性,分别形成了各种不同的发酵工业。

在菌体生长静止期,某些菌体能合成一些具有特定功能的产物,如抗生素、生物碱、细菌毒素、植物生长因子等。这些产物与菌体生长繁殖无明显关系,叫做次级代谢产物。次级代谢产物多为低分子量化合物,但其化学结构类型多种多样,据不完全统计多达47类。由于抗生素不仅具有广泛的抗菌作用,而且还有抗病毒、抗癌和其他生理活性,因而得到了大力发展,已成为发酵工业的重要支柱。

随着这些行业的发展和变革,在这些行业内部逐渐衍生出了饲料板块。如氨基酸行业又细分为药用氨基酸、食品用氨基酸、饲料用氨基酸等。抗生素更是专门开发出了用于促进动物生长的促生长型饲料添加剂,大量用于饲料和养殖行业。但目前已显现出了很多的弊端(后文续述)。相关行业的企业也积极与饲料行业进行深度融合,开辟饲料专用微生物代谢产物的开发与应用。饲料领域的企业也在不断学习和完善相关微生物领域产品的生产、品控、应用效果评价方面的知识和内容。

4. 微生物的转化发酵

微生物转化是利用微生物细胞的一种或多种酶,把一种化合物转变成结构相关的更有经济价值的产物。可进行的转化反应包括：脱氢反应、氧化反应、脱水反应、缩合反应、脱羧反应、氨化反应、脱氨反应和异构化反应等。

如最古老的生物转化——利用菌体将乙醇转化成乙酸的醋酸发酵。生物转化还可用于把异丙醇转化成丙醇甘油继而转化成二羟基丙酮；将葡萄糖转化成葡萄糖酸，进而转化成2-酮基葡萄糖酸或5-酮基葡萄糖酸；以及将山梨醇转变成L-山梨糖等。此外，微生物转化发酵还包括甾类转化和抗生素的生物转化等。

目前此种类型的发酵主要集中在饲料行业的上游，如各种饲料添加剂原料的发酵（酶制剂、有机酸、抗生素等）。在生物发酵饲料领域也倡导着发酵过程的生物转化，但是存在检测困难和稳定性差的突出问题。尤其是在固体发酵过程中，很难保证每批的转化反应是一致的，而且所用的检测指标相对来说比较粗放。

5. 生物工程细胞的发酵

这是指利用生物工程技术所获得的细胞，如DNA重组的"工程菌"，细胞融合所得的"杂交"细胞等进行培养的新型发酵，其产物多种多样。如用基因工程菌生产胰岛素、干扰素、青霉素、酚化酶等，用杂交瘤细胞生产用于治疗和诊断的各种单克隆抗体等。随着基因工程技术的普及和应用推广，生物工程菌已经越来越多的成为饲料和其他领域发酵的出发菌种。通过构建生物工程菌，可获得纯度更高、产量更大的发酵代谢产物。但是需要注意的是，目前我国还不允许在饲料和养殖动物中直接使用生物工程菌，故需对生物工程菌相关产品进行菌种过滤或灭活的工作。

第三节　生物发酵产品

利用微生物发酵生产的产品包括：

酒类：主要利用以酿酒酵母为主的酵母类菌种，在厌氧条件下，分解糖类转化为醇和其它芳香类物质。如果酒（葡萄酒等）、米酒、白酒等。

有机溶剂：如乙醇、丙酮、丁醇、甘油。

有机酸：如醋酸、乳酸、葡萄糖酸、柠檬酸、酒石酸、衣康酸、长链二元酸（以十三到十八碳的直链烷烃为原料的发酵产品）。

氨基酸：现已发现的大部分氨基酸均可通过微生物发酵方法进行生产。如谷氨酸、赖氨酸、亮氨酸、异亮氨酸、缬氨酸、精氨酸、丝氨酸、丙氨酸、酪氨酸、苏氨酸、色氨酸、苯丙氨酸、脯氨酸等。

核苷酸及其类似物：如鸟嘌呤核苷酸(5′-GMP)、肌苷酸(5′-IMP)、腺嘌呤核苷酸(5′-AMP)、黄嘌呤核苷酸(5′-XMP)等；目前，酵母是核苷酸的主要生产菌株。所成产的核苷酸又叫酵母核苷酸。

抗生素：包括疾病治疗的药用抗生素，农业和畜牧业用于防病抗病的抗生素，如青霉素、头孢霉素、链霉素、四环素、土霉素、红霉素、稻瘟素、井岗霉素、春日霉素等。

酶：如碱性蛋白酶(洗涤剂)、中性蛋白酶(洗涤剂等)、脂肪酶(洗涤剂)、α-淀粉酶(淀粉水解)、葡萄糖淀粉酶(葡萄糖生产)、葡萄糖异构酶(高果糖糖浆生产)、纤维素酶(纤维素水解、纺织品加工)、果胶酶(食品、水果加工等)、凝乳酶(奶酪制造)、青霉素酰化酶(青霉素母核生产)、天冬氨酸酶(L-天冬氨酸制造)、延胡索酸酶(L-苹果酸制造)、葡萄糖氧化酶(检验葡萄糖)、乳酸脱氢酶(临床检验)、链激酶(治疗血栓)等。目前世界上有100多种酶采用微生物发酵的方法进行生产，应用于不同领域，如纺织、皮革、食品、酿造、果汁、淀粉、饲料等。

而在农业领域内，微生物发酵产品主要包括生物化肥、工程杀虫菌生物农药及微生物饲料。

生物化肥是由一种或数种有益微生物活细胞制备而成的肥料。主要有根瘤菌剂、固氮菌剂、磷细菌剂、抗生菌剂、复合菌剂等。微生物肥料具有增产、改善品质的功能，还有显著减少植物体内硝酸盐、亚硝酸盐和重金属含量，提高化肥利用率以及培肥土壤等作用。要使微生物肥料在无公害蔬菜生产中真正发挥增产增效环保的作用微生物肥料是一种纯天然、无毒、无害、无残留、无污染的高科技生命体，生命力极强，适应各类地质、各类土壤；使用范围极广，可广泛用于水稻、小麦、玉米等植物。

生物农药(Biological pesticide)是指利用生物活体(真菌、细菌、昆虫病毒、转基因生物、天敌等)或其代谢产物(信息素、生长素、萘乙酸、2,4-D等)针对农业有害生物进行杀灭或抑制的制剂。生物农药的三大类型有植物源杀虫剂、植物源杀菌剂、植物源除草剂及植物光活化霉毒；动物源农药主要包括动物毒素，如蜘蛛毒素、黄蜂毒素、沙蚕毒素等。昆虫病毒杀虫剂在美国、英国、法国、俄罗斯、日本及印度等国已大量施用，目前，国际上已有40多种昆虫病毒杀虫剂注册、生产和应用。

微生物饲料是以微生物、复合酶为生物饲料发酵剂菌种，将饲料原料转化为微生物菌体蛋白、生物活性小肽类氨基酸、微生物活性益生菌、复合酶制剂为一体生物发酵饲料。该产品不但可以弥补常规饲料中容易缺乏的氨基酸，而且能使其它粗饲料原料营养成分迅速转化，达到增强消化吸收利用效果。

微生物类饲料根据是否有活菌大致分为活菌制剂类、代谢产物类和培养物类。活菌制剂包括单菌制剂，如乳酸菌、枯草芽孢杆菌、活性干酵母等。也有复合微生态制剂，是多种活菌制剂的复合，种类和数量很难说清。活菌制剂的评价一般依靠活菌数来评价品质的好坏。在奶牛饲养上除了活性干酵母外，很少涉及到活菌制剂的使用。因为，反刍动物瘤胃微生物区系稳定，不需要外加微生物干扰。活性干酵母的作用也仅仅局限在维持瘤胃无氧环境上，另外发挥较小的营养作用。

微生物代谢产物类添加剂种类繁多，如酶制剂、抗菌肽、生物有机酸、维生素、氨基酸、抗生素等。这类产物的评价主要检测主要代谢产物的含量和活性，评价越高，说明产物纯度高、活性强。反刍动物上用到的不太多。但是营养性的氨基酸和脂溶性维生素对高产奶牛还是必须的。

培养微生物类生物饲料产品，从2013年开始不再属于饲料添加剂的范畴，定义成了饲料原料。这类原料主要是利用天然有机质通过调配碳源、氮源、无机盐等组分培养动物益生菌，利用动物益生菌的增殖和代谢改善原有基质的营养价值（提高消化率、消除抗营养因子等）；同时，微生物的生长代谢还会增加新的营养物质，如有机酸、小肽、维生素、消化酶等。此类物质的评价，考虑两方面指标，一是发酵基质营养改良情况，如纤维降低多少，蛋白质改善多少，以及小肽增加多少；另一个是新增有益物质的多少，如乳酸菌类的乳酸、酵母类的甘露聚糖、芽孢杆菌类的小肽、蛋白酶。此类物质是反刍动物日粮合理的添加物。因其基质中的大分子物质得到初步分解，微生物代谢出多种组分，可以给反刍动物瘤胃微生物提供直接的营养物质，有利于瘤胃微生物区系的建立和稳定，保证反刍动物的瘤胃健康和稳定的消化率。

第四节　生物发酵饲料

生物发酵饲料是在人为的、可控制的条件下，以植物性农副产品为主要原料，通过微生物的代谢作用，降解部分多糖、蛋白质和脂肪等大分子物质，生成有机酸、可溶性多肽等小分子物质，形成营养丰富、适口性好、有益活菌含量高的生物饲料或饲料原料，从而使饲料变得营养丰富、易于吸收（李德发，2013）。通过微生物发酵可以消除饲料原料中的抗营养因子，将饲料大分子蛋白质降解为小分子多肽类，同时在发酵过程中会产生大量的益生菌和乳酸，降低饲料的 pH 值，提高饲料的适口性，发酵饲料将在健康养殖中发挥独特作用。

生物发酵饲料需要大量的微生物知识和技能作为基础，同时需要立足于动物营养与饲料科学的知识基础之上，充分发挥两个方面的优势，进行有机融合。从学科角度来讲生物发酵饲料属于交叉学科，需要尽快培养交叉人才以满足生物发酵饲料领域人才的需求。所需要的微生物知识和技能主要体现在对生物发酵饲料发酵菌种的筛选、鉴定、培养和组合。菌种品质好坏，组合是否科学合理决定这生物发酵饲料最终的品质。在微生物培养基的配制，微生物形态学，微生物鉴定方法，计数方法，微生物理化性质等方面需要有扎实的基础知识和操作技能。

一、微生物发酵饲料分类及原料来源

微生物发酵饲料现已应用得十分广泛。主要分为四大类：第一类是固态发酵饲料，就是利用微生物的发酵作用来改变饲料原料的理化性状，或提高消化吸收率、延长贮存时间；或变废为宝，将秕壳残渣变为饲料；或解毒脱毒，将有毒饼粕转变为无毒、低毒的饲料。这一类发酵饲料包括青贮、微贮、发酵粗饲料、发酵糟渣类、发酵饼粕类、畜禽粪便发酵、动物性下脚料发酵、发酵脱毒饲料以及固态菌体发酵蛋白饲料。第二类是通过液体发酵技术，利用微生物在液态基质中大量生长繁殖的菌体来生产单细胞蛋白（SCP，single cell protein）如饲料酵母、啤酒酵母、蓝细菌（蓝藻）等细菌饲料。也包括另一种微生物蛋白，即菌体蛋白（MBP，microorganism body protein），如丝状真菌菌体、食用菌菌丝体及光合细菌、微型藻饲料等。第三类是利用现代化的微生物发酵工程，发酵积累微生物有用的中间代谢产物或特殊代谢产物，对其进行浓缩、分离、纯化，以此方式生产的饲料主要是各种添加剂原料，如饲用氨基酸、酶制剂以及抗生素、维生素等。第四类是培养繁殖可以直接饲用的微生物，制备活菌制剂（又称微生态制剂、益生素等）。

常见的发酵原料主要包括薯类、籽实类、糠麸类、渣粕类（各种薯渣、玉米渣、脚粉、柑橘渣、甜菜渣、某些革粉等）、饼粕类（如棉籽饼、菜籽饼、油茶资饼、蓖麻饼等），还有秸杆类、粪便、动物下脚料等等[5]。

二、发酵菌种

发酵原料的种类多种多样，其生物组成也较为复杂，有的富含纤维素、木质素，有的富含非淀粉多糖、蛋白酶抑制剂等组分，并且实际发酵饲料过程中经常是多种原料的组合。发酵剂选择适合的复合发酵菌种进行发酵，有利于营养价值均衡提高。发酵菌种的活性高低、菌种配比是发酵剂的核心技术，也是发酵饲料质量保证的关键。我国农业部2013年12月19日公布了最新的允许在饲料和养殖动物中使用的微生物菌种，明确了饲用微生物的种类。

工业化进行发酵的微生物菌种主要包括细菌、放线菌、酵母菌和霉菌。饲料工业常用的细菌包括芽孢杆菌类、乳酸菌类、酵母菌类及部分霉菌品种。其适宜生长温度是30℃～37℃，适宜pH值为5.5～7.0；常用的放线菌适宜生长温度是25℃～30℃，适宜pH值为7.0～7.2；常用的酵母菌包括啤酒酵母、假丝酵母和红酵母，适宜的生长温度是26℃～32℃，适宜pH值为3.0～6.0；常用的霉菌有黑曲霉、米曲霉、白地霉和木霉，其适宜的生长温度是25℃～30℃，适宜pH值为33.0～6.0。酵母或细菌等单细胞菌类能够产生单细胞蛋白（SCP），多细胞的丝状真菌类能够产生菌体蛋白（MBP）[6]。

三、微生物发酵饲料的优点

1. 改善动物健康状态

微生态发酵饲料里面含有大量的乳酸菌等有益菌种以及乳酸，降低了肠道pH值，胃肠道内维持较低pH值可以抑制大肠杆菌以及沙门氏菌等致病菌的繁殖生长。提高动物的免疫机能，建立动物机体健康的良性循环，有效地预防各类细菌性和病毒性疾病，减少药物投用量，降低药费支出。乳酸菌等有益菌在肠道内的吸附增值对于调节肠道菌群平衡、改善肠道微生态环境又起到重要的作用。

2. 改善饲料品质，提高消化利用率

饲料经过微生物发酵作用以后，一些大分子蛋白物质以及难以消化的纤维类物质含量大大减少，饲料利用率明显提高。同时，饲料中的一些抗原物质被微生物分解利用，减轻了对动物肠道尤其是幼龄动物肠道的抗原性刺激。另外，饲料发酵过程中，像芽孢杆菌等会产生大量的消化酶类、小肽、B族维生素以及未知促生长因子的细菌也会提高动物对饲料的消化利用率。

3. 优化生态环境

微生态发酵饲料因为其极高的消化利用率，显著减少了动物粪便中氨

氮物质的含量，对于降低养殖合内氨气等有毒气体的含量、减少环境污染尤为明显。最重要的是，微生态发酵饲料中无药物添加剂避免了耐药性菌株对养殖环境的污染。

4. 降低饲料成本

饲用价值较低的农副产品，或者在饲料工业上使用不方便的液体副产品和废弃物，通过微生物的发酵可以达到变废为宝的目的。针对微生物发酵的优点，可以增加一些非常规蛋白原料的使用量而不会降低动物的生长性能，从而节约饲料成本。

第五节　展　望

随着人们对微生物发酵饲料认识的逐渐提高，一些发酵饲料现存的问题会慢慢得到解决，比如设备简陋，发酵条件差，发酵原料没有消毒或有的已经霉变，发酵菌种的污染等等。随着当前饲料行业的蓬勃发展，饲料逐步向低药低残留发展，畜禽、水产品也渐渐迈向绿色产业革命，因此，生物饲料也必然成为大势所趋。众多学科如分子生物学、微生物学、发酵工程学、仪器科学、自动化科学的发展，也将使微生物发酵饲料成为一种新型动物能源得到巨大发展，造福人类。

第二章　生物发酵饲料原料

近年来，生物饲料发酵技术应用广泛，逐渐成为一种发展趋势。由于过去畜禽饲料中长期连续使用抗生素，已造成动物体的抗药性，促使对人类有害的病原菌产生抗药性，进而影响到人类公共卫生与安全[1]。微生物发酵技术，选取对环境无危害的安全菌种，利用廉价农业和轻工副产物生产高质量饲料蛋白原料，同时使饲料富含高活性有益微生物及其活性代谢产物，保护和加强动物体微生物区系平衡，促进动物健康。常见的生物发酵饲料原料分为三大类：固体原料、液体原料、菌种原料。

第一节　固体原料

固体原料是生物发酵饲料最主要和常用的原料，主要由蛋白类饲料原料、工农副产品、糟渣类原料三种原料组成。

一、蛋白原料

我国作为世界农业生产大国，对饲料原料的需求非常大，尤其是蛋白原料。我国饲料工业发展迅速，蛋白原料匮乏，利用微生物发酵技术，开发和生产微生物蛋白饲料，有效缓解我国优质蛋白饲料资源不足，有利于我国畜牧业的发展。蛋白饲料原料包括动物性蛋白原料、植物性蛋白原料和微生物蛋白原料。微生物蛋白原料大部分是微生物通过自身的繁殖和增长从其他蛋白原料转化而来。动物性、植物性蛋白原料经发酵后，能降低饲料中的抗营养因子，提高饲料原料利用率，促进动物生长和生产性能提高。

1. 动物性蛋白原料

动物性蛋白原料主要来自于动物及其生产加工后副产品，例如血粉、肉骨粉等。动物性蛋白质原料蛋白含量高，并且色氨酸、赖氨酸含量丰富，具有较好的品质。

肉骨粉是将动物废弃组织及骨经过蒸煮、脱脂、干燥、粉碎等程序制成。不同国家对肉骨粉制作工艺及要求不同。肉骨粉的营养价值与所选取的动物原料有很大的关系。肉骨粉富含赖氨酸和含硫氨基酸、钙、磷以及丰富的B族维生素、维生素A和D[4]。肉骨粉粗蛋白质及脂肪含量高，可以为家畜生长提供一定的能量。猪禽饲料中用适量的肉骨粉代替鱼粉，可以降低生产成本。张克英[5]等在研究用宠物级肉骨粉、高蛋白低灰分肉骨粉、低蛋白低灰分肉骨粉和普通肉骨粉代替鱼粉，并保证饲粮主要必需氨基酸、钙磷水平相同情况下对仔猪牛产性能的影响时发现，用不同肉骨粉代替鱼粉，仔猪的采食量和日增重较对照组(鱼粉组)有所提高。

血粉是采用动物血液风干后制成的动物性蛋白原料，蛋白质含量非常高。可直接饲喂动物，但吸收能力差，消化率很低，利用率不高。血粉中所含有的氨基酸不平衡，虽然赖氨酸含量丰富，但是蛋氨酸和异亮氨酸的含量却较少[2]。血粉含有丰富的免疫球蛋白，提高动物对疾病的抵抗能力，减少腹泻等疾病的发生。对血粉进行发酵，能够有效降解血粉中大分子蛋白质，将其分解转化为菌体蛋白，从而提高消化利用率，增加适口性[3]。

羽毛粉是由屠宰家禽后清洁而未腐败的羽毛经蒸汽高压水解后的产品。在鸡饲料中添加羽毛粉，除可以补充蛋白质外，还能治疗鸡的啄羽症；在水貂、蓝狐饲料中添加羽毛粉，能治疗食毛症。羽毛粉蛋白质含量一般在80%左右，但品质却较差，氨基酸组成不平衡，甘氨酸、丝氨酸、异亮氨酸含量较高，分别达到6.3%、9.3%、5.3%，胱氨酸含量达到4%，缺乏赖氨酸、蛋氨酸、色氨酸、组氨酸等。羽毛粉在水解和化学处理过程中，会出现苦味和臭味，影响适口性，必须与其他动物性或植物性蛋白质饲料搭配使用。鸡饲料中用量以4%为宜，猪饲料中用量为3%～5%。

蚕蛹粉是一种来源广泛的高蛋白质动物性饲料，营养丰富，是平衡畜禽日粮氨基酸的理想组分。全脂蚕蛹粉蛋白质含量约为54%，脱脂蚕蛹粉约为64%。蚕蛹粉含蛋氨酸、赖氨酸、色氨酸、亮氨酸、异亮氨酸等都较多，蛋氨酸含量为2.2%，色氨酸含量为1.25%～1.5%，赖氨酸含量与进口鱼粉相当，但精氨酸含量偏低，钙、磷含量也比较低。蚕蛹粉具有特殊气味，用量应加以限制，防止畜禽产品带有异味，肉鸡用量以2.5%～5%为宜，产蛋鸡不超过2%，生猪不超过2%。蚕蛹粉含有一定量的脂肪，若保存不善，容易腐败，产生恶臭气味，不宜长期保存。

此外还有皮革粉、蛋粉等动物性蛋白饲料。但是，从发酵的角度来讲，动物性蛋白饲料在发酵过程中会产生大量的氨、组胺等有害物质，如果工艺不能安全合理地进行控制很难做到健康安全和卫生。

2. 植物性蛋白原料

植物性蛋白原料主要主要包括豆科籽实和油料作物的饼粕类。豆科籽实直接发酵的主要应用在食品领域，如豆豉、豆酱等；饼粕类发酵是提升其营养价值，降低抗营养因子的有效途径。如豆粕、菜籽饼粕、棉籽饼粕等通过微生物发酵作用，营养价值得到极大改善。

豆粕中含有胰蛋白酶抑制因子、低聚糖、凝集素、植酸、脲酶等抗营养因子，在发酵过程中通过微生物作用、酶及发酵产生有机酸的作用，使得抗营养因子被降解或者钝化，从而得到破坏。豆粕蛋白具有很强的抗原性，在发酵过程中，主要是通过降解而使其失去抗原性。豆粕中的主要组分 11S 和 7S 是大分子蛋白，分子量分别为 350KD 和 180KD，通过发酵酶解，被降解为可溶于水的小分子氨基酸及小肽，利于动物的吸收利用。豆粕发酵一般采用枯草芽孢杆菌、酵母菌和乳酸菌等农业部批准安全菌株，产品发酵后往往含有较高数量的有益菌及有机酸、酶、维生素等代谢产物，具有提高适口性，改善营养物质消化吸收，调节肠道菌群平衡，促进生长、减少腹泻，提高饲料利用率的功效[6]。

菜籽饼粕蛋白质含量丰富，粗蛋白含量在 32%～40%之间，含有许多有害物质，对畜禽生长会产生毒害作用。因此，使用前需要进行脱毒处理。菜籽饼粕的脱毒方法有酸碱处理法、紫外线照射法、微波处理法、坑埋法、蒸煮法、菜籽饼粕与青贮玉米共同青贮法、发酵中和法及其他微生物发酵法等。硫代葡萄糖苷是菜饼粕中主要的抗营养因子。陆豫等利用白地霉和米曲霉混菌发酵菜籽粕，使其中硫苷的降解率达到 90%[7]。发酵菜粕，提高适口性和粗蛋白消化率。发酵菜粕还含有丰富的矿物质元素，其中钙、锌、镁、铁、锰、硒的含量比豆粕要高，磷含量是豆粕的 2 倍，微量元素硒含量是植物性蛋白原料中含量最高的[3]。

棉籽饼粕是由棉籽为原料，经脱壳、去绒或部分脱壳、去绒、再取油后的副产品。用浸提法或经预压后再浸提取油后的副产品则称为棉籽粕。棉籽粕蛋白质含量高、氮基酸组成合理，棉籽饼粕含有游离棉酚 0.12%～0.28%，对畜禽有毒害作用，不宜在饲料中添加过量。棉籽饼粕的利用与菜籽饼粕相似，都需要进行脱毒处理。目前常用的脱毒方法有硫酸弧铁（铁盐）法、化学处理法、水热处理法、溶剂浸出法、膨化法和固态发酵法等。发酵后棉籽粕营养成分更加丰富，不仅粗蛋白质水平提高，必需氨基酸除精氨酸外均增加，赖氨酸、蛋氨酸和苏氨酸分别提高 12.73%、22.39% 和 52.00%[3]。

此外，还有花生饼粕、葵花籽饼粕、芝麻饼粕、亚麻籽饼粕等饼粕类植物蛋白饲料。蛋白含量高是这些蛋白饲料最突出的优点，但是也存在一些不利于动物消化吸收的因素，如容易被霉菌污染，粗纤维含量高，含有抗营养因子等。这些不利因素可以通过微生物发酵，对其进行发酵处理，提高利用效率。

二、农副产品

我国农副产品资源非常丰富，每年能产生大量农副产品。许多农副产品不能得到有效的利用而被废弃，导致资源不能被充分利用。许多农副产品的茎叶、秸秆等可以作为饲料开发利用的原料，变废为宝，实现资源的充分利用，得到了较好的经济效益。农副产品也存在一些缺点，例如含有抗营养因子或者有毒成分，适口性差，利用率不高，所以许多需要加工处理后使用。农副产品作为饲料原料主要包括玉米农副产品、稻谷农副产品、甘薯农副产品等。

1. 玉米农副产品

玉米深加工行业占玉米消费量的30%左右，深加工行业涉及很多品种，种类繁多，国内涉及的主要产品有几十种，但大都起始于淀粉，再由淀粉衍生出其他相关的产品。中国1956年建成第一家淀粉厂，在1978年前后才得到实质性的发展。随着经济发展与产业变革，产能快速扩张，2011年进入行业巅峰，产能过剩局面形成。玉米深加工行业产生诸多副产品可用于饲料行业，具体加工工艺和副产品见图2-1。

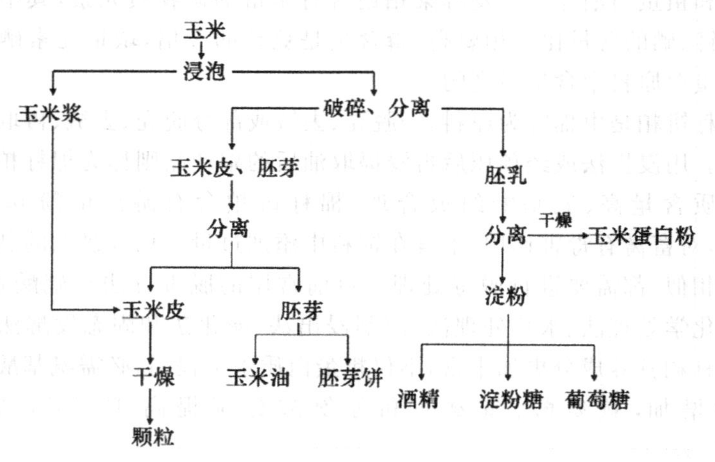

图2-1　玉米深加工工艺和副产品

玉米深加工过程中会产生玉米蛋白粉、玉米皮、玉米胚芽粕等副产品，可作为优质饲料原料。玉米在深加工过程中，加工工艺不同，导致副产品种类和含量存在差异。玉米副产品所含营养物质丰富，蛋白质含量高。张建华等认为，玉米浆的营养价值可以和鱼粉及大豆粕相媲美[8]。玉米胚芽粕是一种以蛋白质为主的营养物质，含有大量碱性蛋白质。优质的玉米胚芽蛋白粉可作为食品添加剂用于面包和糕点等食品中。玉米蛋白粉是一种非全价蛋白质，目前主要用于饲料处理。玉米浆含有丰富的氨基酸和蛋白质，可作为饲料原料和味精的生产发酵。微生物发酵玉米加工副产品可提高和改善其营养价值，促进动物的新陈代谢及消化吸收，张金玉等提出用微生物发酵饲料直接饲喂动物可促进畜禽的生长发育[9]。

2. 稻谷农副产品

稻谷是我国主要的粮食作物，加工副产品主要有稻壳、米糠、碎米等（图 2-2）。稻壳体积大，重量轻，不易于堆放。稻壳的用途十分广泛，可以制成碳化稻壳、稻壳制碳棒、环保制品等。利用稻壳作为碳棒，充分利用资源，带来了很好的经济效益。稻壳可以用来制作环保餐具，实现餐具的绿色化。米糠含有稻谷许多的营养成分，包括蛋白质、维生素等。利用米糠提炼的米糠油可作为饲料添加剂和生产产品。米糠可作为原料提炼米糠油，米糠油具有气味良好、耐高温以及易于贮存等优点，无有害物质产生，应该加大对米糠资源的开发利用，提高炼油技术，提高米糠利用率。米糠油脂含量丰富，可作为饲料添加剂，降低饲料成本。米糠含有许多维生素和矿物质，可作为食品添加剂，既降低成本，又提供营养。碎米经过再加工和利用，可以用来制作米和米粉，实现了碎米的再次利用，提高了碎米经济价值。

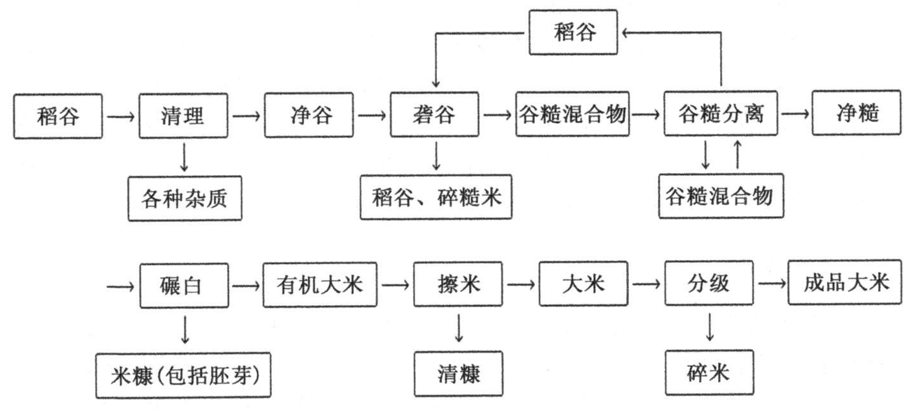

图 2-2　大米加工工艺及副产物

3. 甘薯农副产品

甘薯又称地瓜，富含蛋白质及多种营养元素，具有低投入、高产量、耐干旱等优点。甘薯本身容易发生腐烂，不易存放时间过长。甘薯蛋白作为一种新型的植物蛋白资源，具有很高的营养价值。甘薯蛋白富含18种氨基酸，其中人体必需的8种氨基酸的含量均高于许多植物蛋白，其生物值评分也明显高于马铃薯、大豆和花生中的蛋白，具有较好的保健功能[10]。甘薯进行深加工产生甘薯渣，可以作为饲养畜禽的饲料原料。用甘薯为原料生产的粗淀粉质，通过双菌株混合培养无需经酸水解或酶水解处理，即可一步直接转化为单细胞蛋白，为饲料工业提供优质价廉的蛋白质原料，其饲喂效果均接近或超过等量进口优质鱼粉[11]。甘薯农副产品富含天然淀粉，可完全降解，对人和动物无毒、无害，可制成能完全降解的一次性餐具，用后可以加以回收，作为饲料原料，实现甘薯农副产品的再次利用，产生可观的经济效益。

三、糟渣类原料

糟渣主要包括酒糟、水果糟、制糖工业糟等，含有较高的水分、粗蛋白和粗纤维，不同的糟渣所含的营养成分及含量会存在差异。我国富含糟渣原料，为生物发酵提供充足的底物，广泛用于饲料生产。

1. 酒精糟

酒糟是玉米在酒精生产过程中经糖化、发酵、蒸馏出酒精后得到的残留物干燥后的产物。酒糟中酒精的含量较高，粗蛋白、粗纤维、脂肪酸含量丰富，可作为饲料添加剂。作为酒精发酵副产物，酒糟营养成分受到玉米原料及加工工艺的影响，会存在很大的差异。酒精渣在母猪料中添加，可以提高母猪的胎仔数；在育肥猪饲料中添加，酒精渣能使猪的屠宰率降低，改善肉质[12]。酒精渣在猪料应用中也会存在一些问题，例如酒精糟中氨基酸比例不平衡；加工处理过程中容易受到污染，影响品质等。

2. 白酒糟

白酒糟是用高粱、玉米、小麦、大麦、小米等粮食作物经过发酵蒸馏出酒精而剩下的副产物，为淡褐色，具有令人舒适的发酵谷物的味道，略具烤香及麦芽味。由于白酒生产主要以酿酒酵母为主的酒曲作为发酵菌种，故为了更有利于酵母的发酵，在固体发酵过程中添加了稻壳和麸皮等透气吸水的发酵原料，使得白酒糟的粗纤维含量增加（表 2-1）。在同种蛋白饲料中价格占优势，可作为各种生物发酵饲料的原料，适合各种生物料厂，同时也是多种添加剂良好的载体原料。

表 2-1　白酒糟常规营养成分含量

名称	粗蛋白	粗脂肪	粗纤维	粗灰分	无氮浸出物
含量(%)	14	4	27.61	13.28	34.04

3. 啤酒糟

啤酒糟是啤酒工业的主要副产品，是以大麦为原料，经糖化和发酵提取大麦籽实中可溶性碳水化合物后的残渣。每生产 1t 啤酒大约产生 1/4t 的啤酒糟，我国啤酒糟年产量已达 1000 多万 t，并且还在不断增加。啤酒糟含有丰富的蛋白质、氨基酸及微量元素。目前多用于养殖方面，在其他方面也有所利用。啤酒糟主要的组成成分为麦芽的皮壳、叶芽、不溶性蛋白质、半纤维素、脂肪、灰分及少量未分解的淀粉和未洗出的可溶性浸出物。由于啤酒生产所采用原料的差别以及发酵工艺的不同，使得啤酒糟的成分不同，因此在利用时要对其组成进行必要的分析。总的来说，啤酒糟含有丰富的粗蛋白和微量元素，具有较高的营养价值。啤酒糟干物质中含粗蛋白 25%左右、粗脂肪 5.7%左右、粗纤维 14%左右、灰分 3.6%左右、钙 0.4%左右、总磷 0.6%左右。

4. 水果糟

水果业的发展产生大量的水果渣，大部分水果渣被废弃，造成资源的浪费。现在通过微生物发酵技术，利用废弃的水果渣生产饲料蛋白，废弃物转化为能为社会创造经济效益的优良资源。水果渣主要包括柑橘皮渣和苹果渣等。柑橘皮渣的营养成分含量分别是粗蛋白质含量 6.25%、粗纤维含量 16.27%、粗脂肪含量 3.05%、粗灰分含量 4.40%、无氮浸出物含量 61.99%。发酵柑橘皮渣常规的营养成分含量中粗蛋白质含量提高到 9.97%，提高了 3.72%，营养水平得到了较大提高[13]。鲜苹果渣水分、粗蛋白、粗纤维、粗脂肪和粗灰分分别为 85%、2.5%、6.3%、2.8% 和 1.8%，氨基酸种类丰富且含量较高，并且含有许多微量元素[14]。干苹果渣具有适口性，常被用做饲料添加剂中的辅助原料。在饲料中添加合适比例的苹果渣，能够促进畜禽增重和生长，增强畜禽体质，降低畜禽感染疾病的概率。

5. 制糖工业糟

制糖工业糟渣包括甘蔗渣、甜菜渣和糖蜜渣等，它们作为饲料添加剂，为畜禽生长提供能量。甘蔗渣作为制糖工业的副产品，属于可再生资源，含量丰富。甘蔗渣主要应用在以下几个方面：(1)作为饲料开发原料；(2)作为食品添加剂；(3)进行沼气发酵和生产乙醇燃料；(4)制备活性炭，开发新型吸附原料；(5)用于高密度纤维板的生产；甜菜渣或称甜菜粕，制糖工业的副产品，在制糖过程中，经切丝、渗出、充分提取糖分后含糖很少的菜丝，亦称废糖渣。它具有质地柔软、营养丰富、口感鲜美、消化率高和价格低廉等优点，是家畜良好的饲料添加剂。鲜甜菜渣和干甜菜渣都含有丰富的营养成分，含有大量的可消化纤维和果胶。甜菜渣中烟酸含量丰富，对奶牛生产和健康有很实际的意义。烟酸是反刍动物机体内的一种必需维生素，是重要辅酶 NAD 和 NADP 的直接前体，参与脂肪酸、碳水化合物和氨基酸的合成和分解，缓解应激，提高动物生产性能[15]。甜菜渣也有一些不足，例如饲喂过量容易引起腹泻；蛋白质含量低；维生素配比不均衡；糖蜜渣是工业制糖中蔗糖中剩下的结晶，常用作能量饲料，经霉菌发酵后可生产蛋白质饲料[13]。

第二节　液体原料

一、水

水是生命之源，作为人和生物机体的重要组成部分，参与机体新陈代谢，为许多酶促反应提供介质环境。作为生物发酵饲料的原料之一，水在发酵过程中作用重要。

1. 使固体发酵基料吸水膨胀糊化

发酵基料中的淀粉粒不溶于冷水，常温下吸水率很低，如水温在 30℃时，水分子很难进入淀粉粒的之中，基料中淀粉的物理结构没有受到影响，所以淀粉没有发生外形的改变。发酵温度升高，使得水温升高，淀粉及纤维素类物质的颗粒的体积膨胀明显；膨胀时间加长，纤维素类变得软化，淀粉类物质发生糊化。

2. 溶剂作用

固体发酵除了以发酵基料为主之外，还常常加一些干性辅料来保证微生物的生长和发酵的顺利进行，如糖、盐等。这些干性辅料多为颗粒状，如果直接加入到固体发酵基料中，势必会混合不均匀，因此首先要将这些辅料用水溶解，然后再与固体发酵基料混合成为均一的发酵饲料。

3. 有助发酵过程中生化反应的进行

生化反应往往都需在水溶液中进行。无论是微生物的生长繁殖还是酶的水解作用，都需要水作为重要反应物及运载工具。

微生物的生长繁殖与发酵基料中水分含量有关，在混合接种过程中，水分高，则物料吸水率高，微生物菌种增殖快；反之则慢。发酵基料中含水量多，有助于发酵菌种的增殖，使基料柔软蓬松膨胀，产生的气体易消失。

水也是酶水解反应进行的必要条件。微生物的生长繁殖和发酵过程的进行，实质上是在微生物所产酶的作用下，将部分大分子的蛋白质、纤维素、淀粉、脂肪等变成小分子的物质，使固体发酵基质的成分及理化性质发生变化。酶的水解作用需要大量水的参与，这决定着发酵成功与否，决定这发酵饲料品质的好坏。

4. 调节和控制固体发酵料堆的温度

影响固体发酵温度的因素有：固体基料和主要辅料的温度、室温、水温等几个方面。在生产过程中，室温和料温相对比较稳定，不易调节。因此要想在不同季节达到相同的初始料温，发酵饲料的温度主要靠加入的水的温度进行调节。结合固体发酵微生物菌种的培养特性和影响面团温度的几个因素，发酵饲料固体发酵过程中一般夏天用冷水、春秋天用温水、冬季用温热水，来调节固体发酵饲料发酵过程所需要的温度。

5. 水质对发酵产品质量的影响

不同地区的水，其水质不同，有软水、硬水、酸性水、碱性水等之分。软水易使发酵基料软化，持气性下降，在以耗氧菌种进行固体发酵时，不利于通气和发酵进行。但是有利于以厌氧菌为主要发酵菌种的厌氧发酵的顺利进行。可根据发酵需要，通过添加碳酸钙、硫酸钙等钙盐可提高水的硬度。硬水易使发酵基料硬化，采用煮沸的方法可降低水的硬度，或采用增加酵母等好氧菌的用量、提高发酵温度、延长发酵时间等方法提高发酵速度。酸性水若呈微酸性，有助于酵母、乳酸菌等菌种的发酵，但 pH 值过低会软化基料，抑制好气性菌种的活性，可用适量碱性物质来中和掉多余酸性；碱性水导致 pH 升高，能够抑制较多酶和菌种的活性，影响发酵，可加入少量醋酸、乳酸等有机酸来中和，或采用增加接种量用量来改进发酵速度。

水在饲料中起到非常重要的作用，水含量差异将会对饲料加工及动物生产性能产生很大影响。水分含量越高的饲料，干物质含量越少，营养浓度和营养价值低。饲料中酶的活性以及微生物的各项活动与饲料中含水量存在密切关系，并对饲料存放时间长短起着决定性作用。饲料中水分应适中，过高，容易发霉，不利于饲料的存放；过低，影响饲料色泽和适口性，降低饲料质量。饲料水分过低会产生饲料加工时粉尘增多、成品损耗率增加、制粒能耗增加、玉米糊化不理想、制粒环模磨损、饲料适口性下降等不利因素，将会直接到影响饲料企业的经济效益[16]。饲料中水分含量，不仅仅会影响饲料的品质、贮存等，对产品的经济效益也有很大的影响。水分的不同对动物的生产性能也会产生影响，但不宜添加过多，添加过多会较低物料吸收蒸汽能力，不利于物料的消化。

在生物发酵饲料加工中，水也扮演着十分重要的作用。(1)饲料粉碎和物料传送。物料粉碎时，水量过少，饲料硬度较大，粉碎时需要更多的能量和动力，增加了企业的生产成本。水分过大，不易粉碎，容易造成粉碎机产量减少。在物料传送时，水量不宜过大，过大会增大物料摩擦系数，消耗较大的功率。(2)饲料混合接种过程中水分的控制。饲料混合接种过程中，对物料水分含量的要求十分严格，而且要计算精确加水量。对加工饲料进行首样检验，即对每班首批混合原料的初始水分进行测定。对原始物料的水分测定后，按水分比例计算其理论混合值。在生物发酵饲料领域，发酵水分一般为 30%～60%区间。所以，传统的混合概念不适用于发酵饲料生产的混合接种工艺，要根据混合机的容量、混合均匀度、批次混合时间等来设计混合接种工艺参数。(3)生物发酵饲料的烘干。水分是生物发酵饲料成败的关键，是微生物进行生长和代谢的最佳介质，最理想的微生物发酵应该是液体发酵，其水分含量高，以流动状态存在，有利于微生物充分接触和吸收养分。但是，水分含量高造成后端烘干成本的大幅度上升。因此，选择最佳的发酵水分是固体发酵饲料生产不可避免的一个技术环节。要达到既能最大限度的发挥微生物发酵的作用，又能尽可能地降低水分的含量，节约烘干的成本。因此，固体生物发酵饲料的制作会根据固体基料的不同、发酵菌种的不同选择和确定不同的发酵水分。保证生物发酵饲料正常的发酵和代谢过程，同时也兼顾到后端烘干的成本和费用。

饲料中水分检测非常重要，常用的测定方法有热干燥法、蒸馏法、卡尔·费休氏法。其中，热干燥法包括常压干燥法、真空干燥法、红外线干燥法。

二、玉米浆

玉米浆是生产玉米淀粉的副产品，具体是指先将玉米粒用亚硫酸浸泡，浸泡液浓缩后可形成黏稠状棕褐色液体，即玉米浆。玉米浆中含有丰富的可溶性蛋白、生长素和一些前体物质，含 40％～50％固体物质、3.3％～4.0％总氮、0.7％～5.0％总糖。在玉米浸泡过程中若长有乳酸菌和酵母菌，则提高玉米浆的质量，若长有腐败性细菌则降低玉米浆的质量[18]。玉米浆作为微生物生长过程中的重要有机氮源，能促使微生物对氮源实现快速利用，促进抗生素的形成。玉米浆在氨基酸发酵中发挥重要作用，可以提供氮源和生长因子。在氨基酸发酵过程中，使用玉米浆成本低，可以替代酵母粉等氮源，降低氨基酸发酵的生产成本，具有很高的经济效益。玉米浆富含多种营养物质，但由于灰分含量高，不能直接做培养基氮源，否则，微生物的生长代谢会受到影响。玉米浆中乳酸含量高达 10％～15％，喷粉后加入到饲料中，极易吸收环境中水分，造成饲料水分增加，影响饲料储存的安全性，因此，玉米浆综合利用受到了限制[19]。

玉米浆中含有植酸，植酸作为一种抗营养因子，如果不进行处理直接添加，会影响营养物质的消化吸收。植酸能与二价阳离子及一些酶类形成络合物，形成难溶性盐。在肠道中，植酸螯合物易于形成，并影响锌、磷等微量元素的吸收和利用。植酸还含有磷酸基团，磷酸基团呈负电荷，可与许多金属离子及蛋白质螯合，形成难容螯合物，难于被消化吸收。玉米浆利用率的提高，关键是解决植酸抗营养因子的问题。据白东清等报道，植酸酶可有效分解植酸成为肌醇和磷酸，解决植酸抗营养因子问题[20]。采用玉米浆生产的玉米植物蛋白饲料微量添加植酸酶后，可有效消除植酸抗营养因子而提高营养成分的利用率[21]。

针对玉米浆的诸多问题，有人以双氧水和硫酸铵联合处理玉米浆，降低其硫酸根和亚硫酸根离子的含量，增加玉米浆的氮素含量，提高作为生物发酵培养基的使用价值。同时，利用综合处理过的玉米浆培养酵母，生产饲料酵母，并对饲料酵母的营养价值进行分析。解决目前饲料资源，尤其是蛋白饲料资源紧缺问题的第一步是对玉米浆浓缩液进行加热至 30～35℃，升温后以浆液重量的 2％加过氧化氢（双氧水含量不低于 25％）不停地搅拌（在反应可间接性冲爆气可以减少反应时间），反应约 48h。

用专用试剂测试，取浆液放入试管 1/3 的量，加入等量试剂（玉米浆和试剂的温度要一致）放入温度计，搅匀测温度，如温度不上升，则表现反应结束，温度上升则继续搅拌，直至测试无温度上升为止。用婆美度计测试的婆美度如果与原玉米浆的婆美度一致，则证明反应结束。

第二步，按玉米浆的重量加 1.5% 的氨水（氨水 1.5%，加水 3.5%），用搅拌机充分搅拌均匀，成悬浮乳液，缓慢加入玉米浆液中。在加入过程中会有大量的泡沫产生（可以用少量的消泡剂水溶液消泡，如不溢出可不用消泡剂），反应至无泡沫（在反应时可间接性冲爆气以减少反应时间），反应过程中通过监控玉米浆与氨水反应的 pH 确定合理的氨水用量，待 pH 达到 5.5～6 时，反应结束。

通过对玉米浆自身营养价值的反复测定，得出表 2-2 所示的玉米浆大致的营养成分，在此营养成分的基础上，通过调配碳源，作为酵母液体培养培养基。对酵母进行液体培养过程中，确立了各个发酵参数。通过低温干燥得到饲料酵母产品，并对饲料酵母产品进行营养价值评定。

表 2-2　处理之后玉米浆的营养价值

项目	含量	项目	含量
粗蛋白	21.12%/43.98%=48.02%	Zn	66mg/kg
挥发性盐基氮	3107mg/kg=0.3%	Mn	29mg/kg
总糖	1.872%/43.98%=4.26%	Cn	15.5mg/kg
还原糖	1.19%/43.98%=2.71%	铬	<2mg/kg
氨基酸	4.02%	钼	1.0mg/kg
植酸	7.5%	硒	0.35mg/kg
铁	0.05%	钴	0.14mg/kg
重金属	0.0084%	胆碱	3509.93mg/kg
总磷	3.62%	烟酸	83.88mg/kg
SO_2	0.2%	泛酸	1501mg/kg
酸度	10.9%	维生素 B_6	8.83mg/kg
K	2.4%	维生素 B_2	5.96mg/kg
P	1.8%	维生素 H	0.33mg/kg
Mg	0.71%	硫胺素	2.87mg/kg
Ca	0.14%	肌醇	6026.49mg/kg
Na	0.11%		mg/kg

以玉米浆为主要发酵原料，生产饲料酵母产品的主要营养指标如下：

(1)以玉米浆为主要氮源，通过液体高密度深层发酵，在三级培养基中，酵母得到大量的培养，酵母数量≥ 5×10^9 CFU/mL（发酵结束时检测，如

图 2-3 所示)。

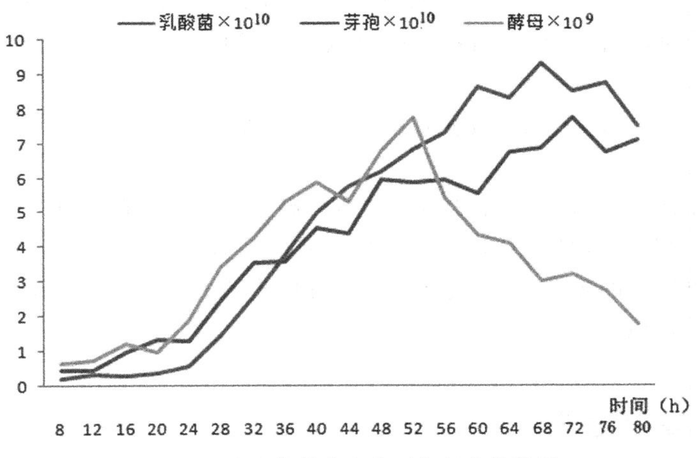

图 2-3 酵母培养基中主要指标生长数量

(2)对发酵液进行微量组分检测,根据酵母生长代谢特性,重点检测水溶性维生素的含量,通过液相色谱检测,检测结果为:维生素:维生素 $B_2\geqslant$ 9.13mg/kg,维生素 $B_1\geqslant$21.33mg/kg,维生素 $B_6\geqslant$0.204mg/kg,维生素 C≥0.878mg/kg,较发酵前有了大幅度的提高。

(3)将液体培养的酵母作为主要发酵菌种,配合乳酸菌进行酿酒酵母培养物固体发酵,以发酵产品有机酸作为主要检测指标,评价发酵效果和对动物消化道和适口性的影响,通过气相色谱检测,检测结果为:乙酸≥0.225g/kg;丙酸≥2.59g/kg;丁酸≥3.487g/kg;总挥发性脂肪酸≥6.292g/kg;所测定的有机酸结果均达到或超过预期目标,在饲料中给动物提供天然有机酸化剂,提高抗病能力和诱食效果。

(4)以玉米浆为氮源、糖蜜为碳源,深层发酵培养酿酒酵母,对培养物进行干燥后用凯氏定氮法测定粗蛋白,用氨基酸分析仪测定氨基酸全项,测定结果为:赖氨酸≥1.14%;蛋氨酸≥1.08%;天冬氨酸≥3.25%;谷氨酸≥7.62%;丙氨酸≥2.86%;胱氨酸≥0.86%;缬氨酸≥2.56%;丝氨酸≥2.85%;亮氨酸≥4.16%;异亮氨酸≥1.52%;酪氨酸≥1.25%;苯丙氨酸≥2.46%;苏氨酸≥2.07%;组氨酸≥1.28%;精氨酸≥2.97%;脯氨酸≥3.43%;色氨酸≥0.46%;谷氨酰胺≥3.8%;粗蛋白≥40%。所测定的各项结果均达到了预期目标。

(5)利用酵母与乳酸菌和芽孢杆菌协同共生的原理,将培养基培养的酵母菌种和乳酸菌、芽孢杆菌作为酿酒酵母培养物的复合发酵菌种生产酿酒酵母培养物产品,产品固体基料包含麸皮、花生壳粉等粗纤维含量较高的固体基料。发酵结束用酸碱洗涤法测定粗纤维含量，检测结果为：粗纤维≤8.0%；保持发酵时的发酵水分40%左右时，用平板计数法测定乳酸菌、酪酸菌、芽孢杆菌的数量，以血球计数板检测酵母数量，检测结果为：芽孢杆菌数≥3×10^{12} CFU/kg，乳酸菌数≥1×10^{11} CFU/kg，酪酸菌数≥ 2×10^{10} CFU/kg，酵母数≥ 3×10^{11} CFU/kg，较预定指标有大幅度提升，同时在动物饲料中有较好的表现。

值得注意的是，利用玉米浆发酵生产高蛋白动物饲料的目标，以玉米浆为主要发酵原料，根据玉米浆营养成分的特点，玉米浆中缺少优质碳源，故根据酵母培养的碳氮比，需要在培养酵母培养基中补充必要的碳源物质，如糖蜜等工业原料。

三、氨基酸液

氨基酸液主要是利用玉米淀粉、水溶性糖、部分无机盐、无机氮源通过微生物发酵菌种液体发酵提取氨基酸后的发酵液，再经现代先进的浓缩技术后而制成之产品，其含有丰富的菌体蛋白、氨基酸及糖分。主要的参考成分分析资料如下：总固形物(Totalsolid) 55%，热量(Total calorirs) 2.0～2.2Mcal/kg，粗蛋白(Crude Protein) 18%～25%，粗脂肪(Ether Extract) 0.95%～2.5%，粗灰分(Ash) 8.8%～12%，碳水化合物(Carbohydrates) 5.35%。另外根据生产氨基酸种类和工艺的不同，残留有大量的游离氨基酸单体。我国目前自主生产的氨基酸都会产生大量的氨基酸废液，一方面给生产企业带来巨大的废弃物处理压力，另一方面大量的饲料资源被浪费掉。常见的氨基酸废液有苏氨酸母液、色氨酸母液、精氨酸母液等。

在没有被开发做饲料之前，氨基酸废液多数被用作肥料排放到大田里，可以达到改善贫瘠土壤、提高化学肥料的利用率；含有丰富的氨基酸、钾及其他植物营养成分，能快速被植物吸收利用；增加土壤有机质的含量，疏松土壤，改善土壤中微生物的生育环境的作用。而随着生物发酵饲料技术的推广和应用，可以经过微生物的发酵作用，将其转化为优质的动物饲料。通过发酵，可充分利用其中的蛋白原料，同时，由于具有一定的水分，作为发酵原料混合于发酵基料中使用，以减少灰尘，降低损耗，提高蛋白含量。

四、其他工业废液

工业废液是指以发酵、造纸、食品等工业在产品发酵和加工过程中产生的有大量营养物质存在的副产物。

近年来，饲料酵母大部分是以这些废液（如酒精、啤酒、纸浆废液和糖蜜等）为碳源和一定比例的氮（硫酸铵、尿素）作营养源，通过接种酵母菌液，经发酵、离心提取和烘干、粉碎而获得的一种菌体蛋白饲料。70 年代初期，国外利用工业废液生产饲料酵母已形成了工业化体系，在欧洲属于 SCP 范畴的产品每年约有 120 万 t；在东欧和原苏联，80%的酒精废液早已用于生产饲料酵母，但由于生产成本高，发展缓慢。我国 50 年代开始着手开展利用工业废液生产饲料酵母的研究工作，在利用纸浆废液、酒糟水、豆腐水为原料生产饲料酵母和白地霉方面取得了很大的成就。随着科学技术的不断改进，20 世纪末期在利用酒精、啤酒副产品、味精废液生产饲料酵母的科学技术方面又取得许多经验，并有批量生产，同时颁发有饲料酵母行业标准。

饲用酵母因原料及工艺不同，其营养组成有相当大的变化，一般风干制品中约含粗蛋白质 45%～60%，如酒精液酵母 45%，味精菌体酵母 62%，纸浆废液酵母 46%，啤酒酵母 52%。这类 SCP 中，赖氨酸 5%～7%，蛋氨酸＋胱氨酸 2%～3%，所含必需氨基酸和鱼粉含量相近，但适口性差。有效能值一般与玉米近似，生物学效价虽不如鱼粉，但与优质豆饼相当。在矿物质元素中，富锌和硒，尤其含铁量很高。近年来在酵母的综合利用中，也有先提取酵母中的核酸再制成“脱核酵母粉”的。同时酵母产品不断开发，如含硒酵母、含铬酵母、含锌酵母已有了商品化产品，均有其特殊营养功能。工业废液酵母从环保及物尽其用的原则出发，最具有开发前途。

第三节 菌种原料

菌种是微生物饲料添加剂功能和质量的基础，也是产品安全的首要保证，世界各国对此都有明确规定和严格管理。

1989 年美国食品药物管理局（FDA）和美国饲料公定协会（AAFCO）公布了 44 种“可直接饲喂且通常认为是安全的微生物（Generally Recognized as Safe，GRAS）”作为微生态制剂和微生物饲料的出发菌株，主要有细菌（bacteria）、酵母（yeast）和真菌（fungi）。其中乳酸菌 28 种（包括乳酸杆菌 11 种、双歧杆菌 6 种、肠球菌属 2 种、链球菌 5 种、片球菌 3 种、明串珠菌 1 种）、芽孢杆菌 5 种、乳球菌 1 种、丙酸杆菌 2 种、拟杆菌 4 种、曲霉 2 种、酵母菌 2 种等。其中，①乳酸杆菌属（Lactobacilleae）11 种：短乳杆菌（*L. brevis*）、嗜酸乳杆菌（*L. acidophilus*）、保加利亚乳杆菌（*L. bulgaricus*）、干酪乳杆菌

(*L. casei*)、纤维二糖乳杆菌(*L. cellosus*)、弯曲乳杆菌(*L. curvatus*)、德氏乳杆菌(*L. delbruekii*)、发酵乳杆菌(*L. fermentum*)、罗特氏乳杆菌(*L. reuterii*)、乳酸乳杆菌(*L. lactis*)、植物乳杆菌(*L. plantarum*)等。②双歧杆菌属(*Bifidobactirium*)6种:青春双歧杆菌(*B. adolescentis*)、婴儿双歧杆菌(*B. infantis*)、动物双歧杆菌(*B. animalis*)、长双歧杆菌(*B. longum*)、嗜热双歧杆菌(*B. thermophilum*)、两歧双歧杆菌(*B. bifidum*)。③肠球菌属(*Enterococcus*)2种:粪肠球菌(*E. faecalis*)又称粪链球菌(*S. faecium*)、屎肠球菌(*E. faecium*)。④链球菌属(*Streptococcus*)5种:嗜热链球菌(*S. thermophilus*)、乳酸链球菌(*S. lactis*)、乳酸乳球菌(*L. lactis*)、中间型链球菌(*S. intermedius*)、乳脂链球菌(*S. cremoris*)、二丁酮链球菌(*S. diacetylactis*)。⑤片球菌属(*Pediococcus*)3种:乳酸片球菌(*Pediococcus acidilacticii*)、啤酒片球菌(*P. cerecisiae*)、戊糖片球菌(*P. pentosaceus*)。⑥明串珠菌属(*Leuconostoc*)1种:肠膜明串珠菌(*Leuconostoc mesenteroides*)。⑦芽孢杆菌属(*Bacillus*)5种:凝结芽孢杆菌(*Bacillu coagulans*)、缓慢芽孢杆菌(*B. lentus*)、枯草芽孢杆菌(*B. subtilis*)、地衣芽孢杆菌(*B. licheniforms*)、短小芽孢杆菌(*B. pumilus*)。⑧乳球菌(*Lactococcus*)1种:乳酸乳球菌(*L. lactis*)又称乳酸链球菌(*S. lactis*)。⑨丙酸杆菌属(*Propionibacterium*)2种:谢氏丙酸杆菌(*P. shermanii*)、费氏丙酸杆菌(*P. freudenreichii*)。⑩拟(类)杆菌属(*Bacteroides*)4种:猪拟(类)杆菌(*B. suis*)、瘤胃生拟(类)杆菌(*B. ruminocola*)、多毛拟(类)杆菌(*B. capillosus*)、嗜淀粉拟(类)杆菌(*B. amylophilus*)。⑪酵母菌属(*Yeast*)2种:啤酒酵母或酿酒酵母(*Saccharomyces cerevisiae*)、产朊假丝酵母(*Candida utilis*)。⑫曲霉菌属(*Aspergillus*)2种:黑曲霉(*Aspergillus niger*)、米曲霉(*A. oryzae*)。

这些微生物菌种应具有以下特性:①产生有机酸,如乳酸、乙酸、甲酸等,这些酸能够抑制病原微生物,也可作为动物的能量或对其他微生物有益;②产生抗菌物质,如细菌素、过氧化氢或其他化合物抑制病原微生物;③有益微生物黏附占位,竞争排除,防止病原微生物定植;④刺激免疫反应,增加免疫系统活力;⑤产生各种消化酶,如蛋白酶、淀粉酶、脂肪酶和糖苷酶(glycosidases),提高饲料利用效率。此外双歧杆菌还产生DNA聚合酶,可修复机体损伤的细胞;⑥减少毒胺的产生,中和内毒素。

我国农业部2013年12月公告《饲料添加剂品种目录(2013)》中规定的可以直接饲喂动物的饲料级微生物添加剂菌种,共36种(前文已述)。在我国农业部允许使用的微生物菌种目录中,常用的活性微生物主要是乳酸菌、粪链球菌、芽胞杆菌、酵母菌等,这些菌类虽各有特点和不同作用效果,但其促生长机理在本质上是一致的。有益微生物进入动物机体后,形成优势菌群，与有害菌争夺氧、附着位点和营养素，竞争性地抑制有害菌的生长，从而调节肠道内菌群趋于正常化；微生物代谢产生有机酸，降低动物肠道 pH 值，杀灭潜在的病源菌；产生代谢物抑制肠内胺和氨的产生；产生各种消化酶，有利于养分分解；合成 B 族维生素、氨基酸、未知促生长因子等营养物质；直接刺激肠道免疫细胞而增加局部免疫抗体，增强机体抗病力。

正常的微生物菌群的生理功能是动物生存必需的一个生理系统，是除骨骼、肌肉、神经、附属（皮、毛、指或趾甲）、淋巴（免疫）、呼吸、消化、内分泌、心血管、泌尿、雄性和雌性生殖系统（Morieb，1995）之外的第十三个生理系统，参与了动物体的生长、发育、消化、吸收、营养、免疫、生物拮抗及其各种功能和结构的发生、发展和衰退的全过程，发挥着一系列重要的作用：①胃肠菌群促进胃肠黏膜细胞的发育和成熟（解剖修饰作用）；②肠黏膜的菌群屏障作用；③口服耐受性和激活免疫系统，促进免疫细胞成熟，包括 B 细胞、T 细胞、M 细胞及吞噬细胞、体液免疫、细胞免疫、产溶菌酶细胞等；④产生多种消化酶，促进营养消化、吸收和代谢，包括对蛋白质或氮素、脂类、碳水化合物、维生素、无机盐和黏液代谢等；⑤胃肠菌群产生迁移传动复合物（migrating motor complexes，MMC），刺激肠蠕动；⑥代谢产酸，酸化肠道环境，活化酶系统和抑制偏碱性有害微生物的生长。动物的微生态系统就是通过上述多种作用，最终产生抑制有害菌群，增强免疫功能，防治疾病，提高饲料营养素的消化吸收和转化效率，促进动物产品（肉、蛋、奶、毛、皮等）的形成和品质改善。

大量的研究结果表明，微生物饲料添加剂生物发酵饲料中的一种活性物质，对促进动物生长发育、提高免疫力、防病治病、改善饲料适口性和转化率等方面具有显著效果。微生物相关饲料的最大功绩在于，它可以逐渐替代农用化学物质，取代激素和抗生素，生产出绿色食品。用于畜禽水产养殖，可以预防畜禽、鱼虾疾病，净化水质，提高饲料转化率，降低胆固醇含量，消除粪恶臭，减少环境污染。所有饲料用微生物菌种应具备：

（1）安全性

① 菌体本身不产生有毒有害物质；

② 不会危害环境固有的生态平衡。

（2）有效性

① 菌体本身具有很好生长代谢活力，能有效地降解大分子和抗营养因子，合成小肽和有机酸等小分子物质；

② 能保护和加强动物体微生物区系平衡，促进动物健康。这种功效主要指能有效地提高和维护有益微生物在动物消化道中数量优势。它可以通过 2 种方式来达到目标：发酵饲料所用菌种本身就是从目标动物消化道中

分离出来的有益菌，通过饲喂高比例发酵饲料可以直接提高动物消化道中有益微生物数量，使有益微生物形成优势。另一种方式是生产菌种或代谢产物可以选择性地杀灭或者抑制有害微生物，从而造成有益菌数量优势。实现这种途径的方式可以多种多样，比较常用的有：耗尽氧气，降低体系氧化还原电位；降低环境 pH 值；代谢物中含有能选择性杀灭大肠杆菌和沙门氏菌等有害微生物的抗菌物质。

一、乳酸菌

乳酸菌是一群能产生大量乳酸的革兰氏阳性细菌（图 2-4、图 2-5）的通称，可发酵碳水化合物[22]，这类细菌广泛存在于人、畜、禽肠道，许多食品、物料及少数临床样品中。除少数外，相当多的乳酸菌对人、畜的健康起着有益的作用，具有重要的生理功能。如果乳酸菌停止生长，人和动物就很难健康生存[23]。早在 5000 年前，乳酸菌就被人们认识和使用。发展到今天，在人类食品中的泡菜、酸奶、酱油、豆豉（纳豆菌）等发酵食品上得到广泛应用。在动物饲料中的青贮饲料、黄贮饲料上应用的也是乳酸菌发酵的原理合计数。但这些都是乳酸菌自然发酵的产物，并没有很好地得到人为的控制，受季节、气候、原料等影响比较大。

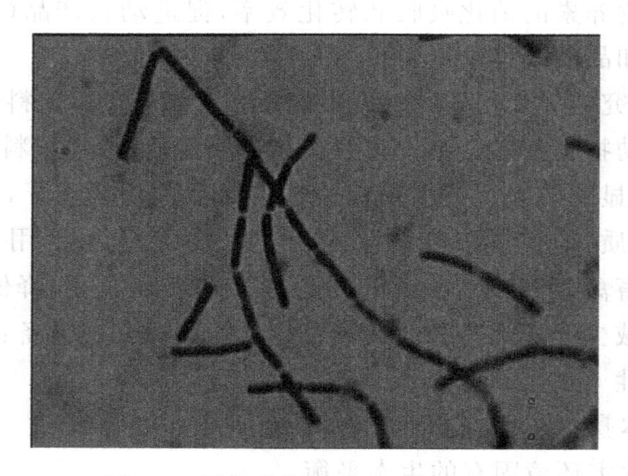

图 2-4　植物乳杆菌革兰氏染色图片

随着认识的深入和提高，以乳酸菌为主的有益菌已经开始逐渐流行，如，在婴幼儿奶粉（牛奶）中添加一些益生菌及其代谢物，不仅能够扼制肠内有害菌群的产生，还能为肠内有益菌提供良好的生长环境，造就健康肠道。有益菌能够促进奶粉、牛奶中含有的蛋白质等营养成分的吸收。它含有必需营养素代谢以及生长发育所必需的维生素 B_1、B_2、B_6，能够帮助孩子更好的成长发育。

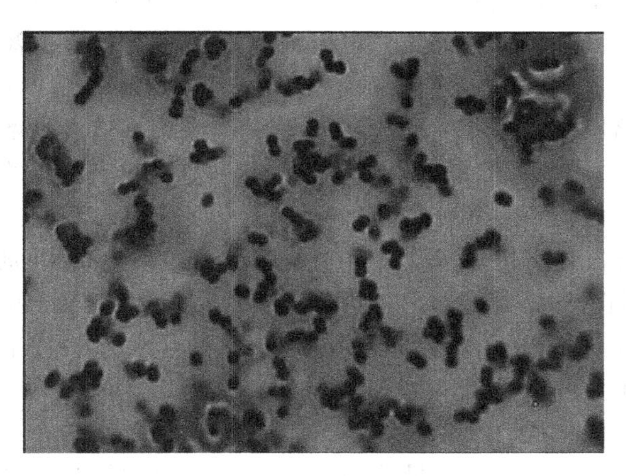

图 2-5　粪肠球菌革兰氏染色图片

乳酸菌最早和最广泛的应用还是在发酵型乳酸菌奶饮品上，已经有上百年的使用历史，发酵型乳酸菌奶饮料在乳制品市场的比例高达 80%。随着消费者健康意识的提高，中国乳酸菌市场发展迅猛，产业规模已经超过 200 亿元人民币，乳酸菌奶饮品的年总产量已突破 100 万吨。中国的乳酸菌产业正处于快速发展期，正以每年 25%的速度递增。随着消费者的需求增长，国内乳品企业也开始发力乳酸菌产品市场。未来五年将是中国乳酸菌行业快速发展的黄金时期。也正因为如此，在许多行业上乳酸菌被人们广泛应用，例如轻工、食品、医药及饲料工业等。

乳酸菌通过产生大量酶、双氧水、有机酸、细菌素等，抑制了病原菌的克隆和定植，维持肠道微生态平衡和正常生理功能。作为饲料添加剂，能提高饲料转化率、提高增重，能提高畜禽的免疫功能，防止疾病发生、降低死亡率的效果。因此，乳酸菌作为饲用微生物添加剂，在畜牧业中应用广泛。有研究表明，乳酸菌作为可直接饲喂的微生物，添加到日粮中可以增加饲养场肉牛的日增质量和饲料转化效率，并能够降低瘤胃酸中毒的发病率、提高犊牛的免疫力[24]。田原丰之等试验表明，给初生黑毛和牛补充饲乳酸菌活菌剂，能促进哺乳和育服牛的正常肠内细菌丛形成，预防和抑制下痢，有效促进体重增加。

乳酸菌是肠道常在菌，畜禽服用乳酸菌后，可以改变肠道内环境，抑制有害菌繁殖，调整胃肠道菌群平衡，增强畜禽的抗病能力，提高成活率和日增重。杭柏林等[25]报道，将植物乳杆菌和粪链球菌 2 株乳酸菌分别添加到肉鸡饲料中，结果表明，2 株乳酸菌均能够促进肉鸡胸腺、脾脏和法氏囊的发育，增强白细胞的吞噬功能，增加胸腺和脾脏中的 T 细胞数，以及提高机体产生 ND 疫苗 HI 抗体的水平。有人研究[26]发现在雏鸡日粮中添加乳酸菌剂后，结果表明，各试验组的平均体重和饲料转化率都显著高于对照组，且雏鸡的生长速度、饲料效率随日粮中乳酸菌剂添加水平增加有明显提高的趋势。仔猪腹泻是一种多发性疾病，仔猪严重腹泻造成日增重降低、营养不良以致死亡，给生产带来很大损失。但通过口服一定剂量的乳酸菌，可以控制大肠杆菌的繁殖，从而减少腹泻的发生，降低死亡率，提高日增重。郗伟斌[27]等在猪出生 3d 后，每天口服 0.8ml 和 1.2ml 两种剂量和乳酸菌(0.05 亿个活菌/mL)，连续用 3d。结果发现试验组与对照组比较，发病率分别减少 7.8%和 16.7%，死亡分别减少 6.7%和 10%。仔猪 60 日龄体重试验组均高于对照组，其日增重分别提高 11kg 和 44kg，证明新生仔猪口肥乳酸菌有良好的作用。

乳酸菌液体发酵产生大量乳酸、乙酸、乙醇和微量的其他醇类等挥发性物质。有研究表明[28]大量吸附乳酸菌发酵液可以改善秸秆饲料的风味和营养价值，与青贮相比具有生产周期短、干物质损失少、操作简单等诸多优势。张晓庆等[7]报道，异质型发酵乳酸菌能有效防止二次发酵，有助于提高青贮饲料开封后的有氧稳定性。

二、芽孢杆菌

芽孢杆菌(Bacillus)是一类需氧兼性厌氧的革兰氏阳性细菌，在 1872 年，德国植物学家 Cohn 建立了第一个细菌分类系统，根据细菌的形态特征命名了芽孢杆菌属。据统计，国内外用于畜禽生产的芽孢杆菌种类有枯草芽孢杆菌、凝结芽孢杆菌、缓慢芽孢杆菌、地衣芽孢杆菌、短小芽孢杆菌、蜡样芽孢杆菌、环状芽孢杆菌、巨大芽孢杆菌、坚强芽孢杆菌、东洋芽孢杆菌、纳豆芽孢杆菌、芽孢乳杆菌和丁酸梭菌等。芽孢杆菌在一定条件能产生抗逆性强、耐高温高压、易储存等生物特性。具有调节肠道菌群平衡，增强动物免疫力、提高生产性能等诸多营养功能，因此近年来被开发应用作为动物微生物饲料添加剂(图 2-6、图 2-7)。

芽孢杆菌在农业有着广泛的应用，有些菌株可用于养殖业上，提高动物肉的品质。蜡状芽孢杆菌可做饲用微生物制剂。由于芽孢抗热性可耐胃中 pH 较低的酸性环境，添加芽孢杆菌制剂可提高饲料利用率、降低饲料成本，同时可减少疾病。养猪生产中减少抗生素生长促进剂使用量或取消某些抗生素的使用，会使猪的生产性能受到严重影响，寻找抗生素替代物非常重要。

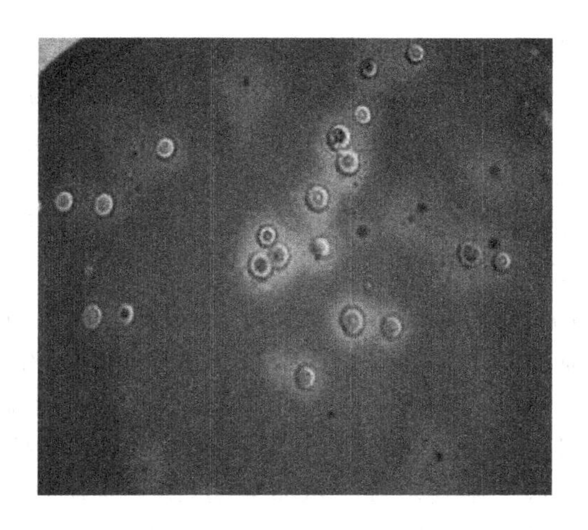

图 2-6　产纤维素酶的枯草芽孢杆菌菌落

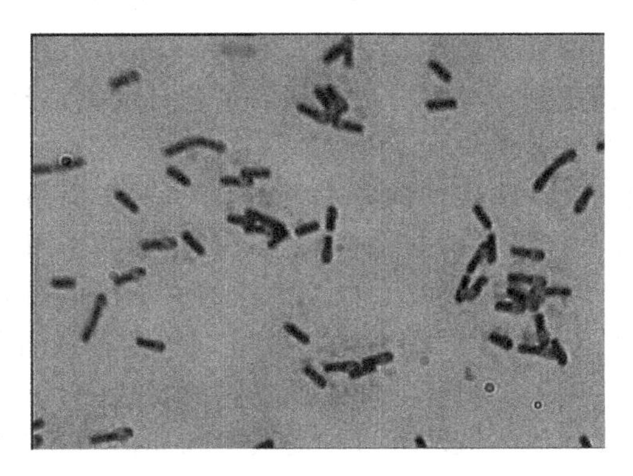

图 2-7　芽孢杆菌革兰氏染色图片

芽孢杆菌作为畜禽的微生物饲料添加剂主要是通过调节动物自身微生物平衡而发挥其生理作用。由于其具有物理性质稳定、作用方式独特、应用效果显著、无污染、无残留、耐受干燥环境、便于储存、运输，且以孢子形式存在不会消耗饲料的营养成分，保证饲料品质等优良特性，具有抗生素所不具有的特点，因此应用前景十分广阔。芽孢杆菌制剂一般为粉状、颗粒状或包埋成微胶囊，主要以芽孢的形式直接添加到饲料或饮水中饲喂。

芽孢杆菌作为最理想的微生物添加剂，其属名自 1887 年首次提出以来，至今已有 100 多年的历史。它具有较高的蛋白酶、纤维素酶和淀粉酶活性，对植物性碳水化合物有较强的降解能力[1]。许多研究表明，在饲料中添加芽孢杆菌可以显著提高养殖动物体内消化酶的活性。邝哲师[2]等研究表明：试验组在基础日粮中添加 0.1%的芽孢杆菌制剂饲养 14d 后，试验组比对照组胃蛋白酶活性提高 58.68%，胰淀粉酶活性提高 24.05%，回肠内蛋白酶和淀粉酶活性分别提高 61%和 20.30%，差异显著。另有研究表明纳豆芽孢杆菌剂能提高十二指肠消化酶（总蛋白酶、淀粉酶、脂肪酶）的活力 52.2%～89.2%，纳豆芽孢杆菌剂的最佳添加量为 200mg/kg。Tang 等[4]对肉鸡饲喂枯草杆菌测定其消化道酶活性，试验发现十二指肠内淀粉酶、胰蛋白酶和总蛋白酶活性以及空肠内的脂肪酶活性和盲肠内的总蛋白酶活性均显著高于对照组（$P<0.05$）。

芽孢杆菌为需氧菌，其进入动物肠道内，可消耗大量的游离氧，降低了肠内氧浓度，抑制了肠道中存在的大肠杆菌等需氧菌的生长，优化了乳杆菌、双歧杆菌、乳酸杆菌等厌氧菌的生长环境，有利于肠道微生态系统的稳定和平衡。芽孢杆菌通过对肠道的黏附和对致病菌的拮抗，维持肠道菌群平衡，保护肠道健康。施曼玲等[5]试验表明，纳豆芽胞杆菌能促进双歧杆菌、乳酸杆菌、拟杆菌和梭菌等厌氧菌的生长，抑制肠杆菌和肠球菌等需氧菌的生长。郝生宏等[6]试验表明，日粮中添加枯草芽孢杆菌可以极显著地降低肉仔鸡第 1、3 周龄粪便中的大肠杆菌数。研究表明，生长肥育猪饲料中添加凝结芽孢杆菌制剂可显著提高猪的平均日增重，降低饲料成本，饲养效果与抗菌药没有显著差异[7]。

芽孢杆菌制剂在动物生产饲养中应用广泛，对于提高动物的生产性能、降低饲养成本、提高经济效益与社会效益具有重要的作用，而且与人们的关系越来越密切，逐步成为人类社会极为关注的一个微生物类群。

目前，芽孢杆菌类微生物作为生物发酵饲料菌种或者作为微生态制剂菌种已经广泛地应用于饲料行业和养殖动物的实践中。研究和应用过程中存在的主要问题是如何降低培养过程的成本和如何用大宗廉价发酵原料达到高密度培养的目标。基于此，笔者团队做了部分研究，结果发表论文如附件 1 所示。

三、酵母

酵母是一类单细胞真菌，和高等植物的细胞一样，有细胞核、细胞膜、细胞壁、线粒体、相同的酶和代谢途经。大部分酵母无害、易生长，广泛存在于空气、水和土壤中，动物体内也有分布。酵母菌在有氧和无氧的环境中都能生长，即酵母菌是兼性厌氧菌：在有氧的情况下，它把糖分解成二氧化碳和水，且酵母菌生长较快；在缺氧的情况下，酵母菌把糖分解成酒精和二氧化碳。

多数酵母可以分离于富含糖类的环境中，比如一些水果（葡萄、苹果、桃等）或者植物分泌物（如仙人掌的汁）。一些酵母在昆虫体内生活。酵母菌是单细胞真核微生物，形态通常有球形、卵圆形、腊肠形、椭圆形、柠檬形或藕节形等，比细菌的单细胞个体要大得多，一般为 1～5 或 5～20μm。酵母菌无鞭毛，不能游动。酵母菌具有典型的真核细胞结构，有细胞壁、细胞膜、细胞核、细胞质、液泡、线粒体等，有的还具有微体。

大多数酵母菌的菌落特征与细菌相似，但比细菌菌落大而厚，菌落表面光滑、湿润、黏稠，容易挑起，菌落质地均匀，正反面和边缘、中央部位的颜色都很均一，菌落多为乳白色。酵母菌同其他活的有机体一样，需要相似的营养物质，像细菌一样，它有一套胞内和胞外酶系统，用以将大分子物质分解成细胞新陈代谢易利用的小分子物质，属于异养生物（图 2-8、图 2-9）。酵母菌能在 pH 为 3.0～7.5 的范围内生长，最适 pH 为 4.5～5.0。像细菌一样，酵母菌必须有水才能存活，但酵母需要的水分比细菌少，某些酵母能在水分极少的环境中生长，如蜂蜜和果酱，这表明它们对渗透压有相当高的耐受性。在低于水的冰点或者高于 47℃ 的温度下，酵母细胞一般不能生长，最适生长温度一般在 20～30℃。

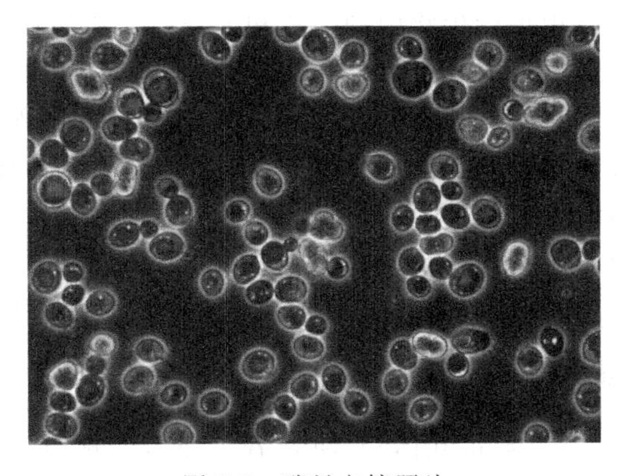

图 2-8　酵母电镜照片

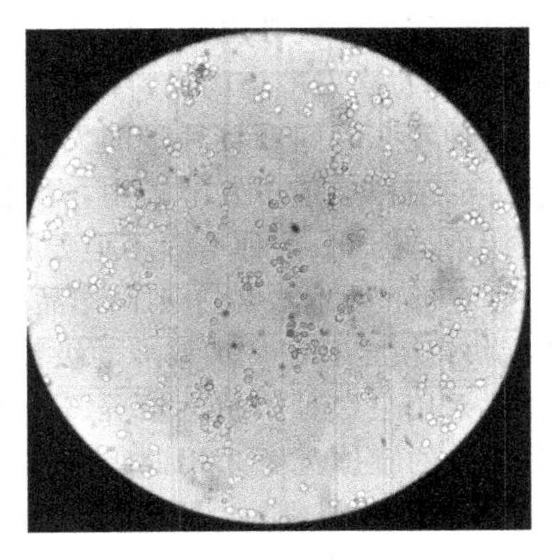

图 2-9　酵母的显微计数

最常见的酵母为酿酒酵母(Saccharomyces cerevisiae),很早就用于发酵面包和酒类,在发酵面包和馒头的过程中面团中会放出二氧化碳。因酵母属于简单的单细胞真核生物,易于培养,且生长迅速,所以被广泛用于现代生物学研究中。在生物发酵饲料领域也作为非常重要的一类发酵菌种。随着酵母类产品在反刍动物和水产动物中的作用越来越多地被证明,饲用酵母在酵母生产和推广中占有越来越大的比重。

目前,针对酵母开展的研究,一是酵母各成分的细分,如酵母细胞壁、酵母核苷酸等产品形式的开发,二是功能性酵母产品(如酵母硒)的开发和酵母高密度优化培养。笔者团队针对酵母在饲料行业和养殖中的应用实际,展开了酵母铜的研发和酵母的优化培养。研究结果见附录 2。

四、菌种培养

菌种的培养是根据微生物菌种生长和生产所需要的营养物质(水分、碳源、氮源、无机盐等)配制培养基,在人为控制的条件下,提供微生物生长所需条件,快速高效地培养微生物菌种,获得代谢产物的培养方式。生产中,菌种的扩大培养是发酵生产的第一道工序,又称此工序为种子制备。种子制备不仅要使菌体数量增加,更重要的是,经过种子制备培养出具有高质量的生产种子供发酵生产使用。因此,如何提供发酵产量高、生产性能稳定、数量足够而且不被其他杂菌污染的生产菌种,是种子制备工艺的关键。

1. 菌种培养的任务

生产菌种的浓度、数量和体积,决定着工业生产规模。相反,生产规模越大,所需要的发酵菌种也就越多。要使小小的微生物菌种在很短时间内,完成如此巨大的发酵转化任务,那就必须具备数量巨大的微生物菌种才行。菌种扩大培养的目的就是为每次发酵罐的投料提供相当数量的代谢旺盛的种子。在一定范围内,菌种发酵时间和接种量的大小有关,接种量大,发酵时间则短。故,数量较多的菌种接种于发酵罐中,有利于缩短发酵时间,提高发酵效率,控制杂菌污染。因此,菌种培养不但要得到纯而壮的菌体,还要获得生命力旺盛、数量足够的菌体。对于不同产品的发酵过程来说,必须根据菌种生长繁殖速度快慢决定种子扩大培养的级数,现代液体发酵领域,根据发酵罐的大小,常常采用三级种子扩大培养。一般 50t 左右的生产发酵罐多采用三级发酵,更大的罐体甚至采用四级发酵。有些情况下也会根据菌种的特性确定接种的比例和级别,如果菌种遗传性状不太稳定,生长繁殖又非常迅速就可以采用二级扩大培养。

2. 种子菌种的制备

细菌、酵母菌的种子制备就是一个细胞数量增加的过程。细菌的平板培养基或斜面培养基多采用氮源丰富的培养基配方，蛋白胨和牛肉膏最常用作有机氮源。细菌培养温度大多数为37℃，酵母和少数细菌为28℃。为了获得细菌菌体，培养时间多在24h左右，产芽孢的细菌则需培养5～10d。霉菌、放线菌的种子制备一般包括两个过程，即在固体培养基上生产大量孢子，进行孢子制备和在液体培养基中生产大量菌丝，进行种子制备过程。

放线菌孢子的制备，是种子制备的开始，是发酵生产的一个重要环节。孢子的质量、数量对以后菌丝的生长、繁殖和发酵产量都有明显的影响。放线菌的孢子培养一般采用琼脂斜面培养基，培养基中含有一些适合产孢子的营养成分，如麸皮、豌豆浸汁、蛋白胨和一些无机盐等。碳源和氮源较正常培养基缺乏（碳源约为1%，氮源不超过0.5%），碳源丰富容易造成生理上的酸性环境，不利于放线菌孢子的形成；氮源丰富会使菌丝繁殖过快而不利于孢子形成。一般情况下，干燥和限制营养可直接或间接诱导孢子形成。放线菌斜面的培养温度大多数为28℃，少数为37℃，培养时间为5～14d。

采用哪一代的斜面孢子接入液体培养，视菌种特性而定。采用母斜面孢子接入液体培养基有利于防止菌种变异，采用子斜面孢子接入液体培养基可节约菌种用量。菌种进入种子罐有两种方法：一种为孢子进罐法，即将斜面孢子制成孢子悬浮液直接接入种子罐。此方法可减少批次之间的差异，具有操作方便、工艺过程简单、便于控制孢子质量等优点，孢子进罐法已成为发酵生产的一个方向；另一种方法为摇瓶菌丝进罐法，适用于某些生长发育缓慢的放线菌，此方法的优点是可以缩短种子在种子罐内的培养时间。

霉菌孢子的制备，霉菌的孢子培养，一般以大米、小米、玉米、麸皮、麦粒等天然农产品为培养基。这是由于这些农产品中的营养成分较适合霉菌的孢子繁殖，而且这类培养基的表面积较大，可获得大量的孢子。霉菌的培养一般为25～28℃，培养时间为4～14d。

具体可以按照如下操作进行：

种子制备，将固体培养基上培养出的孢子或菌体转入到液体培养基中培养，使其繁殖成大量菌丝或菌体的过程。种子制备所使用的培养基和其他工艺条件，都要有利于孢子发芽、菌丝繁殖或菌体增殖。某些孢子发芽和菌丝繁殖速度缓慢的菌种，需将孢子经摇瓶培养成菌丝后再进入种子罐，这就是摇瓶种子。摇瓶相当于微缩了的种子罐，其培养基配方和培养条件与种子罐相似。摇瓶种子进罐，常采用母瓶、子瓶两级培养，有时母瓶种子也可以直接进罐。种子培养基要求比较丰富和完全，并易被菌体分解利用，氮源丰富有利于菌丝生长。原则上各种营养成分不宜过浓，子瓶培养基浓度比母瓶略高，更接近种子罐的培养基配方。

3. 种子菌种培养

种子菌种培养要求一定量的种子，在适宜的培养基中，控制一定的培养条件和培养方法，从而保证种子菌种正常生长。微生物的培养法分为静置培养和通气培养两大类型。静置培养法即将培养基盛于发酵容器中，在接种后，不通空气或氧气进行培养。而用通气培养法生产的菌种以需氧菌和兼性需氧菌居多，它们生长的环境必须供给空气，以维持一定的溶氧水平，使菌体迅速生长和发酵，又称为好气性培养。具体的种子培养方法有下面几种。

(1)表面培养法，是一种好氧静置培养法。针对容器内培养基物态又分为液态表面培养和固体表面培养。相对于容器内培养基体积而言，表面积越大，越易促进氧气由气液界面向培养基内传递。这种方法菌的生长速度与培养基的深度有关，单位体积的表面积越大，生长速度越快。

(2)固体培养法，又分为浅盘固体培养和深层固体培养，统称为曲法培养。它起源于我国酿造生产特有的传统制曲技术。其最大特点是固体曲的酶活力高。

(3)液体深层培养，是液体深层种子罐从罐底部通气，送入的空气由搅拌桨叶分散成微小气泡以促进氧的溶解的方法。这种由罐底部通气搅拌的培养方法，相对于由气液界面靠自然扩散使氧溶解的表面培养法来讲，称为深层培养法。其特点是容易按照生产菌种对于代谢的营养要求以及不同生理时期的通气、搅拌、温度与培养基中氢离子浓度等条件，选择最佳培养条件。

深层培养基本操作的三个控制点：①灭菌。发酵工业要求纯培养，因此在种子培养前必须对培养基进行加热灭菌。所以种子罐具有蒸汽夹套，以便将培养基和种子罐进行加热灭菌，或者将培养基由连续加热灭菌器灭菌，并连续地输送于种子罐内。②温度控制。培养基灭菌后，冷却至培养温度进行种子培养。由于随着微生物的生长和繁殖会产生热量，搅拌也会产生热量，所以要维持温度恒定，需在夹套中或盘管中通冷却水循环。③通气、搅拌。空气进入种子罐前先经过空气过滤器除去杂菌，制成无菌空气，而后由罐底部进入，再通过搅拌将空气分散成微小气泡。为了延长气泡滞留时间，可在罐内装挡板产生涡流。搅拌的目的除增加溶解氧以外，还可使培养液中的微生物均匀地分散在种子罐内，促进热传递，并使加入的酸和碱均匀分散等。

4. 种子质量的控制

种子质量是影响发酵生产水平的重要因素。种子质量的优劣，主要取决于菌种本身的遗传特性和培养条件两个方面。这就是说既要有优良的菌种，又要有良好的培养条件才能获得高质量的种子。影响种子质量的因素主要有培养基、培养温度和湿度、培养时间和冷藏时间、接种量、种龄等，这些因素相互联系、相互影响，因此必须全面考虑各种因素，认真加以控制。

(1)培养基

培养基是种子培养的营养成分和原材料，其产地、品种、加工方法和用量对孢子质量都有一定的影响。生产过程中种子质量不稳定的现象，常常是原材料质量不稳定所造成的。培养基原料不同会导致培养基中的微量元素和其他营养成分含量的变化。例如，由于生产蛋白胨所用的原材料及生产工艺的不同，蛋白胨的微量元素含量、磷含量、氨基酸组分均有所不同，而这些营养成分对于菌体生长和孢子形成有重要作用。琼脂的牌号不同，对孢子质量也有影响，这是由于不同牌号的琼脂纯度造成的。

此外，水质的影响也很大。地区、季节和水源都会造成水质波动。为了避免水质波动对孢子质量的影响，可用蒸馏水或在水中加入适量的无机盐，供配制培养基使用。为了保证孢子培养基的质量，斜面培养基所用的主要原材料，糖、氮、磷含量需经过化学分析及摇瓶发酵试验合格后才能使用。制备培养基时要严格控制灭菌后的培养基质量。斜面培养基使用前，需在适当温度下放置一定的时间，使斜面无冷凝水呈现，水分适中有利于孢子生长。

(2)培养温度和湿度

微生物在一个较宽的温度范围内生长。但是，要获得高质量的孢子，其最适温度区间很狭窄。一般来说，提高培养温度，可使菌体代谢活动加快，缩短培养时间，但是，菌体的糖代谢和氮代谢的各种酶类，对温度的敏感性是不同的。因此，培养温度不同，菌种的生理状态也不同，如果不是用最适温度培养的种子，其生产能力就会下降。不同的菌株要求的最适温度不同，需通过试验进行确定。斜面孢子培养时，培养室的相对湿度对孢子形成的速度、数量和质量有很大影响。空气中相对湿度高时，培养基内的水分蒸发少；相对湿度低时，培养基内的水分蒸发多。这都不利于固体培养基内水分的稳定。一般来说，真菌对湿度要求偏高，而放线菌对湿度要求偏低。故，在培养箱培养时，如果相对湿度偏低，可放入盛水的平皿，提高培养箱内的相对湿度，为了保证新鲜空气的交换，培养箱每天宜开启几次，以利于孢子生长。新型恒温恒湿培养箱很好地解决了这些问题。

(3)培养时间和冷藏时间

一般来说,衰老的种子不如处于年轻状态的种子,因为衰老的种子已在逐步进入下一个生理阶段,核物质趋于分化状态。过于衰老的种子会导致生产能力的下降。控制措施是种子培养的时间应该控制在种子量多、成熟、发酵产量正常的阶段,如在菌种生长曲线的对数生长期末期。

斜面菌种或甘油菌种冷藏对种子质量的影响与种子成熟程度有关。冷藏时间对孢子的生产能力也有影响。一般的规律是冷藏时间越长种子活力越低。例如在链霉素生产中,斜面孢子在6℃冷藏两个月后的发酵单位比冷藏一个月降低18%,冷藏3个月后降低35%。

(4)接种量

制备种子时的接种量要适中,接种量过大或过小均对菌种种子质量产生影响。因为接种量的大小影响到在一定量培养基中孢子的个体数量的多少,进而影响到菌体的生理状态。凡接种后菌落均匀分布整个斜面,隐约可分菌落者为正常接种。接种量过小则斜面上长出的菌落稀疏,接种量过大则斜面上菌落密集一片。一般传代用的斜面菌种要求菌落分布较稀,适于挑选单个菌落进行传代培养。接种摇瓶或进罐的斜面种子,要求菌落密度适中或稍密,菌株数量达到要求标准。

接入种子罐的菌种接种量对发酵生产也有影响。例如,枯草芽孢杆菌接种量对该菌种在液体发酵罐中的生长有明显影响,当接种量较小时,种子进罐营养充分,氧气充足,会迅速生长。达到菌数要求时,菌体代次增加,均一性受到较大影响;接种量过大时,种子进罐后,营养相对缺乏,氧气相对不足,种子生长缓慢,不能很好地维持菌种代谢的需要,甚至会在饥饿代谢下大量形成芽孢,不利于作为发酵菌种或者作为其他代谢产物的生产菌种。

除了以上几个因素需要加以控制之外,要获得高质量的种子,还需要对菌种质量加以控制。用各种方法保存的菌种每过1年都应进行1次自然分离,从中选出形态、生产性能好的单菌落接种种子培养基。制备好的斜面或平板种子,要经过摇瓶发酵试验,合格后才能用于发酵生产。

(5)种龄

种子培养时间和代次称为种龄。在种子罐内,随着培养时间的延长,菌体量逐渐增加。但是菌体繁殖到一定程度,由于营养物质消耗和代谢产物积累,菌体量不再继续增加,而是逐渐趋于老化。由于菌体在生长发育过程中,不同生长阶段的菌体的生理活性差别很大,接种种龄的控制就显得非常重要。在工业发酵生产中,一般都选在生命力极为旺盛的对数生长期,菌体量尚未达到最高峰时移种。此时的种子能很快适应环境,生长繁殖快,可大大缩短其在发酵罐中的迟滞期(调整期)和非产物合成时间,提高发酵罐的利用率，节省动力消耗。如果种龄控制不适当，种龄过于年轻的种子接入发酵罐后，往往会出现前期生长缓慢、泡沫多、发酵周期延长以及因菌体量过少引起异常发酵等等；而种龄过老的种子接入发酵罐后，则会因菌体老化而导致生产能力衰退。

最适种龄因菌种不同而有很大的差异。细菌的种龄一般为 7～24h，霉菌种龄一般为 16～50h，放线菌种龄一般为 21～64h。同一菌种的不同罐批培养相同的时间，得到的种子质量也不完全一致，因此最适的种龄应结合菌种特性和培养条件等因素，通过多次试验，特别要根据本批种子质量来确定。

五、菌种组合

随着发酵工艺的发展，微生物发酵饲料的生产方式已从单一菌种发酵向多菌种协同发酵方向发展，并注重不同微生物之间的协同性和互补性，使其发挥正组合效应。由于多菌种发酵有利于各菌种协同，作用于固态基质上，往往比单独菌种作用效果更明显，因此成为当前研究的热点。所以，深入研究不同菌种组菌种或菌种组合的选择对于微生物固体发酵具有重要的意义。一般来讲，选育的生产菌种必须具备碳源利用广谱性强、耐酸、耐高温、生长速度快、繁殖力强、蛋白质合成能力强、抗污染能力强和分散性好的优良特性。同时，采用多菌种混合发酵，要注意不同微生物间的协同性和互补性。大量事实表明，一般多菌种混合发酵饲料效果好于单一菌种发酵。

（一）单一菌种发酵的特点

自然界存在大量的微生物，目前我们所知的大概有 10 万多种。每种微生物都有其特性，它们发酵产生不同的代谢产物和生理功能。例如在发酵中应用最早、最广泛的益生菌——乳酸菌，为厌氧或者兼性厌氧菌，发酵碳水化合物时产生大量乳酸，对革兰氏阳性菌、革兰氏阴性菌都有很强的抑菌效果；芽孢杆菌是一种能够产生芽孢的好氧菌，耐受高温、高压和酸碱，生命力强，代谢可产生蛋白酶和 B 族维生素等，对饲料的降解消化吸收和动物的营养代谢起到促进作用；而酵母菌菌体中含有非常丰富的蛋白质、B 族维生素、脂肪、糖、酶等多种营养成分，可提高动物免疫力和生产性能，减少应激。

(二)多菌种混合发酵的优势

菌种的发展由单一菌株向多菌混合发酵方向发展。多菌种混合发酵主要是利用菌种之间协调互作关系,扩大对原料的适应性和防杂菌能力。有研究发现,多菌种发酵粗蛋白含量和消化能力从整体上高于单菌种发酵。在实践中,乳酸菌和芽孢杆菌混合发酵,芽孢杆菌可快速消耗大量的氧气,维持发酵过程的厌氧环境,促进乳酸菌等厌氧益生菌的生长;霉菌可产生较丰富的碳水化合物酶,对纤维素和淀粉进行分解产生单糖。这些单糖可被酵母直接利用,利用菌种的协同作用提高对底物的利用效率,提高产品的蛋白质含量和营养功能。

(三)发酵菌种的选择

不同菌种对不同发酵原料或者单一菌种发酵与混合发酵效果均不相同。有人利用热带假丝酵母、黑曲霉和产朊假丝酵母,分别对柠檬酸渣、蛋白酶发酵渣和酱油渣等原料进行单一菌种和不同组合的菌种发酵,结果单一菌种发酵中黑曲霉的效果最好;而混合菌种发酵粗蛋白含量从整体上高于单菌种发酵。因此,组合菌种进行混合菌种发酵是生物发酵饲料发展的趋势,既提高了发酵产品品质,又增加了发酵成功率。

六、新型菌种

目前,2013 版《饲料添加剂品种目录》中允许添加的微生物菌种共 35 种,其中允许添加的乳酸菌菌株有 22 种,占批准使用菌株的 62.9%。肠球菌属 3 种分别是:粪肠球菌、屎肠球菌、乳酸肠球菌;乳杆菌属 10 种分别是:德式乳杆菌乳酸亚种、德氏乳杆菌保加利亚亚种、嗜酸乳杆菌、干酪乳杆菌、副干酪乳杆菌、植物乳杆菌、罗伊氏乳杆菌、纤维二糖乳杆菌、发酵乳杆菌、布氏乳杆菌;双歧杆菌属 6 种是:两歧双歧杆菌、婴儿双歧杆菌、长双歧杆菌、短双歧杆菌、青春双歧杆菌、动物双歧杆菌;片球菌属 2 种分别是:乳酸片球菌、戊糖片球菌;链球菌属 1 种是:嗜热链球菌。22 种乳酸菌均为动物肠道原籍型乳酸菌。目录中其他 13 株菌分别为芽孢类、光合细菌、酵母类、霉菌类。芽孢类包括:芽孢杆菌属、梭菌属、短芽孢杆菌属。沼泽红假单胞菌是光合细菌。产朊假丝酵母、酿酒酵母、黑曲霉和米曲霉 4 种菌为真菌。传统的饲料微生物菌种主要集中在乳酸菌、酵母和芽孢杆菌三大类中,随着对微生物资源认识的不断深入,几种新型的微生物菌种越来越多地被认识和使用。

1. 凝结芽孢杆菌

(1)凝结芽孢杆菌(Bacillus coagulans)　乳酸菌的一种，菌体呈杆状，两端钝圆，革兰氏阳性菌，过氧化氢酶阳性，芽胞端生，无鞭毛。最适生长温度为45～50℃，最适pH值为6.6～7.0。其能分解糖类生成L-乳酸，为同型乳酸发酵菌。凝结芽孢杆菌除具有和乳酸菌及双歧杆菌同样的保健功效外，还具有耐酸、耐热、耐盐、容易培养和保存的特点。菌株在YPD培养基上生长良好，48h形成直径2～3mm大小的圆形菌落，白色而有光泽，表面湿润、平坦，边缘整齐。油镜观察，菌体形态为杆状，单个、成对或链状排列，芽胞端生(图2-10)。凝结芽孢杆菌经90℃、60min湿热处理和120℃、60min干热处理，其活菌数只下降了一个数量级；将其置于pH值大于2.42的酸性溶液中，存放一年后，其存活率仍高达105；凝结芽孢杆菌在1%～7% NaCl溶液中均可存活4周以上，其在8% NaCl溶液中能存活一个月。但凝结芽孢杆菌在低pH值条件下，其抗逆性会下降。例如在酸性条件下(pH 4.0)，凝结芽孢杆菌孢子对热几乎没有耐受性，而且生长受到抑制。此外，Cerrutti等也发现在pH值小于4.5和水活度0.96条件下，凝结芽孢杆菌的生长受到抑制。

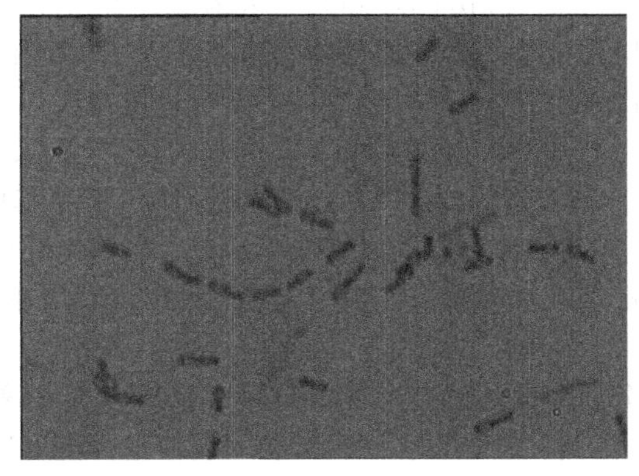

图2-10　凝结芽孢杆菌菌体

(2)凝结芽孢杆菌的用途　凝结芽孢杆菌通过产生细菌素、有机酸和过氧化氢等物质抑制致病菌，减少胺类有害物质的产生，促进肠道相关淋巴组织提高免疫能力。凝结芽孢杆菌并非肠道固有的微生物，其在肠道中所起的生理调节功效是其分泌多种有益物质以及与肠道其他益生菌协同作用的结果，并非是某种物质起作用，而且到目前为止还未见有关于凝结芽孢杆菌生理作用机制的确切报道。首先凝结芽胞杆菌是兼性厌氧菌，在有氧及无氧环境下都可生长，能适应低氧的肠道环境；对酸和胆汁有高耐性，能够进行乳酸发酵，产生的L-乳酸能降低肠道pH，抑制有害菌，并能够促进双歧杆菌等益生菌的生长繁殖。由于其能够形成芽胞，所以较之不产乳酸的芽孢杆菌更益于恢复胃肠道微生态平衡。具体在动物临床上的表现有：对胃肠道炎症有一定治疗作用；调节动物消化道的微生态平衡；促进动物机体的消化作用；改善动物机体免疫功能，提高抗病能力；促进动物生长、降低死亡淘汰率和饲料增重比。同样，凝结芽孢杆菌对人也有一定的保健作用，包括：提高消化道对膳食纤维的有效利用率，防止脂肪分子的过度吸收（降脂作用）；减少患冠心病的危险；抗便秘；预防沙门氏菌、轮状病毒、副溶血弧菌等致病微生物引起的腹泻。

(3)凝结芽孢杆菌的培养　培养基的选择一般为以下几种：分离培养基（MRS培养基）：胰蛋白胨10g、牛肉膏10g、柠檬酸二铵2g、乙酸钠5g、酵母粉5g、葡萄糖5g、磷酸二氢钾2g、吐温80 1.0ml、碳酸钙20g、硫酸镁0.58g、硫酸锰0.25g、水1000ml，调pH 6.2～6.5，115℃灭菌20min。

改良MRS培养基：在MRS培养基基础上添加α-甲基葡萄糖苷10g、山梨酸钾1g，调pH 6.2～6.5，115℃灭菌20min。

凝结芽孢杆菌增殖培养基（YPD培养基）：葡萄糖20g、胰蛋白胨20g、酵母粉10g、水1000ml，调pH 7.0，115℃灭菌20min。

固体培养基：在液体培养基的基础上添加1.5%的琼脂。

凝结芽孢杆菌的培养条件一般由以下几个过程构成：

分离纯化：将药片粉碎加入到10ml无菌试管中，加入灭菌的蒸馏水，震荡摇匀，静置。取上清液2ml加入到改良MRS培养基中，37℃静置培养。然后从每个样品取液2ml，80℃水浴5min后取0.1ml转接乳酸菌增殖培养基固体平板，37℃培养。待菌落长出，随机挑取菌落，纯化，编号并保存。

接斜面：将分离的菌种转接到种子斜面培养基，40℃培养24h，备用。

种子液的制备：取一环活化的菌种，接入装液量为50ml YPD液体培养基的250ml三角瓶中，40℃，180r/min，培养18h。

摇瓶培养：分别取1ml（接种量为2%，V/V）种子液，接入盛有50ml培养基的250ml三角瓶中。置摇床中，30℃振荡培养12h，转速为160r/min。

经过大量实验室优化的培养基配方为：酵母粉3g/L，蛋白胨5g/L，牛肉膏2g/L，$MnSO_4$ 0.005g/L，NaCl 2g/L，K_2HPO_4 3g/L，$MgSO_4$ 0.02g/L，在此培养基基础上进行发酵条件的优化，得出优化后的培养条件为：温度40℃，初始pH为7.0，转速210r/min，装液量为30ml（250ml的三角瓶），接种量为6%

(v/v)，发酵时间 48h。

较成熟的工业发酵培养基组成为：麸皮 4%、豆粕粉 1.5%、NaCl 0.5%、K_2HPO_4 4%、$MnSO_4$ 30.8mg/L，pH 7.2～7.4。

最佳发酵条件为：250ml 三角瓶中装液体积为 15ml，接种量 4%，37℃，180r/min，摇瓶培养 56h，在优化后的培养条件下，生物量 OD_{600} 达到 19.68，芽孢形成率为 80%。

(4)凝结芽孢杆菌培养技术关键　凝结芽孢杆菌为兼性厌氧菌，好氧厌氧条件下不影响生长，但由于芽孢是在营养缺乏的条件下产生的，所以若要考虑芽孢量的多少，通气量也是不可少的条件。

从装液量和转速方面来研究，最终的结果是当转速为 210r/min、装液量为 30ml(250ml 三角瓶)时产芽孢量最多。

对于培养温度，过低导致菌的生长缓慢，不利于芽孢形成；过高的温度下菌自溶得快，还没来得及产芽孢就自溶了，也不利于芽孢的形成。最适产孢温度为 40℃。

凝结芽孢杆菌在培养过程中会产乳酸，使得菌液的 pH 降低，所以要求发酵液的初始 pH 不能太低。但如果 pH 太高，又不利于菌的生长，得不到较多的芽孢，所以本试验设计的初始 pH 为 6.5～7.5。

芽胞形成率依赖于细胞密度，在菌体浓度达到 1010CFU/mL 的过滤培养中，芽胞形成率上升至 60%。在摇瓶条件下，添加由相同菌株发酵液制备而来的条件培养基可以促进芽胞的形成，芽胞形成率为 62.5%以上。高温对芽胞的形成有明显影响。50℃条件下芽胞的形成率可以达到 57.7%，而且减少通气量有助于芽胞的形成。

碳源是影响芽孢形成的重要因素，高浓度碳源会抑制芽孢的形成。在培养细胞后期加入固体介质可以促进芽孢的形成，例如木屑、碎布屑和玉米芯。而且芽孢形成率达 95% 以上，通常在添加后静置培养 48h 后芽孢就可以形成。

无机盐在调控芽孢形成中发挥重要作用。Mn^{2+} 对芽孢的形成起到显著作用，当浓度在 0.005%～0.1% 范围内，对芽孢的形成有促进作用，当浓度大于 0.10% 时，对菌体生长有抑制作用。PO_4^{3-} 也有利于芽孢的形成，而 K^+ 和 Na^+ 对凝结芽孢杆菌芽孢的形成无明显促进作用。无机盐的作用遵循“适量促进、过量抑制”的原则。

2. 丁酸梭菌

(1)丁酸梭菌的发现和特性　丁酸梭菌(Clostridium butyricum)是梭状芽孢菌属中的一个种。1933 年，日本千叶医科大学宫入近治博士最先发现，因此丁酸梭菌又叫宫入菌，它是存在于人和畜禽肠道中一种厌氧益生菌。1935 年，Kingi miyairi 博士从人的粪便和土壤中分离出丁酸梭菌。

丁酸梭菌是一种革兰氏阳性芽孢杆菌，细胞为直或弯曲，其直径为 0.5～1.7×2.4～7.6μm，为圆形或者椭圆，中间部分膨胀略显椭圆，单个或成对、短链，偶见长丝状菌体，周生鞭毛，能运动。孢子圆形或椭圆形，为内生芽孢，偏心或次端生。革兰氏染色结果，初培养的菌为阳性，培养时间稍长可变为阴性。丁酸梭菌细胞壁含 DL-二氨基庚二酸，葡萄糖是唯一的细胞壁糖。在琼脂平板上可生长为白色或浅灰色的圆至不规则的菌落，直径 1～3mm，表面有光泽到无光泽。不水解明胶，不消化血清蛋白。能够发酵葡萄糖、蔗糖、果糖、乳糖等碳水化合物产酸，能使牛奶变酸、凝固、产气，但不消化。一个显著的特征是产生淀粉酶，水解淀粉但不水解纤维素。水解淀粉和糖类的最终代谢产物为丁酸、醋酸和乳酸，还发现有少量的丙酸、甲酸，硝酸盐还原实验均为阴性。丁酸梭菌 DNA 的 G+C 含量的摩尔分数为 27%～28%。丁酸梭菌对外界环境有较强的抵抗力，据报道，经 80℃、30min 和 90℃、10min 热处理后全部存活；加热 90℃、20min 后，95%存活；加热 100℃、5min 后 30%存活。耐热、耐酸，pH 为 1.0～5.0 时仍能存活；pH 为 4.0～9.8 能适合其生长。丁酸梭菌不水解明胶，不消化血清蛋白，能够发酵葡萄糖、蔗糖、果糖和乳糖等糖类产酸，一个显著的特征是产生淀粉酶，水解淀粉但不水解纤维素。丁酸梭菌在液体培养基中培养，培养初期试管上部呈轻微浑浊，产生大量的气体，后期沉淀较多。平板划线培养 31℃，24h，可见直径 1.2～3.0mm 菌落，正面圆形，边缘整齐，侧面低凸，表面湿润光滑，乳黄色，不透明，略有酸臭味。最适生长温度 25～37℃，最适 pH 为 4～9.8。丁酸梭菌细胞壁含 DL-二氨基庚二酸，葡萄糖是唯一的细胞壁糖。在琼脂平板上形成白色或奶油色的不规则圆形菌落，稍突，直径为 1～3mm。

(2)丁酸梭菌的应用　1940 年，丁酸梭菌在日本实现了商业化生产并被应用于临床。由于耐药性问题，抗生素在饲料中应用受到严格的限制。一致的认识是，动物微生态制剂被认为是取代抗生素最具潜力的发展方向。丁酸梭菌可作为微生态制剂，最初它被用作整肠剂，能大幅度降低伪膜性肠炎的发病率，广泛用于肠道菌群失调、急慢性腹泻、肠易激综合症、抗生素相关性肠炎、便秘等疾病的治疗，取得了显著疗效，且无任何毒副作用。现也将其用于畜禽饲料添加剂替代抗生素，发挥防病促长的作用。作为饲料添加剂和兽药，与非芽孢类活菌制剂相比，更具优势。丁酸梭菌产生内生芽孢，具有耐高温、耐酸、耐胆盐、耐部分抗生素等特性，在生产加工和储藏过程中优势明显，在饲料工业中的应用前景非常广阔。丁酸梭菌能够抵抗饲料制粒过程中的高温、高热，并能有效地在胃酸及胆汁中存活，为饲用益生菌的理想菌株，与目前广泛应用的非芽孢类活菌制剂相比，更具广阔的市场前景。国内很多企业及科研院校近年来对其进行了研究开发。

(3)丁酸梭菌的作用

①强大的整肠作用。

丁酸梭菌调整肠道菌落平衡，促进肠道有益菌群增殖。国内的很多报道已证实，丁酸梭菌能促进有益的双歧杆菌、乳酸菌、拟杆菌的生长并且有效抑制有害菌葡萄球菌、念珠菌、克雷伯菌、弯曲杆菌、绿脓杆菌、大肠杆菌、痢疾杆菌、伤寒沙菌以及腐败菌的繁殖，从而减少了胺类和硫化氢等有害物质的产生，防止了肠道菌群失衡，进而避免了其所导致各种疾病的发生。有人把丁酸梭菌 LCL166 与婴儿双歧杆菌及霍乱弧菌混合培养 24h，发现霍乱弧菌菌数与单独培养相比减少 6 个数量级，说明丁酸梭菌对霍乱弧菌是有拮抗作用的。张达荣等证实，患有肠易激综合症的人，肠道中菌群失调，本应占主要比例的双歧杆菌、乳酸杆菌的量减少，而本应较少的具有潜在致病性梭菌却显著增多。病人经丁酸梭菌治疗后，占肠道比例多的双歧杆菌、乳酸杆菌显著上升，而具有潜在致病性的梭菌明显下降，并且临床症状明显改善。丁酸梭菌 LCL166 与大肠杆菌、痢疾杆菌、伤寒杆菌体外共同培养 24h 后，发现致病菌菌数被降低 1～2 个数量级。还有人通过动物实验和人体受试实验，发现受试对象口服丁酸梭菌活菌制剂后，肠道内双歧杆菌、乳酸菌数量都有显著增加。现有的实验证明，丁酸梭菌和双歧杆菌都能抑制梭菌的生长，并且两菌共同培养时显示出更强的生物拮抗作用。在双歧杆菌、嗜酸乳杆菌和粪链球菌的培养基中加入 1/3 比例的丁酸梭菌发酵提取物，液体培养 24h，结果发现双歧杆菌、乳酸菌、粪杆菌活菌含量分别比对照组增加 24.00%、42.57%、6.76%。分别把丁酸梭菌对肠出血性大肠杆菌、痢疾志贺菌、霍乱沙门菌、霍乱弧菌进行混合培养，与单独培养相比，致病菌菌数减少 4 个数量级以上，这说明丁酸梭菌对上述有害菌有显著的抑制作用。唐宝英等研究发现丁酸梭菌 RHZ 与猪大肠杆菌 C83902、鸡大肠杆菌 C83851 和鸡白痢沙门氏菌 599 以菌数比 1∶1 共同培养 48h 时，致病菌菌数与对照组相比减少 6 个数量级，且从共同培养的第 6h 开始菌数差异就逐渐扩大。国外也有人发现在葡聚糖硫酸钠(DSS)诱导结肠炎的早期，黏膜通透性就开始增加，并伴随着细胞存活率的下降，同时也可以检测到组织学的变化。而丁酸能够逆转通透性的增加，可能就是它在治疗结肠炎中发挥的作用。DSS 处理后的急性结肠炎小鼠，其结肠内的丁酸吸收减少。因此，结肠细胞所需要的能量来源减少。这又使得结肠细胞受到多种影响，例如，细胞成熟受阻、黏液合成减少、脂肪形成减缓、细胞膜组装变慢等等。由于这些影响，结肠内丁酸吸收减少的总体效果就是黏膜的完整性受到了破坏。这一系列实验研究说明，丁酸梭菌制剂对调整肠道微生态具有重要意义。丁酸梭菌具备上述功能，可能有以下原因：其一，是定植黏附作用。丁酸梭菌可以通过与致病菌竞争肠上皮微绒毛上的脂质和蛋白质上的相同复合糖(glycoconjugate)受体来达到阻止致病菌的定植。研究结果表明，益生菌可以黏附于微绒毛的刷状缘和黏膜层而不被肠蠕动冲走，并且参与其与致病菌之间生存与繁殖的时空竞争、定居部位竞争以及营养竞争，限制致病菌群的生存繁殖；其二，产生抑制病原菌的代谢产物。丁酸梭菌生长速度快，在代谢过程中产生大量丁酸、醋酸和乳酸等有机酸，加速降低了培养基的 pH 值，不利于致病菌生长，抑菌率高达 80%以上。

②免疫增强与抗肿瘤作用。

丁酸梭菌还有激活免疫系统，促进免疫功能的效果。口服丁酸梭菌能增加人和动物体内血清中免疫球蛋白和的含量。有人发现，当机体摄食热灭活的丁酸梭菌菌体后，测定血清中免疫球蛋白 IgA 含量，试验组明显高于未摄食丁酸梭菌菌体的对照组。傅思武用丁酸梭菌一婴儿双歧杆菌二联活菌制剂对小鼠进行实验，结果 30d 后测定发现小鼠抗体生成细胞数增加，说明该制剂具有一定的免疫调节功能。还有人发现丁酸梭菌细胞具抗肿瘤活力。早在 1975 年，有人就证实了丁酸梭菌 M55 对于实体瘤的溶癌作用。李佳荃等(2003)对被移植肝癌小鼠进行丁酸梭菌灌胃抑瘤实验，结果表明丁酸梭菌对小鼠肝癌的抑制作用很强，并且丁酸梭菌与环磷酰胺联合治疗时，抑癌作用更强。还有人发现，丁酸梭菌细胞壁对肉瘤的抑制率也很高，而抑制活力主要来自肽糖而不是多聚糖层。新鲜细胞的酸、碱萃取物呈现强烈抑制肿瘤活性现象，能够在肠道产生有益物质。丁酸梭菌在发酵过程中能产生葡萄糖、麦芽糖等 6 种糖及维生素 E，这些物质直接为动物提供营养元素。维生素 E 能强化血管，增强抗病性，激活细胞，对机体非常重要。其中对维生素缺乏具有高度敏感性的家禽进行实验证明，酪酸菌能在肠道内产生必需的维生素。丁酸梭菌在肠道中还能产生淀粉酶、蛋白酶、糖苷酶、纤维素酶。特别要指出的是，日本学者 Nakajima 发现肠道中丁酸梭菌组中的菌产生内切和外切果胶的裂解酶和果胶甲基化酶，能把肠道内的果胶降解为中间产物，最终产生乙酸和少量丁酸及甲酸。这些酶系显然有重要的生理功能。我们知道，人和动物体内每天要摄入大量的纤维和果胶物质，由于这些酶系的作用，其中间产物可被双歧杆菌等乳酸菌利用，从而促进了这些菌的生长繁殖，其最终产物又可被机体吸收利用。丁酸是一种短链饱和脂肪酸，在反刍动物的乳汁中约占重量的 2～5%，人乳中仅约 0.4%。普通食物中一般不含丁酸。Hoverstad 的研究组发现，人们对结肠中生成的短链脂肪酸的吸收和代谢能力很强。其中尤以丁酸为快。Sakata等人的连续研究发现，丁酸、乙酸等短链脂肪酸既能促进小鼠空肠的上皮细胞繁殖，也能刺激其回肠的上皮细胞繁殖；2002 年，他们用短链脂肪酸滴注法，发现丁酸确实促进大肠和小肠上皮细胞繁殖，因此进一步表明丁酸具有修复肠道黏膜的功能。在体外研究或人体研究中，丁酸都能抑制多种癌症细胞的增殖；丁酸影响基因表达；因为影响细胞周期蛋白的基因表达而影响细胞周期；丁酸还诱导细胞凋亡；虽然丁酸是正常的结肠上皮细胞的重要能源之一，但是它也是结肠黏膜的生长诱导剂、免疫反应和炎症调节剂；由于它抑制生长和促进分化及细胞凋亡，它又是一种抗癌剂。用丁酸治疗实体瘤的临床研究几年前就已开始进行，它在防治结肠癌方面则取得了较大进展。目前，丁酸治疗癌症的研究日益引起医学和制药业的重视。

③促进动物生长的功能。

丁酸梭菌具备此功能取决于两点：一是，它体内存在的蛋白酶 1 和蛋白酶 2 及脂肪酶，能促进动物对脂肪和蛋白质的消化吸收。二是，丁酸梭菌具有氨基酸载体的作用，它能转运所有的氨基酸，但不分解氨基酸。所以它有利于促进动物生长。有人指出，用蛋白酶、脂肪酶及糖化菌、乳酸菌、丁酸梭菌为有效成分，制成特效的鱼用饲料添加剂，促进鱼对蛋白质、脂肪的消化吸收，养殖率上升。添加的三种菌能在肠道内共生，使各种脏器机能更好地发挥，肠内微环境得到改善。当将 0.5％和 2％添加剂加入到饲料中作为实验组，饲喂 8 周后，饲料效率比无添加剂的对照组高 8.0％和 7.0％，增重率高 12.0％和 11.5％，并且摄食早，体表黏液分泌多，体色新鲜，肉质有适量脂肪，味感改善，疾病率和死亡率下降，粪臭减少且呈粒状固体易清除。对肉用仔鸡的试验也证明了丁酸梭菌的这种功能。李恕等将丁酸梭菌制剂用于水产类，结果鱼及特种水产类日增重率提高大约 30％～40％，杂食性鱼类可提高 22％以上(李恕和丛宁，1998)。

促进维生素的吸收　维生素能强化血管，增强抗病性，激活细胞，对机体非常重要。以丁酸梭菌为主要成分制成维生素吸收促进剂。对仔牛进行试验，采集血清测维生素含量变化。发现试验组维生素含量呈上升趋势，与对照组差异显著。用幼鸡试验也得出相似结果。成年男子摄入丁酸梭菌和维生素比单独摄食维生素，血清维生素含量上升 18％～28％。

抗氧化活力　有人对丁酸梭菌及需氧菌进行抗坏血酸盐和去甲肾上腺素氧化抑制试验，发现丁酸梭菌在活菌及热处理状态下都有一定的抗氧化活力，分别为 40％和 20％，比需氧菌弱很多，且随着稀释度的增加而显著下降。对胆酸的转化以胆酸为基质培养丁酸梭菌，某些菌株可将胆酸转化为 72 酮基胆酸和脱氧胆酸，鹅脱氧胆酸转化为熊脱氧胆酸，后者转化率大于70%。

稳定性好　丁酸梭菌是厌氧芽孢杆菌，产生内生芽孢，稳定性好。能耐热、耐酸、耐胆汁，通过消化道不失活，在体外室温下可以保存3年以上(孔青，2006)。同时对部分抗生素有较强的抗性，可以与之合用，提高疗效。大量实验表明，它没有任何毒副作用，被广泛应用于医药、功能性保健品和动物饲料添加剂等。肠道疾病、癌症的防治以及免疫增强人的健康密切相关，丁酸梭菌具有强大的整肠作用、抗癌功能，能促进有益物质吸收并且有极强的稳定性，这不仅具有十分重要的理论意义，而且对于提高民众健康水平有很大的实际意义，同时还具有十分广阔的产业化前景。除此之外，丁酸梭菌营养要求简单，其发酵工艺和设备也相对简单，所以，它的产品成本低廉，在市场上很有竞争力。国内多家企业纷纷开展了丁酸梭菌的产品研发工作。本团队研发产品过程如附件3所示。

3. 米曲霉

米曲霉(Asporyzae)为多细胞真菌，菌落在固体培养基上生长迅速，8～10d菌落直径可以达到5～6cm。菌落白色蓬松，随着时间延长逐渐变为褐色至绿褐色(图2-11)。背面无色。分生孢子头呈现放射状，直径一般为150～300μm左右，也有少数为疏松柱状。分生孢子的梗长一般为2mm左右。近顶囊处直径可达12～25μm，壁薄，粗糙。顶囊近球形或烧瓶形，通常40～50μm。上覆小梗，小梗一般为单层，12～15μm，偶尔有双层，也有单、双层小梗同时存在于一个顶囊上。分生孢子幼时呈洋梨形或卵圆形，长大后多变为球形或近球形，一般4.5μm，粗糙或近于光滑(半知菌亚门丝孢钢丝孢目从梗孢科曲霉属真菌中的一个常见种)。米曲霉的分布甚广，主要在粮食、发酵食品、腐败有机物和土壤中存在，是我国传统酿造食品酱和酱油的生产菌种。由于其可生产淀粉酶、蛋白酶、果胶酶和曲酸等，也是传统酿酒行业酒曲的主要霉菌菌种。随着菌落增加和孢子数量的增加会引起粮食等工农业产品霉变。米曲霉(Aspergillus oryzae)具有丰富的蛋白酶系，能产生酸性、中性和碱性蛋白酶，其稳定性高，能耐受较高的温度，广泛地应用于食品、医药及饲料等工业中。米曲霉是美国食品与药物管理局和美国饲料公司协会1989年以来，公布的46种安全微生物菌种之一。也是我国2013版《饲料添加剂目录》上允许在饲料添加剂中使用的微生物菌种之一。

米曲霉的代谢产物非常丰富和复杂，是一类产复合酶的菌株，除产蛋白酶外，还可产淀粉酶、糖化酶、纤维素酶、植酸酶等多种水解酶。在淀粉酶的作用下，将原料中的直链、支链淀粉降解为糊精及各种低分子糖类，如麦芽糖、葡萄糖等；在蛋白酶的作用下，将不易消化的大分子蛋白质降解为蛋白陈、多肽及各种氨基酸，而且可以使辅料中粗纤维、植酸等难吸收的物质降解，提高营养价值、保健功效和消化率，广泛应用于食品、饲料、生产曲酸、酿酒等发酵工业，改善底料的消化性能，改善产品的风味和营养成分。已被安全地应用了1000多年。米曲霉是理想的生产大肠杆菌不能完成的真核生物活性蛋白的载体。米曲霉基因组所包含的信息可以用来寻找最适合米曲霉发酵的条件，这将有助于提高食品酿造业的生产效率和产品质量。米曲霉基因组的破译，也为研究由曲霉属真菌引起的曲霉病提供了线索。

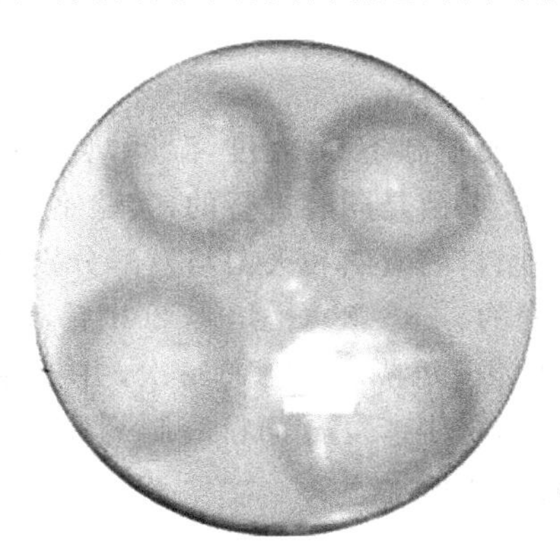

图 2-11　米曲霉菌落图

米曲霉的培养以固体培养为主，固态培养方法（solid state cultivation）主要有散曲法和块曲法。部分黄酒用曲、红酒及酱油米曲霉培养属散曲法，而黄酒用曲及白酒用曲一般采用块曲法。

固态制曲设备：实验室主要采用三角瓶或茄子瓶培养；种子扩大培养可将蒸热的物料置于竹匾中，接种后在温度和湿度都有控制的培养室进行培养；工业上目前主要是厚层通风池制曲；转式圆盘式固态培养装置正在试验推广之中。

固态培养微生物，主要用于霉菌的培养，但细菌和酵母也可采用此法。其主要优点是节能，无废水污染。单位体积的生产效率较高。

实验过程：

米曲霉菌种进行纯化后制成斜面，将斜面菌种接入250ml三角瓶培养成种曲，再将种曲扩大培养（500ml）三角瓶。

米曲霉培养：

分为斜面培养和三角瓶培养两个阶段。三角瓶培养物在工厂中作为一级种子。试管斜面培养基：豆饼浸出汁；100g豆饼，加水500ml，浸泡4h，煮沸3～4h，纱布自然过滤，取液，调整至5波美度。每100ml豆汁加入可溶性淀粉2g，磷酸二氢钾0.1g，硫酸镁0.05g，硫酸铵0.05g，琼脂2g，自然

pH。或采用马铃薯培养基：马铃薯 200g，葡萄糖 20g，琼脂 15～20g，加水至 1000ml，自然 pH。

三角瓶培养基制备：

米曲霉的培养基：

1：麸皮 40g，面粉（或小麦）10g，水 40ml。

2：豆粕粉 40g，麸皮 36g，水 44ml。

装料厚度：1cm 左右；

灭菌：120℃，30min；

接种及米曲霉的培养条件：

米曲霉固态培养主要控制条件：温度，湿度，装料量，基质水分含量。固态培养前，原料的蒸熟及灭菌是同时进行的，实验室一般是在高压灭菌锅中进行；但在工厂中则是原料的煮熟和灭菌与发酵分别在不同的设备中进行。这点与液态发酵是不同的。28～30℃，培养 20h 后，菌丝应布满培养基，第一次摇瓶，使培养基松散；每隔 8h 检查一次，并摇瓶。培养时间一般为 72h。本团队以培养米曲霉生产复合饲料酶制剂为目的进行了相关的研究和应用，研究结果如附录 4 所示。

第三章　生物发酵饲料工艺

微生物发酵饲料生产形式多种多样。应用微生物可利用廉价农业和轻工副产物生产高质量饲料蛋白原料，同时使饲料富含高活性有益微生物及其活性代谢产物。笔者根据微生物发酵饲料的研究数据和产业推广情况，结合国内生物发酵饲料行业的生产现状，在前人微生物发酵生产研究基础上进行分析总结，将生物发酵饲料行业所涉及到的生产工艺进行阐述。

第一节　原料处理工艺

生物发酵饲料原料主要是农业和轻工业的副产物，标准化程度低，有固体形态，有液体形态，有糟渣类的形态。有些甚至卫生指标和营养指标不达标，需要对其进行科学合理的处理，才能变废为宝，变劣为优。饲料原料的进厂后，原料形态繁多(碱状、粉状、块状、相液态等)，包装形式各异(散装、袋装、瓶装、罐装等)，需要对其进行合理的处理，才能进入到生物发酵饲料的生产过程中。

生产企业规模较小时，常用汽车运输原料和成品。具有一定规模并有水运和铁路的条件，则应充分利用船舶和火车运输物料，以便降低运输费用。

原料的接收设备主要有刮板输送帆、带式输送机、螺旋输送机、斗式提升机、气力输送机以及一些附属设备和设施(如台秤、自动秤等称量设备、存仓及卸货台、卸料坑设施等)。接收设备应根据原料的持性、数量、输送还离、能耗等来选用。

原料贮存仓通常采用立筒仓、房式仓等形式。立筒仓主要用于存放粒状原料；房式仓主要用来存放各种包装原料；微量矿物质原料及某些添加剂，则要求存于小型储藏室中，因其价格贵、存放环境要求高，要原装存放，专人保管；对于液态饲料一般采用液罐存放。

生物发酵饲料会用到较多的液体原料。生产企业接收最多的液体原料是糖蜜、玉米浆、氨基酸液、液体油脂等。液体原料接收时，首先需进行检验，包括：检查颜色、气味、比重、浓度等。经检验合格的原料方可卸下贮存。

一、物理工艺

（一）粉碎和切碎

粉碎与切碎的目的是为了提高动物对饲料的消化率，在生物发酵饲料的生产过程中对原料进行粉碎和切碎，除了具有提高动物消化率的目的之外，还可提高原料比表面积，增加发酵菌种与发酵底料接触的机会，增加固体发酵的效率。粉碎和切碎是调制饲料及饲料原料最简单而又重要的方法。对于各种粗饲料，如各种秸秆和较老的干草应切碎。切碎后既能方便发酵过程中的压实，减少发酵空间，增加发酵成功率；又能减少动物咀嚼饲料时能量的消耗，减少饲料的浪费，而且容易和其他饲料配合利用，增加采食量。秸秆切碎的程度应视家畜的种类与年龄而定。喂牛的秸秆可略长些，一般为 3～4cm，马、骡、驴为 2～3cm，羊为 1.5～2.5cm，老弱和幼畜应更短些。对于籽实类、饼粕类、干糟渣类饲料原料则需要粉碎。同样的道理，粉碎既要有利于发酵过程的顺利进行，又要方便和有利于后期动物的采食和消化。一般根据国际标准筛和动物的生理阶段和消化特征确定具体的粉碎粒度。

（二）烘焙

烘焙是将饲料原料置于火、热气、电或微波等加热环境中，进行烘焙、烘烤、干燥，以提高消化率，加深原料颜色或减少天然抗营养因子的一种处理方式。烘焙对原料的处理更对的是针对高水分原料，通过烘焙和烘烤使之除去过多的水分，方便发酵生产。还有的烘焙处理方式用在嗅觉和味觉敏感的幼龄动物上，用以提高饲料的采食量，改善饲料的消化性。如在仔猪饲料上采用烘烤教槽料就是将食品加工中的焙烤工艺与动物营养有机结合，是饲料工业的创新之举。焙烤产品气味芳香、口感酥脆，诱食性好；焙烤加工使淀粉和其他营养素消化率显著提高，产品能量水平较高，更好地满足了仔猪生理和快速生长的需要；焙烤的高温可有效灭活饲料中抗营养因子和致敏蛋白，杀灭微生物，避免了饲料中有害因子对仔猪健康的伤害；焙烤教槽料中含有天然的溶菌酶，不含抗生素，不但有效地解决了仔猪腹泻难题，而且不会对仔猪后续生长产生不利影响。

(三)高温高压

高温高压对饲料原料的处理方式大部分是通过高温蒸汽来实现的。由于受设备和安全性的限制,大部分高温高压过程压力较低,更多的是通过高温蒸煮实现对原料杂菌的灭活。同时高温高压蒸煮还有其他的优势,如,蒸煮可消除生大豆和冷浸提豆粕中含有的抗胰蛋白酶,提高大豆和豆粕蛋白质的消化率。冷榨豆饼、豆粕亦应通过蒸煮熟化后饲喂。甘薯煮熟比生喂的采食量可提高10%~17%;麦麸经蒸汽处理后,增加可利用能量30%;对不明来源的混杂饲料如泔水等,从安全性和营养性角度考虑,均应煮熟饲喂。

饲料在蒸煮过程中,远没达到沸点以前,就有一些物质发生变化,特别是膜结构,随着温度的升高,许多蛋白质不可逆地变性,以至于冷却后其三级结构不再恢复。蒸煮可使豆类的一些毒蛋白灭活,而多糖的变化不一,徒粉在热水中也可溶,而且当温度升高时,直链淀粉被溶解并从徒粉粒中渗出,冷却后胶化凝固,产生坚硬的浆糊。细胞壁纤维实质上不受温度的影响,即使达到或超过水的沸点温度。而对于果胶部分,当pH值在中性附近时,升高温度可使一系列醋化的半乳糖醛酸残基发生反应,进而引起解聚,使细胞某些壁的黏性减弱(如马铃薯块茎的细胞壁),使组织被分解。当高压蒸煮木材、稻草以及其他低质的纤维性物质时就可释放出一定量的可溶性碳水化合物,并且将细胞壁结构较多地暴露出来以便酶解。

蒸煮能改善饲料尤其是植物性粗饲料的适口性,软化纤维素。在不具备承压的情况下,蒸煮的温度为90℃,经1h后,饲喂动物,消化率已经得到明显提高。将切碎的秸秆加少量豆饼和食盐,放在大锅里蒸煮,煮沸30s停止,凉后取出饲喂奶牛。饲喂效果好,可提高奶牛泌乳量。随着设备的研制和发展,一些其他行业的高温高压设备也被饲料行业所借鉴,并在生物发酵饲料行业里率先应用,并取得了较好的应用效果。对于小规模生产的可以采用卧式杀菌器(图3-1);对于大规模工业化生产需要灭菌和蒸煮的可以借鉴工业领域的蒸压釜(图3-2),两者均能达到湿热升温和灭菌的效果。

水热条件下水与普通水相比,具有其特殊的性质。在水热条件下水的密度、离子积、黏度及介电常数发生急剧变化,表现出类似于稠密气体的特性。因分子间的氢键作用减弱导致其对有机物和气体的溶解度增强,同时无机物的溶解度也大幅下降,这些溶剂性能和物理性质使其成为处理有机废物的理想介质。水热条件下因水的特殊性质而发生的质子催化、亲核反应、氢氧根离子催化以及自由基反应,使得反应过程中水既是反应介质,同时又是反应物。在特定的条件下能够起到酸碱催化剂的作用,水热条件下发生的氧化、脱水、脱氢、烷基化、水合、水解和裂解等反应，为其在有机废物资源化应用的领域的发展提供了重要的基础理论依据。

图 3-1　卧式杀菌器

图 3-2　蒸压釜

二、化学工艺

生物发酵饲料原料的化学预处理工艺主要有酸水解处理、碱水解处理、臭氧分解处理、有机溶剂分解处理等方法。该法可使原料中的纤维素、半纤维素和木质素膨胀并破坏其结晶性，使天然纤维素溶解，从而增加其可消化性。尤其适合纤维素含量较高的秸秆类、糠麸类和糟渣类生物发酵饲料原料的预处理工艺。

(一)酸处理

酸处理法应用较早，该法是采用硫酸、硝酸、盐酸、磷酸等对纤维素原料进行预处理，其中以硫酸的研究和应用得最多。处理后，半纤维素首先水解得到无碳糖，纤维素的结晶结构被破坏，原料疏松，可发酵性强。农作物秸秆的有机成分以纤维素、半纤维素为主，其次是木质素、蛋白质、氨基酸、树脂、单宁等。由于秸秆组分结构特殊，秸秆中的木质纤维素较难直接被酸和酶降解。通过预处理，使木质纤维素降解成简单成分，通过试验，得出在硫酸浓度为 0.7%，处理温度在 120℃左右，预处理时间为 1h 为最适宜条件。对比了不同预处理方法对饲料原料中各组分含量的影响以及对发酵产酸的影响，稀酸处理效果比较好，只是在反应后存留大量废酸，并且进行发酵前要考虑发酵的初始 pH 值，故需将 pH 值调整到合适的水平，此外还应该注意反应器的耐酸性。稀硫酸预处理已经成功地用于木质纤维原料的预处理，效率比较高，约有 80%～90%的纤维素被糖化。稀酸水解法可以提高木聚糖转化成木糖的转化率，并且若在稀酸水解中添加金属离子可以提高糖化率。近年来，对 Fe 离子的助催化作用的研究很多，国内华东理工大学等单位对 Fe 离子的催化效果进行了详细的研究。酸预处理法已发展成熟，并且具有工艺简单、价格低等优点，但酸处理条件要求较苛刻，处理过程中的降解产物对生物质发酵有抑制作用。另外，酸处理的时间也比较长。

(二)碱处理

碱法预处理是应用较广的一种处理植物纤维质原料的方法。常用的碱主要有 NaOH、$Ca(OH)_2$、氨水、液氨等。碱处理主要是去除或者软化原料中的木质纤维素，因此，碱处理的效果主要取决于原料中木质纤维素的含量。一般来讲，碱处理法更适用于粗纤维含量高的秸秆、糠麸类、糟渣类发酵饲料原料。国外有人先用碱在 70℃预处理再进行酶水解，结果小麦秸秆的木质素去除率达 77%、纤维素水解率超过 95%、半纤维素水解率 44%。国内有人用浓度为 18%的 NaOH 预处理已磨成粉末状的纸浆模塑餐具，经过处理纸浆餐具盒的物料结晶度明显下降，酶解后还原糖含量比未经处理的物料提高了 62%。尽管碱处理法降解效果较好，但在处理过程中部分半纤维素被破坏。另外，处理所用碱的量较大，导致出现碱的回收、残留物处理、环境污染等问题。

(三)氧化处理

氧化处理目前比较成熟的方法是臭氧处理法和强氧化剂处理法。臭氧处理能很大程度上降解木质纤维素,半纤维素被部分降解,纤维素几乎不受影响。因此臭氧处理同样适合秸秆类、糠麸类、糟渣类等木质纤维素含量比较高的生物发酵饲料原料。臭氧处理的处理方法比较简单,处理条件相对温和,对木质纤维素的降解率比较高,特别是能分解其他方法都较难分解的木质素是其一大优点,并且还不产生对后续反应有抑制作用的物质。不过臭氧处理对臭氧的需求量较大,成本较高。

双氧水是一种强氧化剂,最早用在纺织、造纸、藤类编织品的漂白上。它的另外两个主要应用领域为农业废料加工,即农业废料经过氧化氢脱除去其中的木质素后,可用作动物饲料和人类食品的原料。加工后的纤维素产品,可代替烘烤食品中的部分面粉,从而增加食品中纤维素含量,降低热值,对人体和动物健康十分有利。在食品工业,双氧水可以用作食品加工厂和牛奶房的消毒杀菌剂、包装材料或溶剂的灭菌消毒、食品纤维的脱色剂等。受此启发,有人将双氧水用作饲料原料的消毒杀菌剂,用作粗纤维含量较高的原料的纤维软化剂。同时,双氧水可对一些液体发酵饲料原料进行杀菌消毒处理,保障这些废液类原料的安全性,同时能降低玉米浆等液体原料中的亚硫酸盐的含量。

三、生物工艺

生物处理是利用微生物的生长繁殖和代谢,根据代谢产物的特性消耗原料中的氧气和部分养分,分解原料中的木质素、纤维素、蛋白质、淀粉等大分子物质,解除木质素对纤维素和其他营养物质的的包裹作用,生成小分子易消化和吸收的营养物质。目前,虽然有很多微生物都能产生木质素分解酶,但酶活性比较低,很难应用于工业生产。在生物预处理中,降解木质素的微生物种类有细菌、真菌和放线菌,而真菌如白腐菌、褐腐菌等是最重要的一类。关于生物法处理纤维质原料的报道中,对白腐菌的研究比较多。国内的研究用侧耳真菌在49d的培养期中对稻草秸秆的降解能力进行研究。结果表明,白腐菌对木质素的降解率平均可达到37.76%。国外也报道了用两种白腐菌联合培养能够极大地促进漆酶的生长,这种效果在培养的前3d就可以观察到。联合培养的方法有望缩短微生物对原料的处理时间,但并不是任何两种白腐菌组合在一起都能产生这种效果。生物处理法具有反应条件温和、处理成本低、能耗低、专一性强、不存在环境污染等优点。但是，目前存在着能够安全地在动物养殖和饲料中使用的微生物种类少、能特定地分解部分水解酶(如分解木质素)的酶类的酶活力低、作用周期长等问题。基因工程技术的发展在这方面起到了很大的补充作用，但是基因工程菌的应用要么要考虑菌种灭活的问题，要么要对表达产物进行进一步的分离纯化，造成在饲料上使用的成本升高，使用受到限制。

(一)单菌预发酵

自然界中存在大量的微生物菌种，目前，人们认识和使用的微生物菌种有十多万种。每种微生物都有其特性，微生物在发酵过程中会产生不同的代谢产物，并发挥相应的生理功能。单菌发酵是利用单一菌种作为发酵的菌种，对原料进行微生物发酵预处理或者对基料进行发酵。例如在发酵中应用最早、最广泛的益生菌——乳酸菌，为厌氧或者兼性厌氧菌，可发酵原料中的碳水化合物，产生大量乳酸，对革兰氏阳性菌、革兰氏阴性菌都有很强的抑菌效果；芽孢杆菌是一类能够产生芽孢的好氧菌，耐受高温、高压和酸碱，生命力强，代谢可产生蛋白酶和 B 族维生素等，对饲料的降解消化吸收和动物的营养代谢起到促进作用；酵母菌菌体中含有非常丰富的蛋白质、B 族维生素、脂肪、糖、酶等多种营养成分，可提高动物免疫力和生产性能，减少应激。这些都可以作为单一菌种对原料进行发酵预处理。但是这种预处理方式存在明显的优缺点。

单一菌种发酵或者预处理原料最大的优点是菌种明确，所有的发酵参数和发酵工艺围绕单一的发酵菌种去优化，能够最大限度地发挥发酵菌种的发酵优势。检测过程中，所有的检测指标围绕单一发酵菌种的数量和代谢产物去检测，操作简单，目标明确。但是，单菌种发酵液存在一定的缺陷，主要表现为，单菌种能够利用的发酵原料相对固定，如果原料中缺乏相应的营养成分则不利于单菌种的发酵。同时，单菌种发酵的代谢产物也相对简单，不能很好地分解原料中的某些成分被微生物二次利用。从某种程度上来讲，影响了发酵的进行。

(二)混菌预发酵

随着人类对微生物的认识不断增加，微生物发酵菌种的发展由单一菌株向多菌混合发酵方向发展。多菌种混合发酵，简称混菌发酵，主要是利用两种或两种以上微生物菌种对原料或者发酵基料进行共同发酵的一种发酵方式。它主要利用微生物菌种之间协调共生的关系，扩大微生物菌种对原料或者发酵基料的适应性和防止杂菌寄生的能力。有研究发现，多菌种发酵粗蛋白含量和消化力从整体上高于单菌种发酵。在实践中，乳酸菌和芽孢杆菌混合发酵，芽孢杆菌可快速消耗大量的氧气，维持发酵过程的厌氧环境，促进乳酸菌等厌氧益生菌的生长。另外，人们使用酵母菌和真菌同步糖化发酵法，真菌类可产生纤维素酶，从而利用培养料中的纤维素、淀粉等生成糖，而酵母类则可利用糖进行生长代谢，这样既减轻了产物抑制效应，又促进了酵母的生长，提高了发酵率。霉菌可利用分解纤维素和淀粉，而酵母菌主要利用糖源，利用菌种的协同作用提高对底物的利用效率，提高产品的蛋白质含量和营养功能。但是，混菌发酵既要考虑到不同菌种对营养物质的需求，又要考虑到不同菌种发酵条件的满足。因此，在实际操作中，需要加大试验次数和数量摸索出行之有效的发酵方案。

四、复合工艺

对生物发酵饲料原料的预处理要根据原料的特性综合来考虑。有的原料通过简单的粉碎即可很好地用作发酵原料。有的原料由于自身的某些特性可能需要多次的处理才能达到作为发酵饲料原料使用的目的。因此，对某些特殊的原料既要进行物理的处理，又要进行生物和化学的处理。对这类原料的处理方式，统称为复合处理工艺。对这类原料处理的宗旨是提高其可发酵性，同时要达到处理工艺简单方便，切实可行。通过复合工艺处理后能显著地提高原料使用价值，作为发酵饲料原料或者作为动物饲料能够具有较大的营养价值或保健价值。否则，即使有很好的处理工艺，但没有体现出应有的价值，在应用阶段考虑到成本等因素，反而不容易推广处理工艺。

第二节　液体发酵工艺

一、液体发酵技术简介

液体发酵技术是现代生物技术之一，它是指在生化反应器中，模仿自然界中微生物的生长发育和繁殖过程中所必需的糖类、有机和无机含有氮化合物、无机盐等微量元素以及其他营养物质溶解在水中作为培养基，灭菌后接入发酵所需的微生物菌种，静止或者通入无菌空气并加以搅拌培养，并控制适宜的发酵反应器外界条件，进行菌种大量培养增殖的过程。工业化液体发酵(图3-3)生产，由于装液量大，液位深，亦称深层培养。实验室中发酵培养多采用三角瓶，而工业化发酵生产必须采用发酵罐，得到的发酵液中含有菌体、被菌体分解及未分解的营养成分、菌体产生的代谢产物。然后根据产品生产的特点和目的进行适当处理即成为饲料添加剂领域的活菌制剂(添加载体或直接干燥而成)、酶制剂(对发酵液中的酶进行分离纯化)、抗生素、维生素(对药物和微生物分离纯化)等。发酵液也可以作液体菌种进行固体发酵使用或者进行下一步的扩大培养。

图3-3 标准化液体发酵罐区

(一)液体发酵技术的发展

20世纪40年代由美国弗吉尼亚大学生物工程专家Elmer L,Gaden. Jr设计出培养微生物系统的生物反应器，并提出了液体深层发酵技术这一概念，成为该项技术的创始人。随后，液体深层发酵技术陆续在美国的食品、医药等领域开始应用。1948年，H. Humfeld用深层发酵来培养蘑菇(Agaricus campestris)菌丝体，并首先提出了用液体发酵来培养蕈菌的菌丝体。从此，食品医药领域的微生物液体发酵生产在世界范围内兴起。1953年，美国的S. Block博士用废甘蔗汁，通过液体发酵方式深层培养了野蘑菇(Agaricus arvensis)；1958年，J. Szuess第一个采用发酵罐、通过液体发酵方式培养了羊肚菌(Morchella esculenta)。此后，食品、医药领域的微生物生产渐渐跨入了大规模工业化生产的领域。日本的杉森恒武等于

1975、1977年用1%的有机酸和0.5%的酵母膏组成液体培养基，取得了大量香菇菌丝体。我国是在1958年开始研究蘑菇、侧耳等食用菌种的液体深层发酵的。1963年羊肚菌液体发酵开始工业化生产试验。自此以后，大规模采用液态发酵生产食品和医药领域的微生物逐渐展开。当时主要研究灵芝(Ganoderma lucidum)、蜜环菌(Armillariella mellea)、银耳(Tremella fuciformis)等的液体发酵如何应用于医药工业。70年代开始研究香菇(Lentinula edodes)、冬虫夏草(Cordyceps sinensis)、黑木耳(Auricularia auricula)、金针菇(Flammulina velutipes)、猴头菇(Hericium erinaceus)、草菇(Volvariella volvacea)等的液体发酵。随着基因工程的发展，后续大量的细菌通过液体发酵方式进行培养，并通过工程菌将其应用领域扩大到畜牧、水产、海洋、农业等更多的领域。

(二)液体发酵的特点

(1)液体发酵培养基原料来源广泛，价格低廉。大部分微生物的液体培养所需的碳源可用工业葡萄糖、工业淀粉及山芋粉等；氮源可采用黄豆饼粉、蚕蛹粉、麸皮粉等。为了降低成本，通常还取用部分工业废水为代用品，如糖蜜废母液、木材水解液、各种大豆深加工废水、玉米深加工废水及淀粉废水等，原料来源相当广泛。

(2)菌体生长快速。在液体培养中，液体培养基的营养成分分布均匀，有利于微生物菌种营养体的充分接触和吸收。菌体细胞能在反应器内处于最适温度、pH、氧气和碳氮比的条件下生长，能及时排放呼吸作用产生的代谢废气，因此新陈代谢旺盛，菌体生长分裂迅速，能在短时间内积累大量的菌体和寡糖、小肽等具有生理活性的代谢产物。

(3)生产周期短。通过发酵菌种液体发酵培养获得大量的菌体和生理活性物质一般仅需要2～7d的时间，且菌种种龄整齐，能有效降低菌种污染率。液体菌种培养过程中还可以通过补料罐进行营养物质的补充添加，形成连续流加补料工艺，大大提高菌体的产量和代谢产物的产量。

(4)工厂化生产、无季节性。液体发酵生产是在发酵罐内、控制最佳条件来培养菌体的，因此不受季节性限制。

(三)液体发酵的培养基

在微生物菌种的液体培养中，影响发酵成败的关键因素有三个：第一是菌种，第二是培养基，第三是发酵工艺参数。

优良的培养基应该具备以下特点：①目的物产生率高；②产生目的物的

菌丝体生长良好，发酵周期短；③培养基成本低、原料来源广；④培养基对目的物的提取干扰少，目的物后处理工艺简单、得率高。

液体培养基的组成

根据培养基中组成的不同，可分为天然培养基和合成培养基。天然培养基的组成均为天然有机物；合成培养基则是采用一些合成的、已知化学成分的营养物质作培养基。

在生产上，还根据工艺将培养基分为种子培养基及发酵培养基。但无论如何划分，每一种培养基的组成中都离不开碳、氮、无机盐、微量元素、维生素和生长因子等。

1. 碳源

碳源的含义为营养物化学成分中必须含有大量的“C”元素，即含有“碳水化合物”。碳源主要用于供应菌株生命活动所需要的能量，构成菌体细胞及代谢产物，是食药用菌液体培养的主要营养成分。

碳源包括糖类（单糖、双糖、多糖）、脂肪和某些有机酸。双糖及多糖首先由菌体产生的酶分解为单糖后再被利用。微生物菌种利用单糖；好气性的菌种一般通过有氧分解，最终产物是二氧化碳、水和能量；厌氧的菌种如乳酸菌可代谢单糖为乳酸，同时产生部分二氧化碳和水。

为降低培养基成本，真菌的发酵常用一些粗粮、杂粮或粮食加工之后的下脚料作为原料，如玉米粉、蔗糖糖蜜、甜菜糖蜜等。还可利用野生植物淀粉的水解产物代替粮食作发酵原料。细菌可选择一些化学合成的原料做培养基。不同的菌种对碳源种类的要求及利用亦不一样，但绝大多数微生物菌种都能利用葡萄糖、麦芽糖、蔗糖和淀粉。实际生产时，首先要通过实验了解菌株所能利用的几种碳源是什么，然后选出利用最好、来源较广、成本较低的原料作碳源。必须指出，同一菌种在固体培养与液体培养时，所能利用的碳源是不同的。例如香菇、金针菇、凤尾菇等在固体培养时可利用木质素、半纤维素及纤维素作为碳源，而在液体培养时就不宜用这些碳源。

2. 氮源

氮源指营养物化学成分中必须含有大量含“N”的物质。氮源主要用于构成菌体细胞物质和含氮代谢物，是微生物菌种液体培养的主要营养成分。

常用的氮源可分为有机氮源和无机氮源两大类。黄豆饼粉、花生饼粉、棉籽饼粉、玉米浆、蛋白胨、酵母粉、鱼粉、蚕蛹粉、麦麸、酒糟、菌丝体等属于有机氮源；氨水、硫酸铵、尿素、硝酸铵、硝酸钠、磷酸氢二铵、氯化铵等为无机氮源。有机氮源除含有丰富的蛋白质、多肽和游离氨基酸之外，往往还含有少量糖、脂肪、微量元素及维生素、生长素等。对绝大多数食药用菌来说，有机氮源比无机氮源更适合菌体的生长。某些菌则只能利用铵盐和硝酸盐。一般，铵盐能较快被菌体利用，NH_4^+ 进入细胞中可直接掺入有机化合物中；而 NO_3^- 被细胞吸收后，先还原成 NH_4^+，才用于合成有机化合物。NH_4^+ 或 NO_3^- 被吸收后，会引起培养基酸化或碱化，因此在配制这类培养基时，应在培养基中加入少量缓冲物质。不同菌种对氮源种类的要求及利用程度亦不一致，因此在确定培养基前应在实验中设法找到菌种所能利用的几种较好氮源及最佳氮源，然后根据成本、原料来源是否容易、稳定等因素确定氮源组成。同一菌种在固体培养及液体培养时，可利用的最佳氮源也不同，不能以固定僵化的套路套用。

3. 碳、氮比(C/N)

碳、氮比指碳源及氮源在培养基中的含量比。构成菌丝细胞的碳、氮比通常是 8～12∶1。由于菌丝生长过程中，一般需 50％的碳源作为能量供给菌丝呼吸，另 50％的碳源组成菌体细胞。因此培养基中理想碳、氮比的理论值为 16～24∶1。降低培养基中的氮源是产生子实体的前提。但在液体培养中就不存在这个问题，以菌丝增殖为目的的培养，通常碳、氮比以 20∶1 为宜。大部分真菌的液体培养一般要求较高的碳与氮比，即 C∶N＝20∶1 左右生长较好，但许多菌种，尤其是细菌也能在较宽的碳、氮比范围内生长。不同菌种所要求的合适的碳、氮比，可通过正交试验或者响应面试验进行多次培养基的优化后再确定。

4. 无机盐与微量元素

许多无机盐及微量元素对菌种的生理过程的影响与其浓度有关。不同的菌种，对无机盐及微量元素要求的最适浓度也不同。

(1)磷。磷是细胞中核酸、核蛋白等重要物质的组成部分，又是许多辅酶(或辅基)高能磷酸键的组成部分。磷是食药用菌液体发酵不可缺少的物质，常加入磷酸二氢钾以提供磷，加入量大约为 0.1％～0.15％。

(2)镁。镁在细胞中起着稳定核蛋白、细胞膜和核酸的作用，而且是一些重要酶的活化剂，是药用真菌液体培养中不可缺少的营养成分。一般通过加入硫酸镁以提供镁，浓度通常是 0.05％～0.075％。

(3)钾、钙、钠。钾不参与细胞结构物质的构成，但控制原生质的胶态和细脑膜的透性；钙离子与细胞透性有关；钠离子能维持细胞渗透压，可以起到部分代替钾离子的作用。三种物质需求量甚微，若采用天然培养基，可不必另加。

(4)硫、铁。硫是菌体细胞蛋白质的组成部分(胱氨酸、半胱氨酸及蛋氨酸中皆含硫);铁是细胞色素、细胞色素氧化酶和过氧化氢酶的组成部分,亦是菌体有氧代谢中不可缺少的元素。

(5)锌、锰、钴、铜。锌、锰、钴等离子是某些酶的辅基或激活剂;铜是多元酚氧化酶的活性基。

在配制培养基时应注意,镁和磷的添加不宜过多,否则会带来危害。菌体对锌、锰、钴、铜等微量元素的需求量甚少,一般天然有机原料中均有,不必另加。碳酸钙本身不溶于水,但可以调节培养其中的酸碱度。磷酸盐与碳酸钙不宜混合灭菌,否则会形成不溶于水的磷酸盐,使可溶性的磷酸盐浓度大大降低。

5. 维生素与生长素

维生素在细胞中作为辅酶的成分,具有催化功能。大多数药用真菌的培养都与B族维生素有关,而与维生素A、维生素K关系不大。水溶性维生素对菌体的影响比脂溶性维生素大。维生素B_1是目前已知对绝大多数药用真菌生长有利的维生素,其适宜浓度在50～1000μg/L之间。又如,生物素对酵母培养有十分明显的促进作用。因此,在酵母培养过程中可以考虑使用生物素含量较高的天然培养基,或者额外人工添加生物素。

生长素包括三十烷醇、吲哚乙酸、赤霉素、α-萘乙酸、激动素等,在植物细胞的组织培养中用得较多;在微生物的液体培养中应用较少,尤其是以饲用微生物菌种发酵获得菌体为目的的液体发酵中应用更少。

6. 化合物

利用微生物具有生物转化的特点,在培养基中加入某种化合物,经过生物合成后成为我们所需要的化合物。如在酵母培养过程中进行功能性酵母的培养,可以在酵母培养基中添加亚硒酸钠等无机物,经过酵母的生物转化作用将硒元素富集在酵母细胞内形成有机硒也叫酵母硒,大大提高动物对其利用率。

此外,具有生物合成能力的药用菌种,目前已知的多是些黑曲霉、黄曲霉、华根霉及酵母菌等。这方面的工作还有待深入研究。在液体培养基中加入一些药性基质,经过微生物发酵后观察药性基质的变化,这是一个新开拓的研究领域,其发展前景十分广阔。

(四)菌种的摇瓶培养

微生物菌种的液体培养第一步在实验室中进行,一般通过摇瓶培养实现。即将微生物菌种的甘油菌种或试管母种接入灭过菌的三角瓶培养液中，然后置于往复式或旋转式摇床上培养。如果是厌氧的微生物则需要密闭静止培养，严格厌氧的菌种还需要在厌氧系统中进行培养。

经过摇床培养的微生物菌种，真菌的菌丝体呈球状、絮状等多种形态，细菌的菌液一般表现浑浊，并且在一定范围内，浑浊程度和菌体的数量呈线性关系。故在进行细菌生长曲线的测定时可用吸光度（OD值）来反映菌体培养的情况。培养液可呈黏稠状、清液状等状态，并可有清香味或其他异味。因菌液中有菌株发酵产生的次生代谢产物，可呈不同颜色。在实验室中进行摇瓶培养可摸索菌株液体发酵的适宜生长条件及生理生化变化等。工厂化生产时，必须先进行摇瓶培养试验，摸索出稳定的工艺参数后，方可将摇瓶种子作为接入种子罐的菌种。摇瓶培养的菌丝体也可作为液体菌种接入固体培养料中。

影响摇瓶培养发酵质量的诸因素有：培养温度、摇床的振荡频率、瓶子的装料系数，pH、菌龄、接种量、培养液的黏度、光照等。

1. 温度

微生物的增殖及次级谢产物的产生大部分是在各种酶的催化下进行，而酶的催化反应需要适宜的温度，不同的菌种有不同的适宜温度。绝大多数微生物生长的适宜温度在20～35℃的范围内。某些特殊的微生物种类可以在极端的环境下进行生存并繁殖，这部分微生物一般称之为极端微生物。在培养微生物的过程中，同样的微生物菌种根据不同的目的可能需要不同的温度，如以产生次级代谢产物为目的培养，其最适温度可能与菌体数量生长的最适温度不同。

2. 摇床的振荡频率和瓶子的装液系数

微生物液体培养使用的摇床有两种：旋转式和往复式。旋转式摇床的偏心距可不同，转速可调或不可调；往复式摇床的振幅可不同，其每分钟的往返次数（震荡频率）多是固定的。旋转式摇床能够使瓶子内部形成涡旋，液体相对稳定；往复式摇床容易使瓶子中的液体培养液飞溅，容易沾染到瓶盖部位。

摇床的振荡频率和瓶子的装液系数关系到摇瓶中培养基的溶氧量。另外，震荡频率还影响菌体所受的机械刺激。如果微生物的液体培养为好氧发酵，要求有足够的氧气，因此要求有较高的摇床震荡频率。然而振荡频率过快又会引起培养液的飞溅，弄湿瓶塞。所以摇床摇动振荡频率要有一定的限度。

3. pH

微生物液体培养时，要求有合适的pH(即氢离子浓度)，主要是因为：①液体培养基中pH的变化，会影响到细胞内pH的相应变化，而细胞内pH合适与否，会影响细胞内酶的活性。大多数酶催化反应的最适pH为4～8。②pH影响微生物菌体对一些微量元素的吸收和利用，一些金属离子形成的复合物在某pH下是不溶的。如镁离子与磷酸在酸性条件下呈游离状态，pH升高会形成不可溶的复合物，不能被菌体吸收利用；铁离子在碱性培养基中形成不可溶的复合物；钙与锌离子也有类似现象。③pH影响微生物菌体细胞的渗透性。在酸性条件下，细胞质膜被氢离子饱和，限制了阳离子的通行；在碱性条件下，细胞质膜被氢氧根离子饱和，限制了阴离子的通行。大多数微生物的液体发酵，多采用自然pH或在一定范围内控制在pH。如果需要对培养液的pH进行调节，可采用低浓度的氢氧化钠及盐酸进行。工业生产上一般配备酸碱储料罐进行流加补料的方式实时监控发酵罐内的pH，并控制酸液和碱液的添加量。

菌液的pH是各种生化反应的综合结果。一般发酵培养到了中期，pH开始下降；到了发酵后期，有的菌种菌液中pH会回升。发酵过程中由于加糖太多而又供氧不足时，碳源氧化不完全导致有机酸积累，引起pH下降。一些无机盐，如碳酸铵被菌丝利用后，会引起pH下降。葡萄糖作为碳源时，因丙酮酸迅速积累，会引起pH下降；而以乳糖为碳源时，因乳糖的吸收较缓慢，pH下降较慢。

因此，测定不同菌龄在培养液中的pH，对了解菌丝的生长、代谢、生理生化反应等是一个重要因素。要精确测定pH，可用酸度计进行，也可用pH试纸先进行粗测。摇瓶培养的pH测定必须将菌液倒出测定。

4. 菌龄

所谓菌龄就是指菌株液体培养的时龄，为菌种接入培养液后开始计算的累积发酵时间。食药用菌的液体发酵也要经历延滞期、生长期、稳定期及衰亡期等。不同的菌株，随着菌龄的增加，这几个时期的划分也不一样。

5. 接种量

摇瓶培养的接种量指一级摇瓶种子对二级摇瓶所接入菌液量与培养液的比值。如对二级摇瓶1000ml的培养液中接入50ml的菌液，称接种量为5%。这种接种量的计量方法比较粗糙，并不精确。理论上应以接入菌丝的克数来计量为好，但在实际操作中因步骤繁杂、易污染而难以实现。所以在实验中，应保持实验条件的一致，才能反映出因接种量变化而引起的实验结果的变化。

接入菌液的菌丝状态将显著影响菌丝的增殖及次生代谢产物的产生。一般可采用匀浆器将菌球打碎成菌丝片段或在摇瓶中加入玻璃球将菌球分散，菌种接入后方能显出迅速的增殖效果。

食药用菌液体发酵的接种量一般都比较大，在5%～30%之间，但接种量并非越大越好。例如银耳孢子的液体发酵，其最适接种量为5%～10%；麦角菌产生麦角新碱的液体发酵，接种量以5%为最好，10%次之，15%更次之。生产上的最佳接种量是以目的物的产量及生产成本综合考虑的结果。

6. 培养液的黏度

在摇瓶培养中，要求菌丝生长快、得率高，形成的菌球小。菌球越大，菌球中心的菌丝会呈现氧及营养的饥饿状态，不利于菌丝增殖及次生代谢产物的产生，影响发酵质量及菌丝产量；其优点是有利于菌体与培养液之间的分离。

增加培养液的黏度，有利于菌球缩小。如在金针菇液体培养基中加入1%～3%的藻酸，可使菌球直径从4.5mm下降到1.0mm以下。在裂褶菌培养液中加入1%羧甲基纤维素，可使菌球直径由1.68mm下降到0.60mm，其菌丝产量增加55%。加入果胶、淀粉与琼脂等亦能增加培养基的黏度。

(五)液体发酵罐培养

二十世纪以前，开始使用发酵罐，它带有简单热交换仪器；二十世纪中叶，出现了钢制发酵罐，在面包酵母发酵罐中开始使用空气分布器，小型的发酵罐中开始使用机械搅拌。随之而来，机械搅拌、通风、无菌操作和纯种培养等一系列技术不断完善，此时在工艺技术上开始尝试发酵过程的参数检测和控制，设备上已经使用耐高温(蒸汽灭菌)的pH电极和溶氧电极，实现了在线连续测定。计算机开始运用于发酵过程的质量控制，发酵产品的分离和纯化设备也有了快速的发展；到二十世纪八十年代，出现了大容量的发酵罐，机械搅拌通风发酵罐的容积增大到80～150m^3。由于大规模生产单细胞蛋白的需要，设计了压力循环和压力喷射型的发酵罐。计算机在发酵工业上也得到广泛应用。目前，生物工程和技术的迅猛发展给发酵工业提出了新的课题，能够满足大规模细胞培养及多种功能的发酵罐新产品不断出现，通过细胞发酵生产出来的胰岛素、干扰素等基因工程的高科技产品已经走向商品化。

1. 发酵罐的特点

发酵罐是一个为操作特定生物化学反应而提供良好环境的容器。对于某些工艺来说，发酵罐是个密闭容器，同时附带精密控制系统；而对于另一些简单的工艺来说，发酵罐只是个开口容器，有时甚至简单到只有一个开口的孔。

一个优良的生物反应器要适合工艺要求，以取得最大的生产效率，其应具备的条件是：①为细胞代谢提供一个适宜的物理及化学环境，使细胞能更快、更好地生长；②具有严密的结构；③良好的液体混合性能；④高的传质和传热速率；⑤灵敏的检测和控制仪表，如图 3-4 所示。

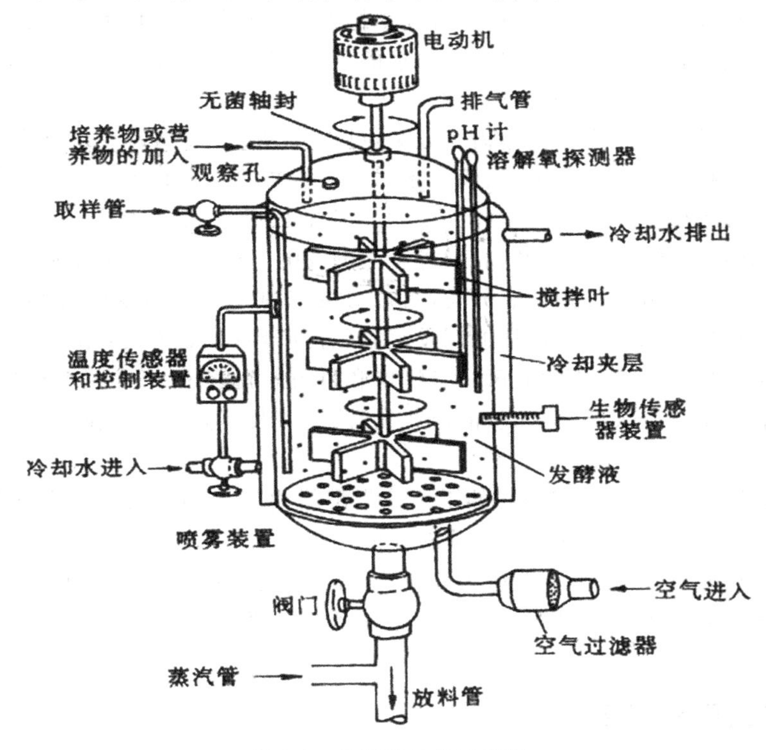

图 3-4　发酵罐结构示意图

2. 发酵罐的设计要求

发酵罐设计的主要目标：使产品的质量高、成本低。生物反应器处于发酵过程的中心，是影响整个发酵过程经济效益的重要因素，其中生物反应器的节能是发酵罐设计的一个重要指标。发酵罐设计需要考虑的因素有:改善生物催化剂;操作与控制方便;无菌条件好等。与化学反应器不同,发酵罐设计应遵循以下原则:在培养系统的已灭菌部分与未灭菌部分之间不能直接连通;尽量减少法兰连接,因为设备震动和热膨胀,会引起法兰连接移位,从而导致污染;在制作工艺上,应采用全部焊接结构,所有焊接点必须磨光,消除耐灭菌的蓄积场所;防止死角、裂缝等情况;某些部分应能单独灭菌;易于维修;反应器可保持小的正压。

3. 发酵罐的类型

发酵主要设备有种子罐和发酵罐,它们各自都附有培养基调制、蒸煮、灭菌和冷却设备、通气调节和除菌设备以及搅拌器等。种子罐主要是确保发酵罐培养所必需的菌体量;发酵罐承担发酵产物的生产任务,因而必须能够提供微生物生命活动和代谢所要求的条件,并便于操作和控制,保证工艺条件的实现,从而获得较高产率的产物。

1)按照微生物生长代谢需要分类,可以分为好气发酵罐与厌气发酵罐。好气发酵罐主要用于抗生素、酶制剂、酵母、氨基酸、维生素等产品的发酵,发酵过程需要强烈的通风搅拌为微生物的生长提供氧气;厌气发酵罐主要用于丙酮、丁醇、酒精、啤酒、乳酸等产品的发酵,发酵过程不需要通气。

2)按照发酵罐设备特点分类,可以分为机械搅拌通风发酵罐和非机械搅拌通风发酵罐。机械搅拌通风发酵罐包括循环式(如伍式发酵罐、文氏管发酵罐)以及非循环式的通风式发酵罐和自吸式发酵罐等;非机械搅拌通风发酵罐包括循环式的气提式、液提式发酵罐,以及非循环式的排管式和喷射式发酵罐。

这两类发酵罐采用不同的手段使发酵罐内的气、固、液三相充分混合,从而满足微生物生长和产物形成对氧的需求。

3)按照容积分类,一般认为500L以下的是实验室发酵罐;500～5000L的是中试发酵罐;5000L以上的是生产规模的发酵罐。

二、厌氧发酵

厌氧发酵也称静止培养,是指在没有游离氧存在的条件下,在水作为传质物质的情况下,通过厌氧微生物或者兼性厌氧微生物的生物转化作用,将溶解或悬浮于培养基中的大分子物质或悬浮固体物质中大部分或全部有机物质分解,转化为相应的目的产品的过程。因其不需供氧,所以设备和工艺都较好氧发酵简单。严格的厌氧液体深层发酵的主要特色是排除发酵罐中的氧。罐内的发酵液应尽量装满，以便减少上层气相的影响，有时还需充入非氧气体。发酵罐的排气口要安装水封装置，培养基应预先加入。此外，厌氧发酵需采用大剂量接种(一般接种量为总操作体积的10%～20%)，使菌体迅速生长，减少其对外部氧渗入的敏感性。酒精、丙酮、丁醇、乳酸和啤酒等都是采用液体厌氧发酵工艺生产的。

根据操作方式的不同，液体深层发酵主要有分批发酵、连续发酵和补料分批发酵三种类型。(1)分批发酵。营养物和菌种一次加入进行培养，直到结束放出，中间除了空气进入和尾气排出，与外部没有物料交换。特点：一次性；发酵过程中，营养不断减少，微生物不断增殖，环境非稳态；微生物生长的四个时期明显。(2)连续发酵。连续发酵是指以一定的速度向发酵罐内添加新鲜培养基，同时以相同的速度流出培养液，从而使发酵罐内的液量维持恒定，微生物在稳定状态下生长。稳定状态可以有效地延长分批培养中的对数期。特点：培养基等量流入流出；各种变化为零；微生物群体生长的四个时期不存在。应用：常用于废水处理、葡萄糖酸、酒精、氨基酸发酵等工业中。优点：操作稳定；利于机械、自动化；提高设备的利用率；减少灭菌次数；易于过程优化。缺点：易染菌；微生物易变异；对产品类型的适应性不广；对设备及附件要求高。(3)补料分批发酵。补料分批发酵又称半连续发酵，是介于分批发酵和连续发酵之间的一种发酵技术，是指在微生物分批发酵中，以某种方式向培养系统补加一定物料的培养技术。通过向培养系统中补充物料，可以使培养液中的营养物浓度较长时间地保持在一定范围内，既保证微生物的生长需要，又不造成不利影响，从而达到提高产率的目的。特点：可以解除底物抑制、产物抑制、分解阻遏或克服微生物过度生长；提高有用产物的转化率；应用：应用广泛，用于面包酵母、氨基酸、抗生素等工业。

三、好氧发酵

(一)好氧发酵的影响因素

好氧发酵是好氧微生物或兼性好氧微生物(如细菌、真菌、放线菌等)在氧气充足存在的条件下，在水作为传质物质的情况下，通过好氧微生物的生物转化作用，将溶解或悬浮于培养基中的大分子物质或悬浮固体物质中大部分或全部有机物质分解，转化为相应的目的产品的过程。液体好氧发酵的影响因素主要有以下几个方面。

(1)温度。温度可影响微生物生长、反应速率和水分脱除。高温分解较中温分解速度要快，且高温可将虫卵、病原菌、寄生虫等迅速彻底杀灭，降低灭菌成本。一般认为高温菌对有机物的降解效率高于中温菌，高温菌的理想温度为50～60℃。

(2)pH。大部分的好氧性细菌和放线菌在中性或弱碱性条件下生长最适宜，所以发酵过程中的pH应控制在6～8。一般情况下好氧发酵中微生物在分解有机物过程中其pH能自动调节。在好氧发酵初期，由于酸性细菌的作用，物料产生有机酸，pH可下降到5.0左右，此时有利于微生物生存繁殖。随着pH逐渐上升，最高可达到8.0左右。

(3)氧气。在好氧发酵过程中，氧的供应是限制发酵速率的主要因素。如果氧气供应不充分或传递不均匀，一则会造成局部厌氧发酵，这是发酵过程中产生臭味的主要原因，二则会延长发酵时间。相反，如果供氧量过多(如鼓风量过大或搅拌太多)就会使微生物的生长过快，代谢产物偏低，发酵的温度偏低，而使培养基中的有机物转化为目的代谢物的过程不够充分。

(4)泡沫。发酵过程中发酵液内部会产生泡沫(如CO_2)，影响通气搅拌的正常进行，使部分菌体黏附在罐盖或罐壁上而失去作用。可添加化学消泡剂：①天然油脂；②高碳醇、脂肪酸和酯类；③聚醚类；④硅酮类。

(二)工业化好氧发酵

生产上的好氧发酵均是在大型耗氧生物反应器又称通气搅拌罐中完成的，目前的反应器主体用不锈钢制造，反应器内部有搅拌桨叶。实验室规模的反应器中，一般采用一挡搅拌器，而工业规模反应器则装配两挡以上的搅拌器。安装搅拌轴的轴承必须无菌密封。罐内装配4～6块挡板。无菌空气从分布器吹进；罐温用夹套或蛇管调节。操作时，为了使气体和气泡能停留在反应器的液面上部空间，液体装量只能装到占反应器总容积的70%～80%。如培养液直接在罐内用蒸汽灭菌，则蛇管需有相应的传热面积，以配合灭菌后冷却需要。反应过程中所产生的热量来自微生物反应热和克服搅拌黏性应力所消耗的能量。对间歇操作，则以前者为主，可以微生物反应热的最大值作为设计基准。

通气搅拌罐有下列优点：pH和温度容易控制；尺寸放大的方法大致已确定；适用于CSTR等。反之，也有下列缺点：搅拌功率消耗大；因罐内结构复杂，不易清洗干净，易被杂菌污染，此外，虽装有无菌密封装置，但在轴承处还会发生杂菌污染；培养丝状菌时，常用搅拌桨叶的剪切力，致使菌丝易被切断、细胞易受损伤。

1. 机械搅拌式发酵罐

机械搅拌式发酵罐是发酵工厂常用类型之一。它是利用机械搅拌器的作用，使空气和发酵液充分混合，促进氧的溶解，以保证供给微生物生长繁殖和代谢所需的溶解氧。比较典型的是通用式发酵罐和自吸式发酵罐。

搅拌的作用：液体通风后进入的气泡在搅拌中随着液体旋转使之所走路程延长，使发酵液中保持的空气数量增加，实际上是增加了传氧质量；通过搅拌，大气泡被搅拌器打碎，增加比表面积；搅拌速度的加快，增加了传氧速率。

2. 通用式发酵罐

通用式发酵罐是指既具有机械搅拌又有压缩空气分布装置的发酵罐。由于这种型式的罐是目前大多数发酵工厂最常用的，所以称为“通用式”，如图 3-5 所示，其容积可自 20～200m^3，有的甚至可达 500m^3。

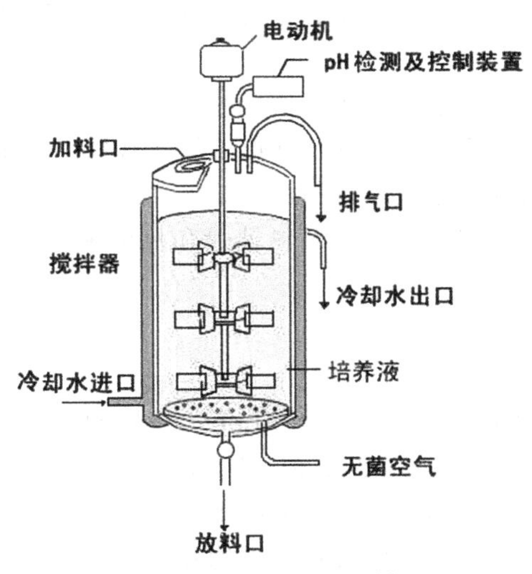

图 3-5　通用式发酵罐

(1)通用式发酵罐的基本条件　发酵罐应具有适宜的高径比。一般高度与直径之比为 1.7～4 左右，罐身越高，氧的利用率较高；发酵罐能承受一定的压力：因为罐在消毒及正常工作时，罐内有一定的压力（气压和液压）和温度，所以罐体各部分能承受一定的压力；发酵罐的搅拌通风装置能使气液充分混合，保证发酵液必须的溶解氧；发酵罐应具有足够的冷却面积。这是因为微生物生长代谢过程放出大量的热量必须通过冷却来调节不同发酵阶段所需的温度；发酵罐应尽量减少死角，避免藏垢积污，灭菌能彻底；搅拌器轴封应严密，尽量减少泄漏。

(2)发酵罐罐体的尺寸比例　罐体各部分的尺寸有一定的比例，罐的高度与直径之比一般为1.7～4左右，新型的高位罐的高和直径之比大于10，其优点是大大提高了空气的利用率，缺点是压缩空气的压力需要较高，料液不易混合均匀。

发酵罐通常装有两组搅拌器，两组的间距约为搅拌器直径的三倍。大型发酵罐，可安装三组以上的搅拌器。

(3)发酵罐的部分部件

1)搅拌器和挡板。搅拌器分平叶式、弯叶式、箭叶式三种，国外多用平叶，我国多用弯叶。其作用是打碎气泡，使空气与溶液均匀接触，使氧溶解于醪液中。挡板的作用是改变液流的方向，由径向流改为轴向流，促使液体激烈翻动，增加溶解氧。竖立的蛇管、列管、排管等，也可起挡板作用，故一般具有冷却列管式的罐内不另设挡板，但对于盘管，仍应设挡板。挡板的长度从液面起至罐底为止。

2)消泡器。消泡器的作用是将泡沫打破。最常用的形式有锯齿式、梳状式及孔板式。

3)空气分布装置。空气分布装置的作用是吹入无菌空气，并使空气均匀分布。分布装置的形式有单管及环形管等。常用的是单管式。

4)轴封。轴封的作用是使罐顶或罐底与轴之间的缝隙加以密封，防止泄漏和污染杂菌。常用的轴封有填料轴封和机械轴封两种，目前多采用机械轴封。

3. 自吸式发酵罐

这种发酵罐(见图3-6)起源于六十年代，最初用于醋酸的发酵。这种设备的耗电量小，能保证发酵所需的空气，并能使气泡分离细小、均匀地接触，吸入的空气中70%～80%的氧被利用。

自吸式发酵罐罐体的结构大致上与通用式发酵罐相同，主要区别在大搅拌器的形状和结构不同。自吸式发酵罐是一种不需要空气压缩机，使用带中央吸气口的搅拌器，搅拌器由从罐底向上伸入的主轴带动，叶轮旋转时叶片不断排开周围的液体使其背侧形成真空，于是将罐外空气通过搅拌器中心的吸气管而吸入罐内，吸入的空气与发酵液充分混合后在叶轮末端排出，并立即通过导轮向罐壁分散，经挡板折流涌向液面，均匀分布。空气吸入管通常用一端面轴封与叶轮连接，确保不漏气。

图 3-6　自吸式发酵罐及其发酵系统

在我国，自吸式发酵罐已用于医药工业、酵母工业，生产葡萄糖酸钙、力复霉素、维生素 C、酵母、蛋白酶等，取得了良好的成绩。通过实践，证明自吸式发酵罐有这些优点：节约空气净化系统中的空气压缩机、冷却器、油水分离器、空气贮罐、总过滤器设备，减少厂房占地面积；减少工厂发酵设备投资约30%左右，例如应用自吸式发酵罐生产酵母，每升容积酵母的产量可高达30～50g；设备便于自动化、连续化，降低老化强度，减少劳动力；酵母发酵周期短，发酵液中酵母浓度高，分离酵母后的废液量少；设备结构简单，溶氧效率高，操作方便。缺点主要是由于罐压较低，对某些产品生产容易造成染菌。

4. 通风搅拌式发酵罐

在通风搅拌式发酵罐中，通风的目的不仅是供给微生物所需要的氧，同时还利用通入发酵罐的空气，代替搅拌器使发酵液均匀混合。常用的有循环式通风发酵罐和高位塔式发酵罐。

5. 带升式发酵罐

循环式通风发酵罐系利用空气的动力使液体在循环管中上升，并沿着一定路线进行循环，所以称为空气带升式发酵罐或简称带升式发酵罐。带升式发酵罐有内循环和外循环两种，循环管有单根的也有多根的。与通用式发酵罐相比，它具有以下优点：①发酵罐内没有搅拌装置，结构简单，冷却面积小，节约动力，节约钢材；②由于取消了搅拌器的电机，而通风量与通用式发酵罐大致相等，所以动力消耗有很大降低，不需加消泡剂，料液可充满达较多。它的缺点有：不能代替好气量较小的发酵罐，对于黏度大的发酵液溶氧系数较低。

6. 高位塔式发酵罐

高位塔式发酵罐是一种类似塔式反应器的发酵罐，又叫空气搅拌高位发酵罐，其高径比约为6左右，罐内装有若干块筛板。压缩空气由罐底导入，经过筛板逐渐上升，气泡在上升过程中带动发酵液同时上升，上升后的发酵液又通过筛板上带有液封作用的降液管下降而形成循环。这种发酵罐的特点是省去了机械搅拌装置。如果培养基浓度适宜，而且操作得当的话，在不增加空气流量的情况下，基本上可达到通用式发酵罐的发酵水平。由于液位高，空气利用率高，节省空气约50%，节省动力约30%，不用搅拌器，设备简单，但底部有沉淀物；温度高时降温较难。塔式罐适用于多级连续发酵，有的多级连续发酵具有十多层筛板。我国有用于医药抗生素产品的生产。

7. 伍式发酵罐

伍式发酵罐的主要部件是套筒、搅拌器。搅拌时液体沿着套筒外向上升至液面，然后由套筒内返回罐底。搅拌器是用六根弯曲的空气管子焊于圆盘上，兼作空气分配器。空气由空心轴导入，经过搅拌器的空心管吹出，与被搅拌器甩出的液体相混合。发酵液在套筒外侧上升，由套筒内部下降，形成循环。这种发酵罐多应用纸浆废液发酵生产酵母。设备的缺点是结构复杂，清洗套筒较困难，消耗功率较高。

8. 文氏管发酵罐

文氏管发酵罐是用泵将发酵液压入文氏管中，由于文氏管的收缩段中液体的流速增加，形成真空将空气吸入，并使气泡分散与液体混合，增加发酵液中的溶解氧。这种设备的优点是：吸氧的效率高，气、液、固三相均匀混合，设备简单，无需空气压缩机及搅拌器，节省动力消耗。此设备已适用于宇宙飞船的密封舱中，利用藻类的光合作用将气体中的CO_2还原成氧。如果氮气中含有4% CO_2，利用文氏管装置只要一个循环就可使其中的CO_2降低到2%。此外，在污水处理和石油发酵中也正在研究使用。

四、液体发酵应用

（一）利用有机废水生产单细胞蛋白或蛋白原料

这种技术主要是用于有机废水净化处理。有机废水主要来源于造纸、酒精、氨基酸和有机酸工业所产生的废水。

在20世纪60年代，国外曾选用生长速度很快的热带假丝酵母，采用液体连续培养处理造纸废水，但是生产的酵母有苦味，很难在饲料中应用。80年代末，我国工程院院士伦世仪先生领导的课题组用热带假丝酵母连续培养处理酒精废水，生产的酵母有较好适口性，但是由于废水中有机物含量比较低，培养液中干物质得率不超过1.0%，基本没有商业价值。

西欧和北美等发达国家，特别是日本、荷兰和芬兰等国，在有机废水处理方面投入了大量研究和生产处理费用。可以说，在有些发酵产品生产中，废水处理设备投入甚至要超过发酵设备的投入。目前，在荷兰和芬兰，它们本国不生产酒精、氨基酸和有机酸等大宗发酵产品，并不是它们的生产技术不发达，而是它们不愿意污染它们宝贵的水源。我国的谷氨酸、赖氨酸、柠檬酸和酒精的发酵产量排世界第一位，并不是我们的发酵水平、提取技术在国际上处于领先地位，而是我们牺牲了生态（主要是水源）的洁净所获得的暂时利益的结果。即使是目前的酶制剂产品，我国的产量在世界也是处于领先地位，但是主要技术还是从丹麦、美国和日本等发达国家引进，甚至有些生产企业纯粹就是它们独资。

（二）抗生素发酵生产

采用发酵工程技术生产医药产品是制药工程的重要部分，其中抗生素是我国医药生产的大宗产品，随着基因工程技术的进展，基因工程药的比例逐渐增大，但抗生素在国计民生中所起的作用是不能完全替代的，特别是西方国家出于能源和环保的考虑，转产生产高附加值的药物，留出了抗生素的市场空间，为我国的抗生素生产发展提供了机遇。作为一个发展中国家，可以说在相当长时间内，我国抗生素生产在整个医药产品中仍占很大的比例，因此抗生素类发酵过程优化技术研究对医药行业的生产具有重要的经济和社会意义。

抗生素是生物体在生命活动中产生的一种次级代谢产物。这类有机物质能在低浓度下抑制或杀灭活细胞，这种作用又有很强的选择性，例如医用的抗生素仅对造成人类疾病的细菌或肿瘤细胞有很强的抑制或杀灭作用，而对人体正常细胞损害很小，这就是抗生素为什么能用于医药的原因。目前人们在生物体内发现的6000多种抗生素中，约60%来自放线菌。抗生素主要用微生物发酵法生产，少数抗生素也可用化学方法合成。人们还对天然的抗生素进行生化或化学改造，使其具有更优越的性能，这样得到的抗生素叫半合成抗生素。抗生素不仅广泛用于临床医疗，而且也用在农业、畜牧及环保等领域中。其发酵工艺如下：

（1）种子制备　种子制备阶段以生产丰富的孢子（斜面和米孢子培养）

或大量健壮的菌丝体(种子罐培养)为目的。为达到这一目的,在培养基中加入比较丰富的、容易代谢的碳源(如葡萄糖或蔗糖)、氮源(如玉米浆)、缓冲 pH 的碳酸钙以及生长所必需的无机盐,并保持最适生长温度(25～26℃)和充分通气、搅拌。

(2)发酵培养 影响青霉素发酵产率的因素有环境因素,如 pH、温度、溶氧浓度、碳氮组分含量等;有生理变量因素,包括菌丝浓度、菌丝生长速度、菌丝形态等,对它们都要进行严格控制。

(3)发酵后处理 ①过滤:采用鼓式真空过滤器,过滤前加去乳化剂并降温。②提炼:用溶媒萃取法。③脱色:在二次 BA 萃取液中加活性炭脱色,过滤。④结晶:用丁醇共沸结晶法,行真空蒸馏,将水与丁醇共沸物蒸出,则青霉素钠盐结晶析出,过滤,将晶体洗涤后干燥即得成品。

(三)维生素发酵生产

维生素是人体生命活动必需的要素,主要以辅酶或辅基的形式参与生物体各种生化反应。维生素在医疗中具有重要作用,如维生素 B 族用于治疗神经炎、角膜炎等多种炎症;维生素 D 是治疗佝偻病的重要药物等等。此外,维生素还应用于畜牧业及饲料工业中。维生素的生产多采用化学合成法,后来人们发现某些微生物可以完成维生素合成中的某些重要步骤,在此基础上,化学合成与生物转化相结合的半合成法在维生素生产中得到了广泛应用。目前可以用发酵法或半合成法生产的维生素有维生素 C、维生素 B_2、维生素 B_{12}、维生素 B、维生素 D,以及 β-胡萝卜素等。

维生素C 又称抗坏血酸(ascorbicacid),能参与人体内多种代谢过程,使组织产生胶原质,影响毛细血管的渗透性及血浆的凝固,刺激人体造血功能,增强机体的免疫力。另外,由于它具有较强的还原能力,可作为抗氧化剂,已在医药、食品工业等方面获得广泛应用。维生素 C 的化学合成方法一般指莱氏法,后来人们改用微生物脱氢代替化学合成山梨糖中间产物的生成,使山梨糖的得率提高一倍,我国进一步利用另一种微生物将山梨糖转化为 2-酮基上-古龙酸,再经化学转化生产维生素 C,称为两步法发酵工艺。这种方法使得维生素 C 的产量得到大幅度提高,简单介绍如下:

第一步发酵是生黑葡糖杆菌(或弱氧化醋杆菌)经过二级种子扩大培养,种子液质量达到转种液标准时,将其转移至含有山梨醇、玉米粉、磷酸盐、碳酸钙等组分的发酵培养基中,在 28～34℃下进行发酵培养。在发酵过程中可采用流加山梨醇的方式,其发酵收率达 95%,培养基中山梨醇浓度达到 25%时也能继续发酵。发酵结束,发酵液经低温灭菌,得到无菌的含有山梨糖的发酵液,作为第二步发酵的原料。

第二步发酵是氧化葡糖杆菌(或假单胞杆菌)经过二级种子扩大培养,种子液达到标准后,转移至含有第一步发酵液的发酵培养基中,在 28～34℃下培养 60～72h。最后发酵液浓缩,经化学转化和精制获得维生素 C。

第三节 固体发酵工艺

固态发酵是指利用自然底物做碳源及能源,或利用惰性底物做固体支持物,其体系无水或接近于无水的任何发酵过程。与其他培养方式相比,固态发酵具有如下优点:①培养基简单。固体发酵所用原料一般为经济易得、富含营养物质的工农业副、废产品,如麸皮、薯粉、大豆饼粉、高粱、玉米粉等;②基质的低含水量可大大减少生化反应器的体积,不需要废水处理,较少环境污染;③固体发酵一般采用开放式,所需设备简单,投资少,能耗低,易于操作。一般过程为:原料经蒸煮灭菌等预加工后,制成含一定水分的固体物料,接入预先培养好的菌种,进行发酵。发酵成熟后适时出料,并进行适当处理,或进行产物的提取。效率相对较高,提取工艺简单可控;④固态发酵中培养基提供的与气体的接触面积大,供氧充足,同时,空气通过固体层的阻力较小,能量消耗低。因此,不一定连续通风,一般可由间歇通风或气体扩散完成;⑤适合霉菌培养,但在某些方面固体发酵是其他方式所无法比拟的。由于固态发酵具有节水、节能的独特优势,属于清洁生产技术,现已逐步得到世界各国重视。目前,大规模操作时,产生的代谢热较难散去,生化反应器的设计还不完善,传统的发酵方式容易感染杂菌。因此,采用密闭发酵来避免杂菌污染,控制发酵温度湿度,提高发酵质量具有重要意义,也是提高产品品质的重要保障。

一、发酵工艺简介

固态发酵就是主要原料呈固态,通过接种微生物菌种,在较低水分下通过微生物的生长代谢作用,分解固体原料中的大分子物质,降解为小分子物质的发酵过程。原料一般又分为主料和辅料。根据不同的发酵目的,主料的选择有很大的差别,如白酒行业的猪料主要是粮食;辅料是稻糠、谷糠、麸皮、高粱壳、粉碎的玉米芯。发酵饲料行业主料主要是各种饲料原料,有的根据一定的动物营养原理和微生物的生长营养需求进行相应的配比。但对一些在《饲料原料目录》明确规定的主料必须明确。如发酵豆粕,要求原料95%以上为豆粕,发酵果渣中原料必须明确是哪种果渣。确定主料后,配备相应的辅料(如葡萄糖、麸皮、玉米面粉),根据微生物菌种的特性确定发酵水分、接种发酵菌种。同样根据发酵菌种的特性选择厌氧或好氧发酵方式,通过人工控制温度、湿度等发酵参数,调控微生物的繁殖、微生物分泌的酶的活性和一系列生物化学的反应。这样一个完整的过程就是固态发酵,通过这样发酵,形成的饲料产品就是固态生物发酵饲料。通过发酵,主料中的碳水化合物如淀粉、纤维素等分解为糖、醇等物质;脂肪分解为各种脂肪酸、脂肪酸酯和有机酸;蛋白质分解为各种氨基酸、醇类、醛类、酮类和含氮化合物。增加了主料中不曾有的营养物质,提高了营养性,并且改善了主料原有的物理和化学性质,使饲用价值极大提高。

固态发酵到目前没有标准化和统一的生产规范,农业部门也只是给了大致的指导意见,没有形成行业规范。很多企业根据自己的实际情况因地制宜地进行生产设备的改进改制和生产工艺的研究。但是无论怎么进行改良都离不开混合接种工艺、固体发酵工艺、烘干粉碎工艺、包装储存工艺等几个核心环节。从技术角度来讲,固体发酵技术充分利用了微生物间的相互作用(同生、互惠同生、共生、竞争和拮抗等多种关系),原料不需要严格消毒就可以直接用于接种培养,从而极大地简化了生产工艺,降低了生产成本。近年来,我国很多饲料和畜牧科研工作者提出了多种简便的微生物厌氧固态发酵生产技术。相对于好氧发酵,厌氧发酵的能耗低,微生物代谢产生的热量也要小得多,生产过程往往不需要翻拌散热。此外,发酵饲料产品只要控制合理,即使长期存放也不会腐败变质。

二、接种工艺

将一定种类和数量的微生物,借用一定的工具,移接到新的培养基上,使其生长繁殖,这种移接的过程称为接种。接种是生物发酵饲料研究和生产实践中一项重要的基本操作,用于微生物的传种接代、液体培养、发酵生产。固体接种工艺是将微生物的菌种(液体菌种或固体菌粉)移接到固体基料中,借助固体基料中的营养物质进行生长繁殖和代谢的过程。

固体接种工艺的几个关键参数:

接种量。固体发酵接种量是指移入发酵菌种种子液的体积或质量(或者固体菌粉的重量)和接种后固液混合物料的体积质量比或质量比。接种量的大小决定于生产菌种在固体发酵过程中生长繁殖的速度。采用较大的接种量可以缩短固体发酵过程中菌种繁殖达到高峰的时间,使代谢产物的形成提前到来,并可减少杂菌的生长机会。但接种量过大或者过小,均会影响发酵:过大会引起溶氧不足,影响产物合成,而且会过多移入代谢废物,也不经济;过小会延长培养时间,降低固体发酵的生产率。通常,细菌接种量1～5%,酵母菌接种量5～10%,霉菌接种量7～15%。

混合均匀度。混合均匀度指在外力的作用下,各种物料相互掺和,使之在任何容积里每种组分的微粒均匀分布的程度。固体接种过程要求每个单元物料空间内分布的发酵菌种数量一致,这样才能保证每一个微小单元发酵的彻底,保证整批次发酵饲料的均匀一致。生物发酵饲料由于有一定的发酵水分的要求,所以在混合接种过程中一般同时通过加水确定了水分的含量,因此对固体接种的设备混合机提出了更高的要求。首先,混合机的密封性一定要好,不能漏水。其次,混合机的混合均匀度要高,保证菌种的均匀分布。同时,还要有较低的机械剪切力,防止对发酵菌种的破坏。混合均匀度的检测通常用变异系数(Coefficient of Variation,CV)来表示,即样品值与平均值的均方差。在实际操作中,笔者结合自身实践为了快速测定混合均匀度可以采用快速测定水分的方法来评定混合均匀的效果。具体操作为:同批混合物料在卸料过程中,不同时间迅速采集10个样品密封送实验室快速测定水分含量。然后进行结果分析和计算,分析结果的计算:

$$\text{变异系数 CV}(\%) = \frac{S \times 100}{}$$

$$S = \sqrt{\frac{(X1 - \overline{X})^2 + (X2 - \overline{X})^2 + \cdots + (X10 - \overline{X})}{10 - 1}}$$

$$S = \sqrt{\frac{X1^2 + X2^2 + X3^2 + \cdots + X\,10^2 - 10\,\overline{X^2}}{10 - 1}}$$

式中,X_1、X_2、X_3…、X_{10}为10个试样的水分测定值;X为试样水分的平均值;S为试样水分的标准值。

为保证接种过程的混合均匀,变异系数较低的混合机是关键的设备保障,因此接种混合机的选择很关键。由于混合机大部分是以固体混合做参数的,因此,实际操作中要充分摸索物料水分含量的不同和所需要的混合参数变化。图3-7为常用生物发酵饲料接种混合机。

接种温度。生物发酵饲料固体接种环节一般很难做到外界温度控制,所以菌种与发酵基料在混合接种过程中都是在外界温度下进行的。在冬季大部分地区的室外温度只有10℃左右,此时接种到微生物适宜的发酵温度需要一个缓慢的升温过程,有时甚至会因为初始温度太低,微生物处于休眠状态,以至延长了发酵时间,降低了发酵效果,甚至发酵失败。因此,适宜的接种温度对发酵成功有很大影响。笔者结合生产实践经验,确定了通过加热发酵用水来提高初始发酵温度的方法。具体做法为:根据固体发酵水分计算和确定水分添加量,将水分通过蒸汽或电加热,先与发酵基料进行初步混合，保证混合物料的温度在30～35℃之间时，接种发酵菌种，然后通过发酵设备进行控温发酵，这样会大大缩短发酵时间，提高发酵效率。

图3-7 双轴混合机

三、发酵设备

随着我国养殖业的迅猛发展，对饲料的需求也在不断加大，饲料工业迅速发展成为一个新兴支柱行业。然而，近年来饲料安全问题变得日益突出。如何避免或减少抗生素等的添加，减少药物残留，提高动物产品安全性和改善其风味？生物饲料的兴起使研发三无（无免疫原、无动物原和无抗生素）的新型饲料成为一种时尚，它可以有效替代抗生素等药物的作用，从而从根本上解决近年来出现的饲料安全问题。它是采用现代生物技术生产的饲料、原料和饲料添加剂，既无毒副作用，也无残留，具有控制、预防动物疾病，改善动物健康的作用。《生物产业发展"十二五"规划》、《饲料工业"十二五"发展规划》中明确提出：未来生物技术与生物饲料在保障饲料安全与食品安全、促进饲料产业健康可持续发展的方向及产业布局模式等方面具有重要意义；安全、优质、高效的饲料产品供应是促进我国养殖业健康持续发展的必要条件和物质基础；应用生物技术，改善动物产品品质和风味、确保饲料安全与食品安全，是我国今后饲料工业发展的长期战略。在发酵设备的研发和生产推广上，液体发酵由于发展早，在食品、化工和药物等行业得到较早的开发和应用，较为成熟，形成了完善的设备和工艺（液体发酵工艺章节）。生物饲料的固体发酵由于借鉴的是传统的酿造行业（白酒、酱油、醋等）工艺，但是从产量上来说批次产量更大，应用上又相对粗放，所以不同的生产研发单位根据各自的实际情况，采取了不同形式的发酵设备，并相应的开发各自的固体发酵工艺。图 3-8～图 3-10 为几种常见固体发酵设备。

图 3-8 固体

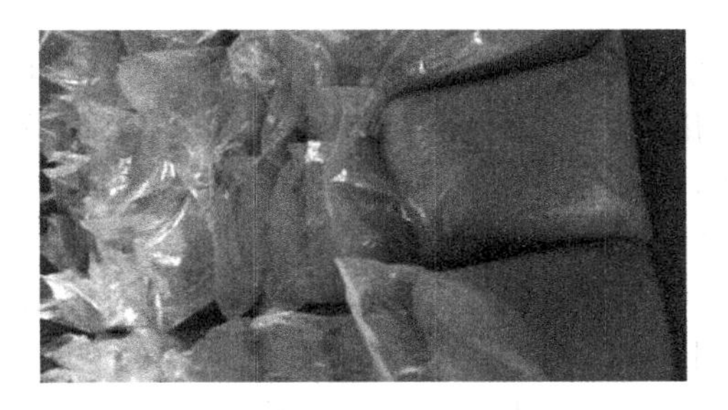

图 3-9 呼吸膜发酵袋

图 3-10 发酵桶发酵箱

(一)迈安德集团发酵工程简介

迈安德的企业使命是致力于在食品加工等专业领域,为客户提供更安全、可靠、节能的机械产品和工程服务,为客户和社会创造价值。迈安德集团有限公司一直在关注饲料与食品安全、养殖废水零排放等问题,为客户和社会创造价值。公司正致力于在饲料原料发酵、全价饲料发酵、酶制剂固态发酵及养殖场粪污处理和养殖废水零排放等工程领域为客户提供专业化服务,目前已经为四川通威、北京中纺、上海天邦、山东泰安生力源、湖北裕丰、上海邦成、浙江科峰等客户提供了从工艺设计、土建规划、自动化控制、设备制造、安装调试、系统培训的一揽子解决方案。根据菌种和最终产品定位不同,公司研发了不同的发酵装置,配套不同的烘干方式,达到客户所需的各种工艺要求。

(二)饲料原料(粕类)发酵

不同微生物繁殖时对物料的各种理化要求不同,且固体发酵过程中许多参数是在变化的,如水分、温度、营养素、pH、氧气等。一种微生物很难适应全部条件,当一种适应的微生物繁殖后,其活动结果改变了自身的生存环境,却为其他微生物提供了最佳的生长条件,导致其他微生物的生长。因此,决定了豆粕发酵多是由几种微生物协同作用的结果。当低温好氧微生物繁殖起来后,导致温度的上升和氧气的减少,使嗜温兼厌氧微生物有机会大量繁殖,兼性厌氧微生物往往产酸,发酵物料的 pH 会下降,又会引起嗜酸性微生物生长。针对以上情况,应采用相应合适的发酵工艺和发酵装置。

目前大多生产厂家主要工艺按照生产模式,可分为浅料层、中料层和深料层发酵。浅料层发酵多采用浅盘架式;深料层发酵大多采用地板堆放发酵、池式发酵、槽式发酵或箱式发酵。迈安德深料层发酵方案建议采用先进的圆形发酵塔的形式,占地面积小,具有自动进出料系统,品质稳定可控。可实现自动化、规模化生产。

整个系统分为以下几个过程:

(1)原料接种混合　新鲜豆粕进入原粮暂存仓,然后通过定量绞龙进入接种混合机内与热水、菌液混合均匀后再进入发酵装置内。

(2)有效控温的发酵　发酵方案采用先进的圆形发酵塔的结构。整个系统发酵环境好,且实现了整条生产线的自动化生产,易于工艺监控、稳定发酵品质。

布料开始前，可根据发酵工艺要求，对圆形发酵塔进行预加热，辅助提高起始发酵温度，形成较适宜的发酵温度环境。物料在发酵过程中会产生热量，经过一定时间的发酵后可停止加温。

(3)二级组合式烘干　烘干采用二级烘干的方式，即先采用列管式烘干机进行预烘干，然后再进入活态烘干塔内进行烘干。发酵好的物料先打碎再通过皮带机输送至列管式烘干机内进行预烘干，充分利用列管式烘干机对高水分物料烘干的高效率。将物料水分降至约20%左右，然后进入活态烘干塔进行烘干。物料在烘干塔内，热风和物料逆向形成对流，在搅拌翅的共同作用下，物料充分流化，与热风充分接触，带走水分，热效率高；物料在烘干塔内的停留时间可以调节，通过调整物料在每层烘干塔的料层高度控制物料停留时间，热风多层利用，节能高效，同时保持好的成品颜色。充分利用了两种烘干方式的优点，做到节能和低温烘干。

(4)粉碎包装工段　烘干后的物料通过冷风输送，以降低物料温度，然后进入粉碎机进行粉碎。粉碎后的物料再次通过冷风输送系统进入相应的成品仓，自动计量包装。

(三)全价饲料发酵

全价饲料发酵是指发酵好的全价配合湿料，可以不用烘干直接在养殖场饲喂。这种发酵饲料内富含能量、蛋白质、矿物质以及大量的有益菌。它的各种营养物质种类齐全、数量充足、比例恰当，能满足动物生长需要，可直接用于饲喂，一般不必再补充添加任何饲料添加剂，是一种绿色健康的生物饲料产品。它既减少了饲料烘干的成本，又保持饲料的活性，能有效地控制加工成本，提高禽畜免疫力，促进禽畜的生长。

(四)酶制剂

酶制剂也可以认为是微生态制剂，它是在微生态平衡理论、微生态失调理论、微生态营养理论和微生态防治理论指导下人工分离正常菌群，并通过特殊工艺制成的活菌制剂。它是由许多有益微生物及其代谢物构成，可直接饲喂动物，并能有效促进动物体调节肠道微生态平衡的一类添加剂。它具有安全、有效、无污染、无耐药性、无残留的优点，是发展生态养殖和绿色食品的需要，也是饲料添加剂开发和研究的热点之一，在饲料添加剂应用上有广阔的发展前景。迈安德酶制剂工程的特点是用麸皮等原料做载体去培养各种酶，然后用低温去烘干，尽可能保证酶制剂的活性。它的工艺流程包括有原料蒸煮工段、接种混合工段、固体发酵工段、低温烘干工段和粉碎包装工段。迈安德酶制剂固态发酵装置，充分考虑酶制剂的生产特点，采用圆形发酵机，可控制温度、湿度和通风量，发酵装置可清洗、消毒。工程具有发酵环境可控，染菌几率小，自动化程度高，生产成本低，品质稳定可控的优势。微生态饲料添加剂应用在畜禽生产中，可以防治畜禽疾病，提高畜禽生产性能，改善养殖环境。

四、发酵方式

（一）固态好氧发酵生产生物发酵饲料

这种生产方式在上个世纪80～90年代很流行，在全国各地都有推广应用，其中比较著名的是郭维烈先生倡导的微生物组合发酵生产菌体蛋白。这种技术充分利用了微生物间的相互作用（同生、互惠同生、共生、竞争和拮抗等多种关系），原料不需要严格消毒就可以直接用于接种培养，从而极大地简化了生产工艺，降低了生产成本。

接种的微生物主要是热带假丝酵母，这种酵母生长繁殖速度很快，代谢旺盛，能高效地把农副产品转化成菌体物质。

但是，与传统发酵工艺一样，发酵成品也需要干燥，否则容易腐败变质。另外，这种工艺的机械化程度较低，这也是传统固态好氧发酵的共同缺陷，需要较多人工用于物料的翻拌、散热等繁琐操作。

（二）固态厌氧发酵高活性生物饲料

对青贮饲料的分析如下：

有利因素：传统工艺，历史悠久，技术成熟。

限制因素：季节性强，原料必须新鲜；只能就地利用，基本不能远距离运输；开窖后必须在短时间内用完；目前仅限应用于反刍动物领域。

青贮饲料研究历史很长，有专门论著，笔者在此不再赘述，有兴趣的读者可以参考曹利军和韩鹏主编的《青贮饲料标准化生产技术》一书，书中针对生产实际提出了很好的技术方法，有很好的参考价值。

近年来，我国很多科研工作者提出了多种简便的微生物厌氧固态发酵生产技术。相对于好氧发酵，厌氧发酵的能耗低，微生物代谢产生的热量也要小得多，生产过程往往不需要翻拌、散热，且发酵产品只要密封得当，即使长期存放也不会腐败变质。

目前比较典型的固态厌氧发酵生物饲料的成功例子主要有两种：一种是适合于养殖户自产自用的袋装发酵饲料；另一种是属于规模化流水线生产的袋装发酵饲料。它们接种的微生物基本一致，主要有酵母菌、乳酸菌和芽孢杆菌。

适合养殖户自产自用的发酵袋是一种普通的密封包装袋，物料接种以后装入，再将袋口用绳扎紧，物料含水量在30～40%之间。开始时酵母菌消耗袋内残留氧气进行增殖和呼吸代谢，同时也为乳酸菌创造一个厌氧生活环境。然后，酵母菌在无氧条件下进行糖酵解，产生酒精和二氧化碳，乳酸菌也同时增殖、代谢，产生有机酸。随着袋内气压不断增加，不断有二氧化碳带着酒精和有机酸排出袋外，饲养员可以根据排出的酸香味来判定物料发酵的成熟度。

有氧发酵阶段：

$$C_6H_{12}O_6 + 6O_2 \rightarrow 6CO_2 + 6H_2O$$

无氧发酵阶段：

$$C_6H_{12}O_6 \rightarrow 2CO_2 + 2C_2H_5OH\text{(乙醇)}$$

在夏季，发酵3～5d就有明显酸香味；在冬季，时间需要延长。如果环境温度低于12℃，发酵就有可能归于失败。酵母在低温下长期代谢低下，不产生二氧化碳，使得外界氧气能长时间与接种的乳酸菌接触，会导致乳酸菌活力大减，甚至死亡。

事实证明，如果环境温度适宜，时间控制得当，采用上述袋装式“土办法”发酵，也可以获得质量很好的微生物发酵饲料，活性乳酸菌的含量能达到10亿cuf/g以上。在生猪配合饲料中添加15～20%，采食量能明显提高，最多能提高10%以上，而且增重速度和健康水平也有显著提高。

这种工艺虽然简便，但受限制因素太多，质量标准很难把握，实际推广有一定困难。

(三)可移动发酵技术

为了使这种袋装发酵技术进入工业化应用，发酵饲料的质量能得到有效保证，必须解决以下几个问题：发酵过程不受环境温度限制；产品质量不受存放时间限制，或者保质期能达到3个月以上；产品在储存和运输过程中不受外界空气干扰。

农业部饲料工业中心的微生物发酵饲料课题研究小组，联合北京市饲料监察所、国家肉类综合研究中心和国内近20多家饲料生产企业，经过近8年的反复试验，在总结吸收郭威烈先生倡导的微生物组合发酵、传统的坛式泡菜发酵和高分子硅胶膜气压自动平衡技术的基础上，发明了呼吸膜可移动式厌氧固态发酵饲料生产技术。

呼吸膜可移动式厌氧固态发酵饲料生产技术的方法是：

原料接种以后直接进入包装袋中，包装袋上附加一个可以调节气压的硅胶膜，封口后在常温下储存发酵。发酵过程不需要进行温度调节，也不受环境温度影响。发酵成熟所需要的时间随环境温度和物料组成变化，但是保质期不受时间限制，只要包装袋完好，保质期可以达到3年。

上述工艺很简单，如果以日产30t计算，设备投资不超过20万元，特别适合在我国农村推广使用。

本技术有如下独特特点：

①传统微生物发酵都是先做成产品，再包装。呼吸膜可移动式厌氧固态发酵工艺是把包装袋设计成小型发酵罐，采用先包装后发酵工艺的方法。

硅胶膜平衡装置创造性地解决了发酵生产过程中气体控制和杂菌污染等技术难题。在发酵过程中，微生物会产生二氧化碳等气体，使得袋内的气压大于外界常压。当袋内气压达到某一临界值时，气体通过这个硅胶平衡膜排到外界。但是外界的气体始终没有机会进入发酵体系，从而也就排除了外界的杂菌干扰。

②研制的特定的微生物菌种组合能使乳酸菌迅速繁殖，占据数量优势。巧妙综合了厌氧菌和好氧菌发酵的优点，原料不需要消毒就可以直接用于接种培养。

课题小组采用的生产菌种主要含有酿酒酵母、乳酸菌、芽孢杆菌。芽孢杆菌能高效地杀灭大肠杆菌、沙门氏菌和金黄色葡萄球菌等有害微生物，但是对乳酸菌和酵母菌的生长代谢没有影响。试验表明，即使每克原料中的大肠杆菌K88含量达到107次方数量级，在30℃发酵4d，大肠杆菌数量降低到5cfu/g以下。

③可以广泛利用豆渣、果渣、玉米浆和糖渣等高水分含量的农业和轻工副产物作为生产原料，生产技术实用，产品附加值高，保质期长，符合我国国情，特别适合在我国广大农村推广使用。

接种后发酵物料含水量在30～50%之间，蛋白含量在4.5～42.0%之间，操作弹性极大，可大比例使用廉价的玉米浆、豆渣和果渣等高水分含量的农业和轻工副产物，最大使用比例可以达到30%以上。成品也不需要干燥，与传统发酵技术相比具有很大的成本优势。

第四节　烘干粉碎工艺

一、烘干工艺

烘干(dry)，是指用某种方式去除溶剂保留固体含量的工艺过程。通常是指通入热空气将物料中水分蒸发并带走的过程。

(一)烘干设备

烘干设备类型很多。根据操作压力可分为常压和减压(减压烘干设备也称真空烘干设备)；根据操作方法可分为间歇式和连续式；根据烘干介质可分为空气、烟道气或其他烘干介质；根据运动(物料移动和烘干介质流动)方式可分为并流、逆流和错流。

(二)按操作压力

按操作压力，烘干设备分为常压烘干设备和真空烘干设备两类。微波面粉杀菌烘干设备在真空下操作可降低空间的湿分蒸汽分压而加速烘干过程，且可降低湿分沸点和物料烘干温度，蒸汽不易外泄，所以，真空烘干设备适用于烘干热敏性、易氧化、易爆和有毒物料以及湿分蒸汽需要回收的场合。

(三)按加热方式

按加热方式，烘干设备分为对流式、传导式、辐射式、介电式等类型。对流式烘干设备又称直接烘干设备，是利用热的烘干介质与湿物料直接接触，以对流方式传递热量，并将生成的蒸汽带走；传导式烘干设备又称间接式烘干设备，它利用传导方式由热源通过金属间壁向湿物料传递热量，生成的湿分蒸汽可用减压抽吸、通入少量吹扫气或在单独设置的低温冷凝器表面冷凝等方法移去。这类烘干设备不使用烘干介质，热效率较高，产品不受污染，但烘干能力受金属壁传热面积的限制，结构也较复杂，常在真空下操作；辐射式烘干设备是利用各种辐射器发射出一定波长范围的电磁波，被湿物料表面有选择地吸收后转变为热量进行烘干；介电式烘干设备是利用高频电场作用，使湿物料内部发生热效应进行烘干。

(四)按湿物料的运动方式

按湿物料的运动方式,烘干设备可分为固定床式、搅动式、喷雾式和组合式;按结构,烘干设备可分为厢式烘干设备、输送机式烘干设备、滚筒式烘干设备、立式烘干设备、机械搅拌式烘干设备、回转式烘干设备、流化床式烘干设备、气流式烘干设备、振动式烘干设备、喷雾式烘干设备以及组合式烘干设备等多种。

烘干控制:生物发酵饲料不同于其他烘干行业,满足基本的水分指标就可以。生物发酵饲料在烘干的过程中还要充分考虑烘干时间、烘干温度以及烘干过程中对营养物质的损坏程度。因此,生物发酵饲料的烘干过程控制很关键。为了尽最大可能地保留生物发酵饲料中的营养成分和生物活性成分。目前,行业内大部分人同意低温烘干的烘干方式,但是又要兼顾到成本和效率。因此,烘干设备的研发还需要进一步结合生物发酵饲料的实际进行不断的完善。

二、粉碎工艺

(一)粉碎设备

生物发酵饲料的粉碎包括两个部分,即发酵前的粉碎和发酵后的粉碎。一般来说,生物发酵饲料的终产品为湿态的,需要进行发酵前的粉碎,以便后续的应用过程有合适的粒度。发酵后的粉碎主要针对的是发酵结束进行烘干的产品,可以根据产品的特征进行不同粒度的粉碎,以方便使用和增加产品的商品属性。粉碎的设备很多,在生物发酵饲料领域应用的主要有锤片式粉碎机和超微粉碎机(图 3-11、图 3-12)。

图 3-11　锤片式粉碎机

图 3-12　超微粉碎机

(二)粉碎粒度

饲料粉碎粒度对饲料的消化利用和动物生产性能有明显的影响。适宜的粉碎粒度可显著提高饲料的转化率,减少动物粪便排泄量,提高动物的生产性能,但饲料粉碎过细又会造成不必要的加工成本,对饲养动物本身也不利。与在动物营养方面的研究相比,有关饲料粉碎加工对饲料营养价值、转化率、动物生产性能及饲料经济性的影响研究国内外的报道较少。因此,关于饲料的粉碎粒度,以及不同原料的粉碎粒度与动物营养的关系和生产性能的表现,还需继续研究和试验。

第五节　包装储存工艺

生物发酵饲料的包装和储存与传统的配合饲料相比要求更高,因为要充分考虑到发酵产品的品质稳定问题。因此好的包装和储存对生物发酵饲料产品来说尤其重要。好的包装可以降低生物发酵饲料漏袋率,减少运输损耗。包装袋的安全性影响了动物食用的安全程度。此外,包装袋还可以起到隔绝空气,降低饲料氧化,延长保质期的作用。

一、包装

生物发酵饲料的包装按照不同产品形式主要有湿料包装和干料包装,湿料包装大部分采用呼吸膜包装袋(也可做发酵袋)。在发酵前装入呼吸袋，发酵结束不再重新包装，只需增加外包装即可。干料的包装和普通饲料包装类似，但是为了更好地保护生物发酵饲料的活性成分，大部分采用双层包装袋来进行包装。此外，近些年为了降低饲料成本，一些大的养殖企业集团开始推广吨包和散装饲料运输车。但是这些方式的前提是必须能及时的将饲料消化掉(图 3-13、图 3-14、图 3-15)。

二、储存

温度、湿度、光线等外部环境的变化容易导致饲料发生氧化。此外，虫害、鼠害和饲料结块、霉变等原因都是生物发酵饲料在储存时需要注意的问题。昆虫除了咬食、污染饲料外，还会引起温度、湿度的提高。昆虫对温度的变化非常敏感，当温度在 15.5℃或以下时，它们繁殖很慢，甚至停止；当温度高达 41℃或以上时，也不易存在，最适宜昆虫繁殖的温度为 29℃左右。

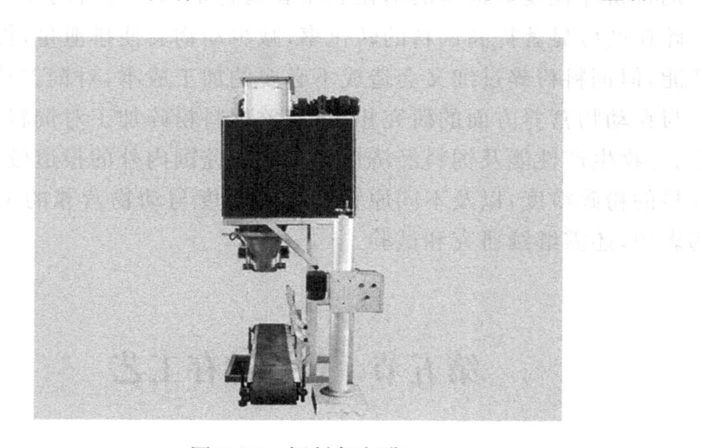

图 3-13　饲料打包称

图 3-14　饲料吨包

图 3-15　散装运输车

(1)湿度　随湿度的提高,霉菌迅速繁殖,使仓库中的温度及湿度均提高,随之霉味及酸味相继出现,湿度以控制在 65%以下为宜。

(2)光线　饲料或养分常因光线而发生变异或因光线而加速其变化,光线对饲料变化具有催化作用。光线会引起脂肪氧化,破坏脂溶性维生素,蛋白质也因光线而发生变性。

(3)氧气　大气中的氧能使脂肪氧化,影响蛋白质生物价值及破坏某些维生素,不仅影响养分,并降低适口性。

(4)微生物　霉菌、细菌、酵母菌均可能因环境变化而迅速繁殖,降低原料的利用性,还可能产生毒素而引起中毒。

因此,基于以上几个储存要素,生物发酵饲料的仓储管理要做到阴凉、通风,经常翻仓,定期杀鼠灭蝇等。

第四章　生物发酵饲料产品

第一节　生物发酵饲料产品概述

一、生物发酵饲料产品的概念

生物发酵饲料是一种环保、绿色的新型饲料，它主要利用廉价的农业和轻工副产物生产高质量的饲料蛋白原料，同时获得高活性的有益微生物及菌体蛋白。生物发酵饲料产品是通过发酵获得的一类饲料产品的总称，它是以微生物、复合酶为生物饲料发酵剂菌种，降解部分多糖、蛋白质和脂肪等大分子物质，将植物性、动物性脂肪等大分子物质，分解成有机酸、可溶性多肽等小分子物质，同时将抗营养因子分解或转化，最终形成微生物菌体蛋白、生物活性小肽类氨基酸、微生物活性益生菌、复合酶制剂为一体的饲料或者饲料原料。对发酵饲料的研究是目前动物营养学研究的重点，也是开发新型绿色饲料的主要发展方向。

二、生物发酵饲料产品的分类

目前生物发酵饲料产品并没有统一的分类方法，按照发酵的饲料的来源、原料的组成以及发酵工艺的的不同，大致分为发酵饼粕、酵母培养物、发酵果渣、发酵白酒糟、青贮饲料、发酵粗饲料。中华人民共和国农业部公告第 2038 号于 2013 年 12 月 19 日公布。内容概述为：依据《饲料和饲料添加剂管理条例》，我部组织全国饲料评审委员会对部分饲料企业和行业协会提出的《饲料原料目录》（以下简称“《目录》”）修订建议进行了评审，决定将大豆磷脂油粉等 8 种饲料原料增补进《目录》，对豆饼等 8 种原料的名称或特征描述进行修订，将酿酒酵母培养物等3种产品从《饲料添加剂品种目录》转入《目录》。至此，关于生物发酵饲料的目录产品主要有：发酵豆粕、发酵棉籽蛋白、发酵果渣、酿酒酵母培养物、酿酒酵母发酵白酒糟。

三、生物发酵饲料产品的特点

生物发酵饲料产品具有如下特点：生物发酵饲料具有脱毒作用，多数情况下微生物的代谢产物可以降低饲料中毒素含量，例如发酵饲料可以降低豆粕、棉籽饼粕中的抗营养因子的含量，降低发霉饲料中霉菌毒素对动物的毒害作用。

生物发酵饲料改变饲料的品质，产生促生长因子，微生物可以分解品质较差的植物性或动物性蛋白质，合成品质较好的菌体蛋白，如产生活性肽、寡肽、有机酸等，不同的菌种发酵饲料后所产生的促生长因子含量不同，这些促生长因子主要有有机酸、B族维生素和未知生长因子等等。

降低粗纤维：一般发酵水平可使发酵基料的粗纤维含量降低12～16个百分点，增加适口性和消化率。发酵后饲料中的植酸磷或无机磷酸盐被降解或析出，变成了易被动物吸收的游离磷。

降低饲料成本，改善动物健康品质：生物发酵饲料具有价格低、营养成分高、适口性好、易被动物采食、消化、吸收，营养物质利用率高、抗生素使用少、调节动物体内的微生态平衡，防止腹泻，增进动物健康等优点。

随着发酵技术路线的不断优化、发酵设备的不断完善，利用杂粮、杂粕和农副产品下脚料、食品工业下脚料来生产新型饲料。充分补充的补充饲料原料，同时发酵饲料将成为养殖户的新的饲料的选择，并能更好地为养殖业的健康和可持续发展提供有力的保障。本章主要介绍在生产上广泛应用，或者具有巨大的应用前景的生物发酵饲料产品。

第二节 发酵饼粕

饼/粕类饲料是油料作物籽实被榨取油脂后的副产品，富含丰富的蛋白质，在我国产量巨大，是重要的蛋白饲料原料，但是饼粕中的一些抗营养因子限制了其广泛应用，造成了目前我国饲料行业蛋白质原料严重短缺的现状。利用生物发酵技术生产饼粕发酵饲料，可以降解饼粕中的抗营养因子，提高饼粕的消化率和营养成分。下面以豆粕的发酵为例进行讲解。

一、发酵豆粕概述

发酵豆粕指是通过现代生物发酵技术对豆粕进行发酵处理后将豆粕转化为优质蛋白质饲料原料。发酵豆粕产品是国际研究开发热点，正处于发展阶段，技术和产业化水平在国际上以丹麦最为突出[1]。我国在这方面的研究始于上世纪九十年代末，目前仍处于大规模产业化的初期，国内已有几十家企业生产发酵豆粕，但品质参差不齐，也没有统一标准。饲料企业在选择产品上缺乏科学的依据，缺少评价体系，用户缺乏参考依据，因此制定发酵豆粕行业标准已成为必要[1]。

发酵过程中可产生蛋白酶、非淀粉多糖酶和植酸酶等多种活性物质，同时消除豆粕中的胰蛋白酶抑制剂、植酸、大豆凝血素、脲酶、低聚糖、脂肪氧化酶、大豆抗原蛋白(致敏因子)及致甲状腺肿素等多种抗营养因子，把大分子量的大豆蛋白质分解为多肽，寡肽、甚至小肽，从而增加水溶性，提高消化率，有利于动物消化吸收并将纤维类物质分解为糖。部分糖被转化为乳酸，产生大量有益微生物，菌体蛋白，使豆粕转化成高营养价值的具有多种功能的饲料。

豆粕一般呈不规则碎片状，颜色为浅黄色至浅褐色，味道具有烤大豆香味。发酵豆粕产品众多，因豆粕原料的质量、发酵的菌种、发酵时间、发酵的水分含量的不同以及发酵工艺的差异，不同的发酵产品质量不一，即使是一个厂家的各批次产品质量也存在差异。一般情况下豆粕维持一定的温度经过发酵、干燥后颜色变深，发酵豆粕的颜色较普通豆粕颜色深，国内外优质的发酵豆粕皆为棕黄色，品尝略有酸涩味，有很强且愉快的发酵酸香气，无氨臭，能够诱导和促进动物的采食，为优质的蛋白质饲料，可直接饲喂动物[1]如果颜色浅而与豆粕一致，有可能发酵程度不够或掺入其他浅色蛋白原料。

二、发酵豆粕营养特性

1. 常规营养成分得到改善

通过大量的实验，与常规豆粕相比，发酵豆粕常规营养中的总能含量基本稳定，粗蛋白、粗脂肪和粗纤维的含量降低，而水分和粗灰分的含量提高，发酵豆粕的总能和常规成分如表 4-1 所示。在利用枯草芽孢杆菌和米曲霉混合对氨基酸含量测定中[2]，发酵后氨基酸的种类没有变化，总体有较大的提高；蛋氨酸是豆粕中的第一限制性氨基酸，发酵后提高了 1.8 倍；除丝氨酸和精氨酸稍有下降外，其余氨基酸均有不同程度的增加。对不同厂家的发酵豆粕的对比：8 个省区、8 个厂家的无霉变、无污染的发酵豆粕成分分析，发酵豆粕的水分、灰分、粗蛋白、钙、磷含量分别为 8.99±1.24、6.66±0.40、51.04±2.21、0.34±0.03 和 0.64±0.02，水分、灰分和粗蛋白的差异大些，而钙磷的差异较小[3]。

表 4-1 普通豆粕与发酵豆粕的常规成分对比

项目	豆粕	发酵豆粕
总能(kJ/g)	19.49±0.01	19.51±0.08
水分(%)	9.80±0.07	14.83±0.14
粗蛋白 CP(%)	50.19±0.23	48.91±0.33
粗脂肪 EE(%)	2.82±0.05	2.30±0.17
粗灰分 Ash(%)	6.08±0.02	6.27±0.02
粗纤维(CF)	5.60±0.09	4.90±0.06
钙(mg/g)	3.03±0.03	3.16±0.07
磷(mg/g)	6.32±0.01	6.78±0.01

发酵能够提高豆粕中蛋白质含量。发酵处理过程中，微生物大量增殖，将豆粕培养基中的非蛋白氮、培养基无机氮(尿素)及抗营养因子等各种物质分解利用转化为营养价值高的自身菌体蛋白。菌体蛋白一方面增加了豆粕中蛋白质水平，另一方面它优于植物蛋白，因此改善了大豆蛋白质的营养品质。另外，微生物代谢过程中的一些产物可以降解大分子蛋白(包括抗营养因子)，使豆粕中氨基酸含量增加和组成改善。研究表明，大豆原料经酵母菌发酵后总蛋白含量提高了 5%～7%，而且植物蛋白体发生转化，由单纯的植物性蛋白转化为生物效价高的蛋白质，产品酶含量增加。豆粕经少孢根霉 RT-3 发酵后，必需氨基酸指数(EAAI)提高了 19%，蛋白质效率(PER)提高了 38%，游离氨基酸总量增加近 15 倍。豆粕的赖氨酸、蛋氨酸和苏氨酸含量分别比发酵前提高了 16.28%、56.41%和 17.01%，17 种氨基酸总量提高了 6.58%。同时酵母发酵能有效改善豆粕中的氨基酸组成，提高豆粕中必需氨基酸的实际含量，相应提高了豆粕饲料的蛋白质品质及饲用价值。固态发酵后的产品经检测，其蛋白质含量几乎都较先前有了提高，这主要是因为在发酵过程中，酵母的呼吸作用消耗了部分有机物料(释放出 CO_2 和 H_2O)，使产物总量减少，蛋白质含量相对提高，出现了蛋白质

的“浓缩效应”；还有部分增加的蛋白质是酵母菌体含有的蛋白质和发酵过程中硫酸铵经由酵母转化生成的，是发酵产品蛋白质含量提高的真正有意义的部分。

2. 富含多种生物活性因子

除蛋白质外，发酵后豆粕中的其他营养也得到明显改善。通过微生物的发酵降解，将大豆蛋白质分解为具有特殊功能的营养小肽，较大豆蛋白更易消化吸收，能迅速供给机体能量，且无蛋白质变性，能够除去豆腥味，产生母体蛋白所没有的生物活性。小肽能赋予产品特殊生理活性，如促生长、调节免疫、抗菌、抗病毒、催乳、抗氧化、刺激食欲、促进矿物质吸收和抗肿瘤等。微生物代谢产生蛋白酶、淀粉酶、纤维素酶等各种消化酶，可促进豆粕中蛋白质和一些多糖类物质的降解，提高动物消化率。发酵还能降低粗纤维含量，微生物可以利用豆粕中的纤维素，使豆粕基料粗纤维含量降低。

豆粕发酵后，其中的 Fe、Zn 等金属元素含量也有所增加。通过分解植酸磷等发现，微生物发酵过程中将豆粕原料中的无效矿物质，分解转化为动物可直接利用的矿物质，从而降低饲料配方中矿物质的添加量。如利用宇佐美曲霉(Aspergillus usamil)发酵大豆粕，发酵后植酸全部被降解，磷的吸收利用率明显提高。

发酵豆粕富含多种生物活性因子，豆粕发酵中产生的益生菌和乳酸，一方面能抑制肠道中有害菌的繁殖，另一方面促进动物消化，改善动物小肠机能，可以减少仔猪等幼畜酸化剂的用量。大豆中的异黄酮主要以异黄酮糖苷形式存在。异黄酮不仅是豆科类主要色素，而且具有预防心血管性疾病、抗癌和肿瘤效应、抗氧化性等多种生物学活性。发酵处理可以显著提高豆粕中具有活性异黄酮的含量，大豆平均含 0.12%～0.42%总异黄酮，其中 99%的异黄酮通过 β-葡萄糖苷键以糖苷的形式存在。大豆制品在发酵过程中，由于一些发酵的微生物能够分泌 β-葡萄糖苷酶，作用于异黄酮糖苷，使糖苷几乎完全水解为异黄酮甙元，将异黄酮糖苷转化为游离的异黄酮甙，从而有利于动物小肠上端的吸收。微生物代谢物中还有对动物有直接营养作用的未知生长因子、维生素、有机酸等，对促进营养物质消化，提高动物免疫机能有积极意义。

3. 抗营养因子含量大大降低或完全消除

抗营养因子是指对饲料中营养物质的消化、吸收和利用产生不利影响以及使人和动物产生不良生理反应的物质。大豆中的抗营养因子包括蛋白酶抑制剂(protease inhibitors)、大豆凝集素(SBA)、过敏反应蛋白(antigenjc protein)、脲酶(UA)、非淀粉多糖(NSP)、植酸(phytic acid)、单宁、大豆寡糖、大豆皂甙、致甲状腺肿因子、生氰糖甙等,其中蛋白酶抑制因、大豆凝集素、过敏反应蛋白、脲酶为主要的抗营养因子。发酵豆粕不仅能增加豆粕的营养,同时发酵豆粕能够消除豆粕中的抗营养因子,实验表明,多菌种混合发酵法发酵豆粕,在适宜条件下可完全分解去除豆粕中的胰蛋白酶抑制剂,且对饲料营养成分的不良影响较小,并能使营养物质更易被动物吸收。

微生物发酵法降解豆粕中抗营养因子的主要途径是:一发酵过程微生物的大量繁殖消耗利用非蛋白类抗营养因子(如植酸、低聚糖、致甲状腺肿素等),二微生物分泌一些蛋白酶对豆粕中的蛋白类抗营养因子进行降解(如大豆抗原蛋白、胰蛋白酶抑制剂、大豆凝集素、脲酶、脂肪氧化酶)。发酵后豆粕胰蛋白酶抑制因子、脂肪氧化酶、大豆凝血素和致甲状腺肿素都能被较完全降解,发酵作用能将豆粕胰蛋白酶和尿素酶分解成蛋白质和氮,增强了畜禽和水产动物的消化和免疫机能。大豆蛋白中大多数抗营养因子的分子质量集中在35~600kD,发酵处理后43kD以上的大分子蛋白质大部分被降解,20~43kD的大分子几乎全部被降解为14.4kD以下[16],这表明微生物发酵法确实能够降解豆粕中的大部分抗营养因子。其中,实验通过米曲霉(*Aspergillus Ory-zae*)3.042(产蛋白酶菌),能完全消除胰蛋白酶抑制因子,宇佐美曲霉(*Aspergillus usamil*)能够完全降解豆粕中的植酸。表4-2是通过测定优质豆粕和豆粕经过实验发酵处理后的抗营养因子的含量,对比优质豆粕与发酵豆粕产品中抗营养因子含量,从表中数据,可以看出发酵豆粕能够除去豆粕中大部分的抗营养因子。

表4-2 优质豆粕与发酵豆粕产品中抗营养因子含量对比

项目	优质豆粕(mg/g)	发酵豆粕(mg/g)
胰蛋白酶抑制因子	10~15	≤1
大豆凝血素	1.93~7.58	—
不良寡糖	5~20	<0.9
致甲状腺肿素	165.59	<0.02
大豆球蛋白	400	<0.02
β-大豆伴球蛋白	155	<0.01
脲酶活性	0.4	<0.02
脂肪氧化酶相对活性	98	—
植酸	10.60	—

而在近期文献报道中,从市场调查中抽取的 65 批次豆粕和 54 批次发酵豆粕经检测分析,结果表明发酵豆粕所含的不同种类的抗营养因子的量比豆粕低,但不乏部分发酵豆粕中抗营养因子含量居高的现象,可能是加工程度、发酵工艺、大豆品种的问题。根据研究结果,豆粕中抗营养因子含量基本与现有研究结果相符,但发酵豆粕中抗原蛋白的含量居高,表明现在的发酵工艺对胰蛋白酶抑制因子、低聚糖、脲酶的钝化水平高于对抗原蛋白的消除水平。此外,不同的发酵豆粕中同种抗营养因子含量差异较大,部分产品的抗营养因子含量与豆粕相当,因此发酵工艺、豆粕质量是影响发酵后抗营养因子钝化程度的重要原因。

4. 适口性改善

微生物发酵豆粕过程中不仅能够分解大分子蛋白质为小分子蛋白、小肽和氨基酸,而且能够改变具有苦味的小肽原有的结构。同时小肽分子间也会发生重排或者移位,最终获得口感较佳的饲用产品。

5. 安全且无污染

与其他加工工艺相比,微生物发酵豆粕无污染物质的残留、无需消耗化学试剂,发酵过程安全可靠;与动物蛋白饲料相比,微生物发酵豆粕价格较低且品质恒定,运输储存便捷、安全可靠、不易受到污染且原料来源较稳定。

三、发酵豆粕品质的影响因素

1. 菌种对发酵豆粕的影响(单因素,组合效应,拮抗作用):

菌种在发酵过程中有着关键性地位,菌种的性能好坏与发酵豆粕品质的优劣有着直接的联系。因此,筛选菌株以以下条件为标准:

(1)能产生蛋白酶,分解大分子蛋白,在豆粕中能够稳定存在;

(2)菌种具有安全性;

(3)生长、繁殖和遗传稳定,并且能够长时间地维持其性能不变;

(4)对其他菌株没有拮抗作用;

(5)环境的适应能力强。

与其他加工工序相比,微生物发酵价格经济、操作简便,在新饲料资源开发中占有重要地位。1989 年美国食品药物管理局(FDA)和美国饲料公定协会(AAFCO)公布了 44 种可直接饲喂且通常认为是安全的微生物作为微生态制剂的出发菌株。2013 年我国农业部公布了地衣芽孢杆菌、植物乳杆菌、枯草芽孢杆菌、干酪乳杆菌等 34 种饲用微生物。根据相关资料，发酵常用的菌种有:霉菌、酵母菌、枯草芽孢杆菌、乳酸菌。

单菌或多菌种组合发酵豆粕已取得了一定进展,其中,多菌种组合发酵可以弥补单菌发酵的劣势和不足,协同产生较优的发酵效果。通过多菌种的混合发酵,对于单一菌种发酵更有利于抗原蛋白的降解和营养成分含量的提高,发酵剂的种类包括细菌类和真菌类:细菌类主要有芽孢杆菌、乳酸菌;真菌类主要有酵母菌和霉菌。利用微生物之间的相互作用以及它们之间的互补关系,两种或两种以上的微生物进行混合发酵,常可以获得好于单一菌种发酵豆粕的发酵效果。通过发酵后抗营养因子的消除情况、营养物质的产生及保留情况、对动物生产性能的影响情况等指标对混合菌种的发酵结果进行评定。有实验结果显示,酵母菌与乳酸杆菌混合发酵可以降低抗原蛋白及多种寡聚糖的含量;丝状真菌与乳酸杆菌混合发酵可以显著降低抗营养因子含量;米曲霉与乳酸杆菌混合发酵可以提高营养物质的含量及质量;枯草芽孢杆菌与酵母菌混合发酵可以提高粗蛋白及小分子蛋白质含量,显著降解大分子抗原蛋白;真菌与细菌混合发酵可以降低仔猪的腹泻率,提高成活率及料重比。多种实验研究结果表明,通过混合菌种发酵的形式发酵豆粕具有较好的发酵效果。

2. 发酵工艺对发酵豆粕的影响

目前我国发酵豆粕的生产工艺五花八门,从简单的手工批次操作到复杂的自动化连续流水线生产,应有尽有,发酵剂的剂型主要有液体和固体两种。一般来说,大多数纯培养的发酵剂采用液体剂型,菌种的生产是从保存斜面,菌种活化、三角瓶、小型种子罐到大型种子罐,然后用于生产性接种。液体剂型的发酵剂比较适用于批量式生产。固体剂型的发酵剂主要是曲种,按传统固体制曲技术制作。固体剂型的发酵剂适用于连续发酵生产线使用。固态发酵几乎没有或者没有自由水,是以固态基质为主的发酵方式。固态发酵时不需要在严格无菌条件下。在我国,豆粕的固态发酵一般采用深层和浅层发酵两种发酵模式。不管什么发酵方式,发酵工艺对发酵豆粕的品质影响主要集中在发酵时间、发酵温度、含水量、氧气的含量等几个方面。

(1)浅层发酵　浅层发酵豆粕厚度为 10cm 以下,为好氧发酵。如果豆粕堆积过高,则会影响其通气性,不利于氧气由外向内进行扩散。浅层发酵一般发酵效果较佳,但是占地面积大、所需生产空间较大,难以进行机械化的生产。

(2)深层发酵　深层发酵豆粕厚度为 30cm 以上,深层发酵可以分为箱式发酵、槽式堆积发酵、池式堆积发酵和地面试堆积发酵。其发酵类型可以分为厌氧发酵和前期好氧、中期与后期兼性厌氧两个过程。前期的好氧阶段,好氧菌株产生的酶类,分解大分子营养物质和降解抗营养因子;中后期兼性厌氧发酵阶段一般为乳酸菌产酸阶段,降低环境的 pH 值,抑制杂菌的生长、改善发酵豆粕的风味。

固态发酵的优势主要有:

①培养基多来源于天然基质,简单易得;

②技术简便易行,投入资金少,能耗低;

③产物产率较高;

④对环境基本无污染,如无污水、废水的排放。

四、发酵豆粕的饲用价值

目前,我国的动物源性蛋白饲料十分短缺,严重限制了我国畜牧业及水产养殖业的发展。寻找到可以替代动物源性蛋白饲料的植物源性蛋白饲料为解决这一现状提供了新的思路,为目前广泛研究的热点问题。豆粕以其广泛的来源及丰富的营养价值成为目前最受关注的植物源性饲料之一。对豆粕的进一步加工研究及对其营养成分的更全面的分析已成为缓解饲料短缺问题的有效途径。发酵豆粕能消除豆粕中的抗营养因子,为养殖和饲料企业提供了优质的蛋白饲料,也为获得可以取代鱼粉等动物源性饲料的植物源性饲料奠定了基础。其中发酵豆粕与常规蛋白质饲料的比较如表 4-3、表 4-4 所示。

表 4-3　发酵豆粕与常规蛋白质饲料的比较

发酵豆粕	常规蛋白质饲料
多数营养物质可在胃肠道中直接吸收	营养物质必须经过消化过程变成低分子和可溶性物质才能被吸收
低过敏源性产品	含有大分子蛋白质及各种抗原性物质,容易引起肠道过敏反应
去除原料中的抗营养因子,充分挖掘饲料中的营养价值,节约原料成本,提高养殖效益	还存在多种抗营养因子,不利于养分吸收和动物健康,环境污染较严重

表 4-4　发酵豆粕与普通豆粕、膨化豆粕比较

项目/种类	豆粕	膨化大豆	发酵豆粕
工艺	压榨/浸提	热加工	发酵、酶解
粗蛋白(%)	44	36	50
粗纤维(%)	6～7	5	5
粗灰分(%)	6.5	5	6
酸碱度	7.0	7.0	4.0～4.8
细胞壁破裂	没有破壁	部分破壁	100%破壁
小分子蛋白含量(%)	11.0	9.0	22
胰蛋白酶抑制剂	5～10mg/kg	5～20mg/kg	1mg/kg
脲酶(mg/kg)	0.4	/	<0.02
棉子糖水苏四糖	12～15	9～12	<0.05
大豆球蛋白(ppm)	高	高	<10
半球蛋白(ppm)	高	高	<1
外源凝集素(ppm)	100～300	100～300	<1
气味	豆腥味	豆腥味	发酵香味
颗粒度	大颗粒	大颗粒	细粉
流散性	中等	不好	佳

五、发酵豆粕各项指标检测方法与标准

发酵豆粕各项指标检测方法与标准：

1)水分、粗蛋白、粗脂肪、粗纤维、灰分、钙和磷的分析方法全部采用国标法。

2)总有机酸测定采用氢氧化钠滴定的方法和乳酸测定采用气象色谱。

3)pH 的测定采用玻璃电极 pHS－3C 型 pH 计测定。

4)可溶蛋白的测定方法。

5)小肽含量的测定。

1. 水分的测定

水分测定直接参见国标。

测定完水分后的样品需要测定其中的总有机酸的含量，其数值为 A，并

计算有机酸的挥发量。

水分含量的计算时应当扣除这部分有机酸的挥发量，否则会出现水分超标现象。

2. 总有机酸检测

试剂：NaOH 标准溶液（邻苯二甲酸氢钾标定）、酚酞指示剂

仪器：磁力搅拌器、离心机

方法：

（1）取发酵后鲜样品 15g 置于 150ml 烧杯中，加入溶于 100ml 去离子水，在磁力搅拌器上浸提 30min。

（2）取部分浸提样离心 10min（3000r/min）。

（3）取上清液 15ml，加 30ml 去离子水稀释（以消除底色的影响），加酚酞指示剂 4 滴，用 0.1mol NaOH 标准溶液滴定，并记录到终点消耗 NaOH 体积。（终点到溶液呈现粉红）

计算

$$乳酸(\%) = N(\text{NaOH}) \times V(\text{NaOH}) \times 0.09008/15 \times 115/15\text{g}$$

式中，$N(\text{NaOH})$——NaOH 标准溶液的浓度；

$V(\text{NaOH})$——消耗 NaOH 标准溶液体积；

0.09008——乳酸的毫克当量；

0.1mol 氢氧化钠的配制与标定。

（1）配制：称取 9.6g 氢氧化钠，溶于 100ml 水中，摇匀，注入聚乙烯容器中，密闭放置至溶液清亮。用塑料管虹吸 5ml 的上清液，注入 2000ml 无二氧化碳水中（将去离子水煮沸 5min 后冷却），摇匀。

（2）标定

称取 0.67g 于 105～110℃烘至恒重的基准的邻苯二甲酸氢钾，准确至 0.0001g，溶于 50ml 的无二氧化碳水中，加 4 滴酚酞指示剂（0.1%），用配制好的氢氧化钠溶液滴定至溶液呈粉红色，同时作空白试验。

（3）计算　氢氧化钠标准溶液的浓度按下式计算：

$$c(\text{NaOH}) = m/(V_1 - V_2) \times 0.2042$$

式中，$c(\text{NaOH})$——氢氧化钠标准溶液之物质的量的浓度，mol/L；

V_1——滴定用邻苯二甲酸氢钾之用量，ml；

V_0——空白试验氢氧化钠溶液之用量，ml；

m——邻苯二甲氢钾之质量，g；

0.2042——与 1.00ml 氢氧化钠标准液[c(NaOH)＝1.000mol/L]相当的以克表示的邻苯二甲氢钾之用量。

0.1%酚酞指示剂的配制：称取 1.000g 酚酞，溶解与 100ml 95%的试剂酒精中，混匀即得。

3. 乳酸测定

称取样品 10g 于 50ml 的烧杯中，移取 30ml 去离子水，在磁力搅拌器上搅拌 30min，在 3000r/min 离心 10min，取上清液利用气相色谱或液相色谱测定乳酸含量。

4. pH 的测定

称取样品 10g 于 50ml 的烧杯中，移取 15ml 去离子水，搅拌 30min，用 pHS-3C 型 pH 计测定溶液的 pH。或者用精密 pH 试纸测试。

5. 可溶性蛋白的测定

根据 AOCSBa11-65 测定蛋白质溶解指数的方法：称取 20g 样品于 300ml 的匀浆杯中，量取 50ml，37＋1℃的去离子水于匀浆杯中，将匀浆杯放在 37℃的水浴中，浸泡搅拌 5min，在内切式组织匀浆机上匀浆 10min，从匀浆杯中取出浆液移入 600ml 烧杯中，待浆液分层后，移出 40ml 上清液注入 50ml 离心管中，并在 2700r/min 的转速下离心 10min，移取 15ml 上清液于凯氏烧瓶中，测定上清液中蛋白质含量和样品总蛋白含量，计算溶解可溶性蛋白质的数量。

6. 小肽含量测定方法——三氯乙酸(TCA)法

三氯乙酸法的原理是利用大分子的蛋白质在 TCA 溶液中沉淀，除去酸不溶蛋白质，然后测定酸溶蛋白含量。国外大量资料表明在蛋白质酶水解的研究中测定水解度，通常在酶解液中加入 TCA 溶液，是为水解的大分子蛋白质沉淀，而与小分子的酸溶蛋白成分，即肽类和 FAA 离开，测定酸溶蛋白占总蛋白的含量，求得水解度，即酸溶蛋白占总蛋白的百分比。

第三节　发酵棉籽蛋白

一、发酵棉籽蛋白简述

棉籽粕主要是以棉籽为原料，使用预榨浸出或者直接浸出法去油后所得产品，棉籽榨完油后剩下的残渣做成的饼，直接用浸出法去油后称为粕。我国是世界上最大的棉籽生产国，其产区主要集中在河南省、河北省、湖南省、湖北省、安徽省、江苏省和山东省等长江中下游地区以及南疆地区、黄河流域。我国每年可产棉籽800多万t，经压榨后的棉籽饼粕就有400多万t。

发酵棉籽蛋白是指利用微生物在原料培养基中生长繁殖产生的酶类，如蛋白酶、纤维素酶、脂肪酶、果胶酶等，将棉粕中的FG分解或者与棉粕中的蛋白质、氨基酸、脂肪酸等形成没有毒性的物质，从而达到脱毒的目的，提高营养价值。

利用微生物发酵其特点有以下几点：

①成本低，投资少，无需昂贵设备、化学添加剂等；无残留，脱毒效果佳；发展前景好。

②通过发酵可以增加棉粕中活菌数，如乳酸菌、芽孢杆菌、酵母菌等，有利于维持动物肠道平衡，提高动物免疫力，减少抗生素的使用。

③发酵过程中可产生大量酶类，将大分子的蛋白质降解为小分子的蛋白质以及小肽、氨基酸等物质，提高饲料吸收率；同时发酵过程中也会产生芳香酸类的香味物质，提高饲料适口性，刺激动物食欲，增大采食量。

④微生物发酵法不仅能够去除FG，对于单宁、PA、CPFA等抗营养因子也有一定的去除作用。微生物发酵不仅能够使游离棉酚有效脱毒，去除其他抗营养因子，而且改变了棉粕的营养成分，有效提高粗蛋白的含量，降低棉粕中纤维素含量。

利用黑曲霉PES固态发酵棉粕，指出粗蛋白含量提高10.92%，必需氨基酸赖氨酸、蛋氨酸、苏氨酸都有所增加，分别提高12.73%、22.39%和52.00%；发酵后棉粕的干物质、蛋白质和氨基酸等养分体外消化率也明显提高，其中粗蛋白、赖氨酸、蛋氨酸和苏氨酸的体外消化率分别提高了13.11%、15.17%、27.07%和12.90%。从霉变棉粕中分离出两株酵母菌两株霉菌，能够高效降解游离棉酚，脱毒率均在70%以上。必需氨基酸含量均显著提高，尤其是蛋氨酸、赖氨酸、精氨酸的提高更为明显。

二、棉粕的营养价值及缺陷

棉籽饼粕是一种优质的植物性蛋白饲料，来源广泛、营养丰富、价格低廉，与大豆饼粕的比价有一定地域差异。棉籽饼粕富含维生素B族中硫胺素，磷含量在1.0%以上，钙则低于0.03%，赖氨酸含量较低。棉籽饼中的蛋白质是一种植物性蛋白质，其含量约占33.21%～45.09%，可与豆粕相媲美；同大米和小麦相比，蛋白质含量高出5.8倍。另外棉籽饼水解后，可得到17种氨基酸，是畜牧业生产中物美价廉的蛋白质来源。但是由于它含有棉酚，因而影响其饲用量，致使其在蛋白饲料原料中所占的比例并不是很高。

棉籽中的蛋白质含量随品种和种植条件不同而不同。棉粕是棉籽经过脱壳、压榨去油后的副产物，含有丰富的蛋白质，棉粕蛋白(Crude protein，CP)含量一般在38%～50%之间。微生物同态发酵植物饼粕的研究证明，其在饲料工业中是一种仅次于豆粕的植物蛋白饲料。但是氨基酸含量不均衡，赖氨酸含量低仅为1.65%，蛋氨酸含量0.53%，精氨酸含量较高为4.65%～4.98%。棉粕中B族维生素含量较高，钙少磷多，但磷多属于植酸磷，利用率很低。棉籽中的蛋白质按超速离心方法可以分成低分子量2S清蛋白、中分子量7S球蛋白、高分子量11S球蛋白和多聚分子量18S蛋白组成。分子量较小的清蛋白富含生物活性物质和短肽，球蛋白的分子质量220～240kDa，18S蛋白组分是分子量大于500kDa的多聚蛋白质。棉籽高分子量蛋白质有6个亚基，含有大约0.5%的多聚糖蛋白，在蛋白质分子折叠结构中，起到连接亚基的作用，并能阻止蛋白质水解。但是棉粕中的游离棉酚(Free gossypol，FG)含有一定毒性，可以导致鸡、猪等家禽家畜中毒，降低生殖能力。由于这种抗营养因子的存在使得棉粕这种蛋白质资源得不到充分的利用，因此，棉粕中还存在多种抗营养因子，如植酸、单宁、环丙烯脂肪酸等。

三、棉粕中主要抗营养因子以及作用机理

(1)棉酚(gossypol) 俗称棉毒素，最早是由英国化学家Longmore从棉籽中分离出的黄色的色素物质，其分子式为$C_{30}H_{3008}$(结构式见图4-1)有三种互变异构体。棉酚极易溶于甲醇、乙醇等多种有机溶剂，难溶于甘油、环已烷、苯，不溶于低沸点的石油醚和水，对光、热、碱不稳定，易被分解和氧化。棉粕中，棉酚含量约占其干物质量的0.03%～2.0%，以结合棉酚(BG)和游离棉酚(FG)两种状态存在。结合棉酚是指棉酚与氨基酸、磷脂以及其他物质的螯合物，不易被动物肠道吸收，可经粪便排出，对动物几乎没有毒害作用；游离棉酚具有活性羟基和活性醛基，可与酶以及其他蛋白质结合，破坏生物活性成分，导致动物组织器官发生病理变化，毒性较大。游离棉酚能与铁、锌等矿质元素结合，造成营养成分损失，引起动物缺铁性贫血，还能引起雄性动物的繁殖障碍，GB 13078—2001也规定了游离棉酚在各种饲料中的安全使用量。

(2)环丙烯类脂肪酸(cyclopropenoid fatty acid，CPFA) 主要存在于全棉籽中，有苹果酸(setrculic acid)和锦葵酸(malvac acid)两种形式。CP-

FA 主要对禽类的蛋白质及生理产生不良影响,可改变卵黄膜通透性,提高蛋黄 pH,降低蛋白 pH,使蛋黄中的铁离子透过卵黄膜转移到蛋清中,与清蛋白结合形成红色复合物。此外,还可以是蛋黄变硬,加热形成"海绵蛋"。CPFA 还可改变脂肪代谢和脂肪酸组成,导致肝细胞坏死、糖原沉积不正常、胆管增生以及纤维化等病变。

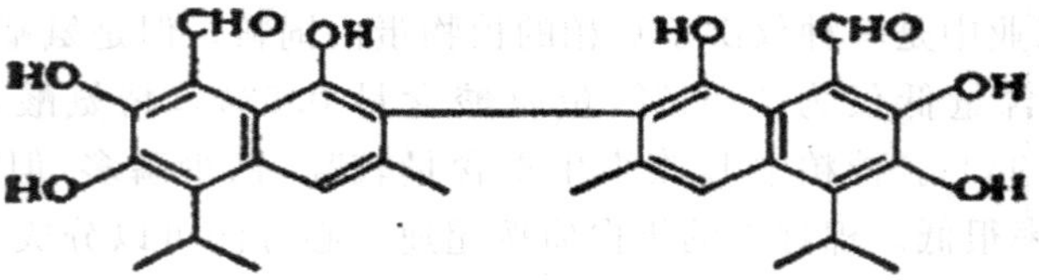

图 4-1　棉酚结构图

(3)植酸(phytic acid,PA)　又称为肌醇六磷酸,是一种 70 年代以来逐渐被关注的抗营养因子,广泛存在于植物的种子中,如大豆、棉籽、油菜籽以及饼粕中。植酸是一种强螯合剂,能络合动物体内的锌离子、铁离子等微量元素,形成络合物,降低营养物质的溶解,阻止物质的吸收。因此,动物食用后会出现疲劳、厌食、生长机能衰退等缺锌症状。棉粕中的植酸多以植酸磷的形式出现,饲料中的大量植酸磷因不能被充分利用而被动物排出体外,降低了棉粕中微量元素与蛋白质的营养效果,造成土壤和水环境污染。

(4)单宁(tannin)　又称鞣酸或植物多酚,在棉粕中的含量均为 0.3%,是一类广泛存在于植物体内的多元酚类化合物。在畜禽体内,单宁易与消化道中的蛋白质以及酶类发生沉淀反应形成溶解度极低的络合物,使饲料产生产生涩味,影响饲料适口性,导致饲料中营养物质消化率下降。单宁还可阻止钙的吸收,导致消化酶、脂肪酶和淀粉酶活性丧失,影响动物体和食物中养分的转化。此外,单宁还能与动物肠道表层细胞发生一系列反应,降低肠壁细胞通透性,使营养物质难以通过肠壁而吸收利用,从而引起一系列不适反应,影响动物的正常生长发育。

四、发酵棉籽蛋白生产工艺

随着养殖业和饲料工业的迅速发展,蛋白饲料资源相对匮乏成为制约我国养殖业发展的主要因素之一。我国年产棉籽 1100 万 t 以上,棉籽饼粕产量达 600 万 t 以上。棉籽粕粗蛋白含量为 38%～50%,但蛋白质(氨基酸)消化利用率仅为豆粕的 65%左右,并且含有游离棉酚等有毒有害物质。由于棉籽蛋白中含有对畜禽有毒副作用的棉酚,这在很大程度上制约了其在饲料中的应用。微生物发酵原理是利用微生物发酵作用改变饲料原料的理化性质，提高饲料适口性、消化吸收率及其营养价值，或进行解毒、脱毒作用，积累有用的中间产物。微生物发酵后不但能使棉籽蛋白中一定程度的游离棉酚分解成无毒成分，而且在发酵过程中增加了微生物代谢的副产物和维生素 B_2、维生素 B_6、烟酸、泛酸、肌醇、维生素 K、氨基酸、碳水化合物、脂肪酸等的含量，并使棉籽蛋白内的纤维素分解转化成有价值的菌体蛋白，从而提高了其中的蛋白质含量。

近年来棉籽蛋白深加工方法广受关注。消除其中的有毒成分的影响，促进棉籽蛋白在动物体内更有效地降解吸收的研究，取得了一定进展。利用微生物发酵的方法处理棉籽蛋白已成为目前研究的热点，经研究表明，经过发酵后的棉籽蛋白，较大程度上降低了游离棉酚的含量，有效消除了植酸和单宁抗营养因子的作用，有利于动物的生长发育和消化器官的吸收利用。

微生物发酵饼粕类蛋白原料可以改善其营养特性(提高营养成分含量，消除或降低抗营养因子含量)。棉籽蛋白是一种蛋白含量很高的优质植物蛋白，但是由于游离棉酚的存在而影响其在饲料中的使用。用动物益生菌(乳酸杆菌、芽孢杆菌)做发酵菌种对棉籽蛋白固体发酵是现在大部分人的共识。

通过微生物的发酵过程，其中的乳酸杆菌、芽孢杆菌及其混合后都能分解棉籽蛋白中有毒成分——游离棉酚，降低粗纤维并提高粗蛋白的含量。利用乳酸杆菌在厌氧条件下对棉籽蛋白进行固体发酵的最佳条件是温度37℃，pH 5.5，接种量10%，固液比1∶0.8时发酵3d，脱毒效果也最好；芽孢杆菌发酵棉籽蛋白的最佳条件为温度36℃，此时pH 6.5，接种量10%，固液比1∶0.8，发酵时间3d时，此时脱毒率最高。把两种菌种按照不同的比例混合固体发酵棉籽蛋白的最佳比例为乳酸杆菌∶芽孢杆菌＝7∶3，其最佳的发酵条件为温度35℃，pH为5.5，接种量10%，发酵时间3d时，此时脱毒率最高。

商业的EM菌剂在温度30℃，pH 6，接种量6%的条件下进行固体厌氧发酵，时间为4d时脱毒率达到最高，平均脱毒率为84%，发酵结束后游离棉酚含量为180mg/kg。若用假丝酵母和黑曲霉等复合菌种进行固体发酵可极显著降低棉籽饼底物游离棉酚含量，脱毒率为91.64%，棉籽饼底物粗蛋白含量得到提高。可见，发酵棉籽蛋白的脱毒和分解大分子蛋白为两个主要目标，且根据发酵菌种的不同导致脱毒率和小分子蛋白比例的不同。以纤维分解菌、乳酸菌与酵母菌等主要有益菌组成的复合菌对发酵棉籽壳发酵后游离棉酚含量降低，脱毒率达75%，CP提高了2.2%，NDF降低了18.2%，ADF降低了16%。还有部分原因会影响到发酵棉籽蛋白的棉酚含量和小分子蛋白比例，主要有这几个方面：①菌种单一且主要为益生菌；②发酵底物单一，碳氮比可能欠佳；③底物棉籽蛋白本身的游离棉酚含量较低。

第四节 酿酒酵母培养物

一、酵母培养物概念

酵母培养物(yeast culture，YC)是指在特定工艺条件控制下，由酿酒酵母在特定的培养基上经过充分的耗氧和厌氧发酵后形成的微生态制品。它主要由酿酒酵母细胞外代谢产物、经过发酵后变异的培养基和少量已无活性的酿酒酵母细胞所构成。

酵母培养物富含多糖、维生素、矿物质、消化酶、促生长因子和较齐全的氨基酸等，具有良好的适口性，能够增强免疫力以及促进生长的作用，是一种集营养、保健为一体的新型的饲料原料。酵母培养物用作饲料添加剂始于二十世纪，最早是用作反刍动物的蛋白质补充饲料(Carter 等，1944；Steckley 等，1979；Johnson 和 Remilard，1983)。目前，酵母培养物主要应用于反刍动物及水产养殖，起营养和保健双重作用。国内外的大量研究证明，酵母培养物在促进动物生长，提高饲料利用率，预防疾病，提高机体免疫力和改善环境方面具有重要作用。随着酵母培养物的研究不断深入，其开发和应用将会越来越广泛。

中华人民共和国农业部公告 第 2038 号于 2013 年 12 月 19 日公布。依据《饲料和饲料添加剂管理条例》，农业部组织全国饲料评审委员会对部分饲料企业和行业协会提出的《饲料原料目录》(以下简称“《目录》”)修订建议进行了评审，决定将酿酒酵母培养物等 3 种产品从《饲料添加剂品种目录》转入《目录》。

酵母培养物的生产一般采用液体－固体两相发酵工艺，在液体发酵、好氧增殖基础上增加液体厌氧代谢和固体发酵的生物节点过程。发酵结束后，通过酵母自溶技术处理，使酵母细胞有效破碎和酵母细胞物质彻底释放并溶入培养基质，经低温干燥技术处理后形成半成品，最后经粉碎、包装形成产品。酿酒酵母培养物包括代谢产物、变形培养基、酿酒酵母细胞壁和内容物等。

二、酿酒酵母培养物的组成与作用

酵母培养物属于一种微生态制剂，通常指用固体或液体培养基经酵母菌发酵后共同组成的混合物，由细胞物(即酵母菌)、代谢产物和变性培养基三部分组成，它营养丰富，富含多糖、维生素、矿物质、消化酶、促生长因子和较齐全的氨基酸，具有良好的适口性，能够增强免疫力以及促进生长的作用，是集营养、保健为一体的饲料添加剂。YC 所选用的菌株一般为酿酒酵母(Saccharomyces cerevisiae)，其主要的作用是优化饲料的营养价值。

YC 中大约含有 100 多种以上的酵母细胞的代谢物质，其中有些物质是我们所熟悉的，如肽、有机酸、寡糖、氨基酸、增味物质和芳香物质等，还有许多为我们所不熟悉的，但实践证明对促进畜禽生长的确有益的“未知生长因子”等物质。其各种成分通常与菌株、原始培养基形态和成分、发酵工艺及发酵条件(如时间)等的因素有关。

1. 变性培养基

变性培养基是指酵母发酵培养基后的残余成分，通常为寡糖和多肽等。培养基经酵母菌酵解后，剩余的营养物质的量虽不多，但其营养价值却相当高。

2. 酵母细胞

常用来发酵 YC 的酵母菌是酿酒酵母，属于单细胞真菌，具有典型的细胞结构，有细胞壁、细胞膜、细胞核、液泡、线粒体和细胞质等。

(1)酵母细胞壁　酵母细胞壁约占细胞干物质重的 30%，一般分为 3 层：中间层是糖蛋白层，内外两层分别为葡聚糖层和甘露聚糖层。酵母细胞壁多糖的主要成分是：葡聚糖(约占细胞壁干重的 35%～40%)和甘露聚糖(约占细胞壁干重的 40%～45%)，实际生产中常用的甘露寡糖，是酶解甘露聚糖完全从 α-(1,6)-糖苷键连接的骨架处断开，生成若干种寡糖侧链。有人从分子水平上研究了酵母细胞壁的结构，得出它是一个动态且可被调控的结构，其结构和组成可以被严格调控并能对环境变化作出广泛响应，如利用紫外照射培养后的酵母细胞提取葡聚糖的试验证实葡聚糖含量提高 29.25%。酵母培养物能够发挥功效，其中酵母细胞壁是一个不可忽视的部分。酵母细胞壁的功能性成分为葡聚糖和甘露聚糖，目前酵母细胞壁多糖的研究在国外进行得比较多，在国内鲜有报道。葡聚糖(glucan)是酵母细胞壁最重要的结构物质之一，其结构研究得较为清楚，大部分是由 D-葡萄糖通过 β-D-(1,3)键的方式相结合的聚合物，也有小部分由高度分支的 β-D-(1,6)键结合的聚糖，分为碱性葡聚糖(约占细胞壁的 20%)、酸性葡聚糖(约占细胞壁的 6%)和中性葡聚糖(约占细胞壁的 34%)三种类型。葡聚糖也是最早研究发现并证实具有提高免疫力的作用。酵母细胞壁葡聚糖的生物活性与它的分子大小密切相关，高分子的 β-D-(1,3)葡聚糖具有较强的免疫及抗肿瘤活性。葡聚糖在消化道中不可溶、不吸收，也不产生黏性。有研究表明，β-葡聚糖是免疫反应的基质，在免疫上具有如下的效果：①刺激动物体内淋巴细胞的增殖；②活化动物体内的巨噬细胞；③增加动物体产生自然杀伤细胞的能力；④诱使动物对念珠菌症产生非特异性免疫，提高存活率。此外，葡聚糖尚有清除游离基、抗辐射、溶解胆固醇，预防高脂血症作用及抵抗滤过性病毒、真菌、细菌等引起的感染，故也单独被广泛用于医药、食品、化妆品等行业。

甘露聚糖(Mannan)是酵母细胞壁另一重要的多糖成分，其相对分子质量为 20000～200000，主链为单链，由约 50 个 α-甘露糖间以 α-(1,6) 键形成的；主链上联结有以 α-(1,2)和 α-(1,3)键、甘露糖数目不等的侧链，有些侧链结合有一些基团，这些侧基是酵母细胞抗原的决定部位。对于酵母甘露聚糖来说，选择性乙酰解反应可以特异性地切断主链的 α-(1,6)-糖苷键，其切断 α-(1,6)-糖苷键的速度比切断支链的 α-(1,2)-糖苷键、α-(1,3)-糖苷键的速度快。选用合适的反应条件，即控制反应的酸度、温度和时间可以使甘露聚糖链完全从 α-(1,6)-糖苷键连接的骨架处断开，生成若干种寡糖侧链，即甘露寡糖(简称 MOS)，在实际应用当中也是以甘露寡糖为主。病原菌细胞表面或绒毛上具有类丁质结构(如植物凝集素)，它能够通过识别“特异性糖类”受体(糖脂或糖蛋白的残基)，并与受体结合，在肠壁上发育繁殖，导致肠道疾病的发生，很多肠道病原体的凝集素利用能与含 D-甘露糖的受体结合的 1 型菌毛附着于肠上皮。由于甘露聚糖-寡糖结构与病原菌在肠壁上的受体非常相似，并与类丁质有很强的结合能力，添加细胞壁多糖为细菌提供了丰富的甘露糖源，从而避免了细菌与肠壁的亲和，一旦甘露聚糖-寡糖与这些类丁质结合，会使病原菌不再附着于肠壁上，而病原菌是不能利用甘露寡糖作为供其生长的能量来源的，导致病原菌因不能利用甘露聚糖-寡糖而缺乏能源。由于甘露聚糖-寡糖不会被消化酶降解，从而携带病原菌通过肠道，因此可以起到防止病原菌定殖的作用。故又称其为“病原菌吸附剂”或“病原菌清除剂”。大量研究表明，甘露寡糖作为饲料添加剂应用于动物生产时，能清除某些毒素，激活动物的免疫反应，提高肉鸡、火鸡、断奶仔猪及犊牛的日增重和饲料转化率，降低胃肠道疾病的发生率和死亡率。

Savage 等(1996)报道,注射甘露寡糖,火鸡黏膜 IgA 和全身 IgG 水平提高。

(2)酵母细胞内容物　细胞内容物中含有蛋白质、氨基酸、维生素、矿物质和微量元素螯合物和核酸以及代谢活性物质等多种成分,是 YC 的营养性组分中的一部分。

细胞内容物中蛋白质含量丰富,氨基酸组成比例近于理想状态,特别是第一限制性氨基酸——赖氨酸含量较高。核蛋白体(核糖核蛋白或核糖体),它与 RNA 结合成核糖体 RNA,是酵母细胞进行多肽的合成的重要场所。细胞内容物中富含各种维生素,如维生素 A、生物素、胆碱、维生素 B 等。

细胞内容物中还含有多种酶类,并且有着很高的生物学活性,如曾有人预测酵母菌中含有高活性的植酸酶,后经测定 YC 植酸酶活性为 1400IU/kg。这些酶在胃肠道中会发挥作用,协助胃肠道酶类分解相关物质,从而达到优化利用饲料的目的。

酵母细胞的核酸含量丰富,RNA 含量约为 7～12%(以干物质计)。

(3)酵母细胞外代谢产物　细胞外代谢产物主要分为营养代谢物、增味剂和芳香物质、酶类及其他未知因子等团。有些蛋白质合成后构成菌体成分,有的蛋白质通过内质网膜进入内质网腔内,成为分泌蛋白。在分泌蛋白的运送过程中或运送后,从分泌蛋白的成熟部分去除。最后信号肽在信号肽酶的作用下降解而被排出膜外。酿酒酵母 163 个分泌蛋白,组成信号肽的氨基酸以亮氨酸、丙氨酸、丝氨酸和撷氨酸的组成为主,长度大多为 19～21 个氨基酸,以 20 的出现频率最高,其中以亮氨酸所占比例约为 18%,其次是丙氨酸(14%)。除了能够为动物提供营养物质,酵母细胞外代谢产物还有增强适口性,改善饲料品质,提高机体免疫,为胃肠道微生物提供促生长因子等功能。

三、酿酒酵母的产品及应用

从目前国内外用得较多的 YC 产品来看,主要分为两大类:一类是以酵母活细胞为主要功能部分的 YC,这类产品能够耐饲料制粒时的升温和反当动物瘤胃酸性的环境;另一类以含有的大量的酵母代谢产物为主要功能部分的产品,并不强调活细胞的作用。YC 作为一种饲料添加剂,酵母自身的生长对其在动物肠道内的生物学作用未必重要,细胞代谢活性要比繁殖力更重要,所以虽然大部分酵母制粒后可能会丧失繁殖能力,但仍可保持代谢活性。

YC 在动物饲料中应用范围很广,目前报道的有在奶牛、肉牛、绵羊、山羊、猪、马、鸡、兔和鱼等动物饲料中添加和使用。其使用效果受自身的成分、畜禽种类、日粮类型等因素影响而差异较大，多数文献报道以反刍动物效果最好，并具有一定的代表性。YC有刺激瘤胃纤维素菌和乳酸菌繁殖，改变瘤胃发酵方式，降低瘤胃氨浓度，提高瘤胃微生物蛋白产量和饲料消化率等作用；在奶牛日粮添加60%的YC，可使奶牛日平均产奶量增加0.48～1.74kg，日平均增乳1.13kg，且对早期泌乳比晚期效果更显著。

YC在动物饲料中的研究和应用已有多年，虽然在应用方面取得比较好的效果，但在其作用机理的研究方面进展缓慢，到目前为止对其作用机理尚未十分清楚。未来针对YC的研究，一方面应该加强对其作用机理方面的深入研究；另一方面就是充分利用丰富的酵母菌资源进行开发和应用的研究，以提高YC的使用效果。随着YC的研究不断深入，其作用机理将会越来越清楚，其使用效果也会越来越好，并且开发和应用也将会越来越广泛。

第五节　发酵果渣

一、发酵果渣概念

发酵果渣是以果渣为原料，使用农业部《饲料添加剂品种目录》中批准使用的饲用微生物进行固体发酵获得的产品。产品名称应标明具体原料来源，如发酵苹果渣、发酵柑橘渣、发酵葡萄渣、发酵甘蔗渣等。

我国是水果生产和消费大国，每生产加工1000kg水果，大约会产生400～500kg果渣。以干物质计大概可得干果渣150kg左右。果渣是水果经过榨汁，制作罐头后的副产物，种类很多，产量巨大。果渣如果不经过处理直接饲喂动物效果差，有很多因为达不到理想的饲喂效果而做堆肥当肥料使用，造成了资源的浪费。

由于鲜果渣有较好的适口性，可直接或干燥后配合其他饲料饲喂牲畜，但其蛋白质含量低，纤维素含量高，营养价值较低（表4-5）。目前利用果渣生产饲料，主要集中在利用果渣进行发酵，生产生物发酵饲料。发酵果渣生产蛋白饲料已成为近年来研究的一个热点，其产品与其他类型的饲料相比具有一定的优越性，是一种无毒、无害、无污染、无化学残留、无抗药性、无生长激素等副作用的全价营养绿色产品。

发酵果渣富含较高的菌体蛋白，氨基酸组成齐全，同时含有丰富的维生素和矿物质。其主要是利用微生物菌体提供的蛋白质饲料，霉菌、酵母菌等单细胞生物体内含有丰富的蛋白质和维生素，在适宜条件下，这些微生物很快繁殖生长，根据这一原理将分解纤维素的菌株和酵母菌接种于果渣中生产蛋白饲料。用于生产菌体蛋白饲料的微生物主要有啤酒酵母、产朊假丝酵母、热带假丝酶菌、白地霉、根霉、黑曲霉、木霉、青霉等。这些菌株具有多种水菌酶活性，蛋白质含量高，含有丰富的 B 族维生素，还能产生其他微生物生长的活性成分。

表 4-5　几种果渣营养成分(以干物质计)%

果渣	粗蛋白	粗脂肪	粗纤维	粗灰分
沙棘籽	25.06	9.02	12.33	6.48
沙棘果渣	18.34	12.36	12.65	1.96
苹果渣	5.10	5.20	20.00	3.50
柑橘渣	6.70	3.70	12.70	6.60
葡萄渣	13.00	7.90	31.90	10.30
葡萄籽粕	13.02	1.78		3.96
葡萄皮梗	14.03	3.60		12.68
越橘渣	11.83	10.88	18.75	3.36

目前，将具有不同产酶特性的菌种，混合接种在发酵基质中，可通过发酵生产蛋白饲料，但这种技术在推广时要摸索出合适的生产参数。

用微生物发酵果渣生产菌体蛋白饲料工艺有深层液态发酵、固态发酵。固态发酵由于所需设备简单，投资少，见效快，而被大多数厂家所采用。而固态发酵又可分为灭菌固态发酵和不灭菌固态发酵。虽然灭菌固态发酵过程易控制，发酵易成功，但在高温下灭菌果渣营养成分和香气损失较严重，能耗大，工艺相对复杂，所得产品蛋白质含量提高程度与不灭菌发酵差别不大。相反，不灭菌发酵不仅可以得到高蛋白产品，还具有浓郁的香味。原料中本身存在的乳酸菌、野生酵母菌对发酵有促进作用。该工艺流程如下：

果渣＋辅料(麸皮等)做成基础底物，然后调整适宜水分，接种相应的发酵菌种，进行固体发酵培养。当菌数达到一定数量，表示发酵完成时，进行产品干燥。在此工艺中，关键在于控制和掌握好以下几个要素：选择高活性、产酶丰富的菌种；控制发酵基质含水量；合适的发酵温度；发酵过程中的 pH 和发酵时间。

二、发酵苹果渣

苹果渣是新鲜苹果经破碎压榨提汁后的剩余物，主要由果皮、果核和残余果肉组成，含有可溶性糖、维生素、矿物质及纤维素等丰富的营养物质，是良好的饲料资源。经测定在苹果渣皮中，果皮果肉占 96.2%，果籽占 3.1%，果梗占 0.7%。苹果渣的无氮浸出物为 61.5%，其中总糖 15.1%，粗脂肪 6.8%，粗蛋白含量 6.2%。粗纤维中除了少量的果壳，果梗为木质素外，果肉、果皮多为半纤维素和纤维素。鲜苹果渣加工成苹果渣干粉，适口性好，可以用作配制全价料或颗粒料，用作猪、牛、羊等家畜禽饲料。干燥苹果渣含水量≤13%，外观呈淡黄色或棕黄色，是配制全价饲料或颗粒料的良好原料。

苹果渣是苹果加工厂的副产物。我国是世界上最大的苹果生产国，2016 年苹果年产量为 2550 万 t，占世界总产量的 40%以上，可产生苹果渣 300 多万 t，苹果渣的总产量十分可观。鲜苹果渣含水量在 70%～80%，极易腐败变质，既污染环境又造成浪费。为了充分利用这一巨大资源，有效解决这一问题，在国家“863”项目资金的帮助下，中国农业科学院采用现代生物技术和营养平衡理论相结合的办法，通过益生菌的作用和强化营养平衡，研制出了果渣发酵饲料。

我国是世界最大的苹果生产国和消费国，苹果种植面积和产量均占世界总量的 40%以上，同时也是浓缩苹果汁生产和出口的第一大国，2008 年我国浓缩苹果汁产量为 1213 万 t，约占全球产量的 50%，出口量占全球贸易量的 70%[1]。与此同时，苹果渣的排出量也日趋增加。据统计，每加工 1000kg 苹果，可产 400～500kg 的鲜苹果渣，烘干后可得到 120～165kg 干苹果渣，全国每年产生苹果渣几百万吨，给周围环境造成污染的同时也造成了资源的巨大浪费[2]。苹果渣含有丰富的矿物质、维生素、可溶性糖、纤维素等营养物质，利用苹果渣发酵生产蛋白饲料，不仅可以减少环境污染，而且还为严重短缺的蛋白饲料来源开辟了新的途径，对我国饲料工业的发展具有重要意义。本文对目前国内苹果渣发酵生产饲料蛋白的研究情况进行综述，以期为苹果渣生产蛋白饲料的进一步开发提供参考。

(一)苹果渣成分的研究

1. 营养成分

苹果渣中果皮果肉占 96.2%，果籽占 3.1%，果梗占 0.7%。除了含有常规营养物质(见表 4-6)外,苹果渣中的氨基酸含量、矿物质含量也较高,通常 1.5～1.7kg 苹果渣粉相当于 1kg 玉米粉的营养价值。鲜苹果中的水分和可溶性营养物质含量高,维生素、果酸含量丰富,但苹果鲜渣不易保存。基于以上特点,可利用其作发酵基质生产酵母饲料、菌体饲料等,提高其饲用价值,并用于反刍家畜和肥育猪的饲料。

表 4-6　苹果渣和发酵苹果渣的营养成分比较

	晾干苹果渣营养成分	发酵苹果渣营养成分	晾干果渣的瘤胃降解率	发酵果渣的瘤胃降解率
干物质/(DM)	92.18	90.36	78.77	78.22
组蛋白质/(CP)	5.82	15.27	50.23	65.22
粗脂肪/(EE)	2.49	3.11	50.23	42.67
中性洗涤纤维/(NDF)	76.58	63.12	78.95	79.78
酸性洗涤纤维/(ADF)	59.15	52.07	78.67	79.89
总糖	45.68	41.36		
还原糖	2.29	0.48		
钙	0.61	0.82		
磷	0.1	0.21		

2. 抗营养因子

苹果渣中含有多种抗营养因子,其中最主要的是果胶与单宁。干苹果渣中,果胶含量高达 15%～18%,是最主要的抗营养因子。单宁又称鞣酸,可分为缩合单宁和水解单宁,其中缩合单宁为主要的抗营养因子,不能水解,可与胰蛋白酶和淀粉酶或酶的底物反应,降低蛋白质和碳水化合物的利用率。果胶是多糖类物质,其结构具多聚半乳糖醛酸的长链键,一般单胃动物难以消化,但可与钙形成果胶酸钙变脆失去黏性。因此,未经处理的苹果渣因其含有果胶成分,一般对家禽消化有不良影响,不适宜饲喂。

3. 重金属含量及农药残留

苹果渣中含有多种重金属元素如 As、Fe、Cd 等,但它们的含量都小于猪鸡配合饲料卫生标准,Pb、Hg 含量小于鱼粉标准。苹果在榨汁前需经过多道程序,如冲、洗、浸泡和清洗等工序,因此处理后果渣中的农药残留已基本得到净化。杨福有等对农药中的硫磷和甲基对硫磷在苹果渣中的残留量进行了测定,结果均低于 GB 512—85 食品卫生标准。综合以上特点可以看出,苹果渣属于中能量、低蛋白质粗饲料,渣皮中重金属、农药残留量在饲料卫生标准和食品卫生标准范围之内。

(二)苹果渣发酵生产蛋白饲料影响因素的研究进展

1. 菌种和接种量对发酵产物影响的研究进展

目前,常用于苹果渣发酵的菌株主要有酵母菌、细菌、真菌、藻类等,常用的酵母菌是啤酒酵母、热带假丝酵母和产朊假丝酵母。目前多菌混合培养已成为主要方向发展。混菌发酵可以利用菌种之间协调互作的关系,扩大菌种对苹果渣的适应性和防杂菌能力。

徐抗震等按照产朊假丝酵母：绿色木霉：果酒酵母为4.5：3：1比例发酵苹果渣,结果使发酵产物中的粗蛋白质含量提高到28.43%,真蛋白含量提高到26.59%,而粗纤维则降低到10.84%。徐抗震等以产朊假丝酵母、果酒酵母、绿色木霉激光诱变选育出的更优突变株进行液态发酵苹果渣时发现,粗蛋白质量分数随接种量的增加显著提高,但超过0.3ml/g,变化趋于平缓,即选择0.3ml/g固态底物为适宜参数。温志英等利用黑曲霉和酵母菌混合发酵制备饲料蛋白质时发现,2%为黑曲霉适宜接种量。高再兴等对产朊假丝酵母和黑曲霉在苹果渣上混合发酵生产蛋白饲料的条件进行了研究,选取接种比例3：1,接种量2%,发酵48h以后,蛋白质含量达到30%以上。任雅萍等同样利用霉菌和酵母菌的不同种属获得了相似的结果。谢亚萍等在试验利用太空诱变获得的优良菌种复合菌剂时的研究结果表明:混合菌剂的最优配比为黑曲霉突变株0.5g、酿酒酵母1.5g、白地霉1.0g、热带假丝酵母1.5g时,产物中粗蛋白的含量达27.9%,提高了337.5%。袁惠君等以平99、平6、平钟山3个平菇菌种发酵苹果渣,测定了发酵后果渣的营养成分,发现蛋白含量增加了5.55%、2.56%、2.18%。李宏涛等以有效微生物群(EM菌液)为发酵剂发酵苹果干渣,结果表明,当接种量在0.8%时发酵产物的粗蛋白含量最大,粗蛋白质量分数由5.28%提高至21.28%,之后随着接种量的增加,粗蛋白含量随之降低,粗脂肪质量分数由4.52%提高至6.83%,总磷和粗灰分的质量分数也有很大的提高。司翔宇等用黑曲霉研究苹果渣发酵的适宜工艺条件时,得到的最佳接种量为1%。秦蓉等研究白地霉、热带假丝酵母和康氏木霉混合发酵时,结果表明:当接种量为5%～10%时,发酵产物的蛋白质含量最高。罗雯等研究白地霉与绿色木霉混合发酵时,发现当比例为1：10时,不仅发酵产品粗蛋白质增幅最高,而且不再产生绿丝孢子,发酵产品品质得到明显改善。任克宁等研究了粪链球菌和啤酒酵母混合菌种发酵生产生物饲料的工艺条件,选取混菌菌株接种比例1：1.2,瓶装量25g时,发酵产品中真蛋白含量为13.51%。胡银川等对苹果渣发酵生产蛋白饲料的混合菌配比进行了研究,结果表明，黑曲霉∶枯草芽孢杆菌∶酿酒酵母为1∶1∶2时，苹果渣发酵后的真蛋白质含量为13.5%，较未发酵时的7.2%提高了88%。武运等在发酵苹果渣生产菌体蛋白饲料工艺的研究中指出，热带假丝酵母菌和啤酒酵母菌最佳接种比例为4∶1～5∶1。在生产过程中，不光要考虑提高蛋白的含量，也要从产业化的角度进行考虑，因为接种量的减少意味着生产方便和成本降低。所以，应该在允许的范围内尽可能降低接种量。

有研究证实，丝状真菌作为从研究中证实，丝状真菌因具有适应性强、生长快、产量高，且能产生丰富的酶类等特点，可作为蛋白生产菌广泛应用于苹果渣中。与此同时，以激光、射线育种、太空育种的途径，获得微生物变异种，并将其用于菌体蛋白的生产是可行的，也是有效的，更将成为今后的发展方向。

2. 培养基主要组分对发酵产物影响的研究进展

(1)氮源　氮素是微生物不可缺少的营养元素。苹果渣的含氮量较低，所以，适当补充苹果渣发酵所需的氮源是必要的，常用的无机氮有硫酸铵和硝酸盐。籍保平等选择尿素、硫酸铵、硝酸钠和硝酸钾4种无机氮源，进行生物量观察试验和固体发酵试验，并测定蛋白质的质量分数。结果表明：尿素添加量为2%、硫酸铵添加量5%和9%时，培养基中菌种生长速度最快，结束培养时生物量最多，生长最好；硝酸钠和硝酸钾添加量的多少对菌种生长无明显差异，说明以它们作为氮源不能促进菌种在苹果渣中的生长。建议在苹果渣发酵中，混合使用尿素和硫酸铵作为无机氮源，适宜添加量为尿素1.5%，硫酸铵2%。贺克勇等、常显波等也进行了类似研究，结果表明，无论是单菌还是混合菌，或者是哪一种氮素处理组，与无氮处理组相比，发酵产物的纯蛋白质含量都显著提高。温志英等进行黑曲霉单菌种发酵试验时选取尿素作为氮源，结果表明，添加5%尿素时可以获得较高的蛋白质含量。张雪等设计了不同C/N值的苹果渣发酵试验，结果表明，随着苹果渣C/N值的降低，苹果渣发酵基质中有效氮含量和pH值均呈现升高趋势，并呈显著负相关，且苹果渣发酵基质的容重略有增加；苹果渣经尿素调节C/N后发酵基质的综合性状优于苹果渣原渣发酵后的基质，有效氮含量为741.32～833.64mg/kg，容重为0.29～0.33g/cm，pH值为6.77～7.20。

(2)碳源　碳素是微生物发酵的重要营养物质、构成细胞的主要元素，也是形成发酵产物的必要成分。不同微生物需要的碳素营养也不同。目前，在苹果渣发酵过程中，为了使微生物在开始阶段就能以较高发酵速率发酵，适当添加一些易被菌体吸收利用的碳源和提供能量的物质是必要的，各种糖类便是很好的选择。徐抗震等利用产朊假丝酵母、果酒酵母、绿色木霉的突变株进行苹果渣发酵实验时，加入4%的蔗糖，结果表明，产物中粗蛋白和真蛋白质量分数分别从16.28%、10.02%提高到29.08%和26.63%，而粗纤维素则由16.68%降低到10.32%。

3. 发酵条件的研究进展

微生物发酵生产的水平最基本的是取决于生产菌种的性能，但有了优良的菌种还需要有最佳的环境条件即发酵工艺加以配合，才能使其生产能力充分发挥。因此，必须研究生产菌种的最佳发酵工艺条件，如发酵的温度、时间、水分、pH和料层厚度等使生产菌种处于最佳成长条件下，才能取得优质高产的效果。

过高的环境温度会导致蛋白质或核酸的变性失活。菌体的生长受到抑制；而过低的温度会导致菌体分裂生长过于缓慢；适宜的水分，对微生物发酵起着至关重要的作用，如果水分过少，造成基质膨胀度低，微生物生长受抑制；如果水分过多，导致基质多孔性减低，发酵物黏度过大，减少基质内的气体体积和气体交换，难以通风、减温，产品粗蛋白含量明显降低，也增大了被杂菌污染的风险；当微生物发酵达到一定的时间之后，发酵便不能顺利进行，所需产物的产量也会逐渐降低，所以应对发酵时间进行控制；同时微生物生长和生物合成都有其最适和能够耐受的pH范围，大多数细菌生长的最适pH范围在6.3～7.5之间，霉菌和酵母生长的最适pH范围在3～6之间，放线菌生长的最适pH范围在7～8之间。料层厚度也是影响苹果渣发酵的重要因素，当料层厚度过厚，微生物难以进行好氧呼吸，菌种的生长速度减慢，产物的品质变差，同时一些厌氧呼吸的杂菌容易生长、污染发酵产品。

宋鹏等在研究白地霉、枯草芽孢杆菌、绿色木霉混合发酵苹果渣的研究中，经过单因素和正交试验。结果表明：发酵时间48h、底物含水量50%、料层厚度30mm时，产物粗蛋白质含量提高145%。薛祝林等在研究枯草芽孢杆菌和啤酒酵母接种苹果渣原料进行微生物发酵的实验中，通过三个因素（浆料比、接种量、pH）正交试验设计，测定发酵产物中真蛋白质含量。结果表明：当浆料比为1.2∶1时，产物中真蛋白质含量最高，为12.54%，此后随比值的增大，发酵产物中真蛋白质含量呈降低趋势；当枯草芽孢杆菌接种量为4%时，产物中真蛋白质含量最高，达到13.35%，发酵效果最好；当pH为7时，产物中真蛋白质含量最高，达到12.89%，之后含量有所下降。最佳发酵条件为浆料比1.0∶1、菌种接种量3%、pH为5，此时真蛋白质含量最高，可达到13.58%。武运等[11]以热带假丝酵母菌和啤酒酵母菌为发酵剂，研究了发酵果渣生产菌体蛋白饲料的影响条件，发现混合菌种发酵生产的蛋白质含量优于单菌发酵，加入氮源处理较无氮源处理的蛋白质含量高。温志英等以富士苹果为原料制取苹果渣，利用黑曲霉和酵母菌单菌种或混合菌种发酵制备饲料蛋白质，发现黑曲霉发酵苹果干渣的最优发酵工艺条件为：尿素添加量5%、水料比1∶1、温度30℃、发酵时间5d；黑曲霉和酵母菌混合菌种发酵的最优条件为：自然pH值下，浆料比1.3∶1、黑曲霉接种量为2%、装料量25g，无论是单菌种还是混合菌种发酵，饲料蛋白质含量均在30%以上，混合发酵蛋白质含量更高。高再兴等对产朊假丝酵母和黑曲霉在苹果渣上混合发酵生产蛋白饲料的条件进行了研究。其最佳工艺条件为：pH值4.5、最适温度28℃、培养基含水量70%左右、发酵48h以后，蛋白质含量达到30%以上，且有酒香味，适口性好。司翔宇等采用黑曲霉为菌种，通过单因素试验，获得了苹果渣发酵的适宜工艺条件：尿素添加量7%、料水比1∶1、温度30℃、发酵时间5d、接种量1%、pH值自然。并在已确定的工艺条件的基础上，进行了工业化模拟试验。结果表明，当发酵料层厚度为5mm、动力通风时，发酵产物真蛋白含量达到14.09%，蛋白质含量明显提高。任克宁等研究了粪链球菌和啤酒酵母混合菌种发酵生产生物饲料的工艺条件。结果表明：最佳工艺条件为发酵温度28℃、发酵时间5d，其发酵产品中真蛋白含量13.51%。李宏涛等以有效微生物群（EM菌液）为发酵剂，对苹果渣进行固态发酵，生产菌体饲料蛋白。采用正交设计试验和单因素试验对固态发酵条件进行了研究，结果表明，苹果渣发酵的最佳培养基组成为蔗糖添加量3%、含水量30%、培养温度25℃、接种量0.8%、发酵时间4d。发酵产物的粗蛋白含量由5.82%提高到21.28%，粗脂肪和粗灰分也有所提高，营养价值得到了改善。

除以上因素外，苹果渣原料的处理也影响着发酵产物。陈懿[29]把4种菌种根霉、啤酒酵母、白地霉和产朊假丝酵母分别接种到灭菌的和未灭菌的苹果渣原料中做单菌种固体发酵试验，结果表明，未经灭菌发酵的产物其粗蛋白质含量普遍要高于其灭菌后产物的粗蛋白质含量，而且味道和颜色也有所改观。

（三）苹果渣发酵饲料在动物饲料中的应用现状及发展前景

发酵果渣由于在发酵过程中使用了微生物和非蛋白质原料，其粗蛋白质的含量明显增加，酸度、益生菌、还原糖等物质都发生了变化，从而增加了动物的适口性。目前，苹果渣发酵饲料的饲喂试验主要集中于反刍动物，这是因为经发酵处理的苹果渣不仅含有动物可利用的粗蛋白质、脂肪等，并且含有微生态调节剂，这些活性因子进入到反刍动物瘤胃后和瘤胃固有微生物发生协同作用，调整整个瘤胃微生物的区系达到和谐，从而提高了微生物对饲料的利用和瘤胃微生物蛋白质的产量。

1. 反刍动物饲料中的应用

孙攀峰等用干苹果渣补饲奶牛的效果表明，干苹果渣补饲料能够有效改善奶牛的产奶性能，其中苹果渣与苜蓿草粉以各占 35%组合最佳，其次是苜蓿草粉 70%组，最低的为苹果渣 70%组。从采食状况看，由于苹果渣中含有各种有机酸和糖类物质，使其具有特殊香味，对奶牛有良好的适口性，能促进奶牛的采食。陈志强等研究发现，苹果渣与玉米秸秆混贮饲料可明显改善饲料的适口性，不仅可提高西门塔尔杂交品种育肥肉牛的增重效果和产肉性能，而且还可提高肉牛的经济效益。秦蓉等用康氏木霉、白地霉和热带假丝酵母发酵的苹果渣作为试验产品，选择 30 头泌乳中期的健康奶牛进行了饲喂试验。对照组用常规饲料饲喂，试验组用试验饲料替代原日粮中的全部精料，其他条件一致。结果表明，试验组的日产奶量比对照组平均高 3.0kg 以上，乳脂率提高 0.61%，且差异显著。曹珉等用苹果渣发酵物代替等量的甜菜粕或苹果渣发酵物和甜菜粕同时使用，每天每头奶牛的产奶量分别增加 1.89kg 和 1.90kg。

2. 在家禽、家畜动物饲料中的应用

牛竹叶等选择 400 只商品代尼克红母雏，分别采用风干未发酵苹果渣粉、半干发酵苹果渣粉、膜发酵苹果渣粉替代基础日粮中 5%的麸皮，研究苹果渣对雏鸡生长的影响。结果表明，添加半干发酵苹果渣粉组和膜发酵苹果渣粉组，试鸡 6 周龄平均体重及 Et 增重均显著高于喂基础日粮的对照组和风干未发酵苹果渣粉组（$P<0.05$），喂基础日粮的对照组略高于风干未发酵苹果渣粉组，但差异不显著（$P>0.05$），说明发酵苹果渣粉对雏鸡生长发育有显著的促进效果。张乃锋等选择了品种、年龄、体重相近的断奶生长羊 80 只，分为对照组和试验组，对照组用常规饲料饲喂，试验组用发酵的苹果渣代替部分的玉米和麸皮，经过 45d 饲养，试验组的羊比对照组的羊平均日增重增加 0.13kg(2.08%)，差异比较显著。

总之，发酵苹果渣作为一种新型的蛋白质饲料资源，因含有丰富的营养素，可以替代一部分传统意义上的蛋白质饲料。在保证生产效果的前提下，可以部分解决养殖业面临的蛋白质饲料资源不足的压力，同时可以降低生产成本，从而获得更好的经济效益和社会效益。所以，开发和利用苹果渣作为蛋白质饲料资源，有着广阔的市场前景和发展空间。综上所述，苹果渣具有价格低廉、来源广泛和营养丰富的特点，在奶牛业中有巨大的应用前景。

近年来人们在苹果渣的开发利用方面做了很多研究，并取得了一系列的应用进展。但是相关的加工方式还不够完善，不同加工产品和不同饲喂方式的最佳饲喂量等问题还有待解决。因此，为了提高苹果渣的开发利用，还需要改进其加工方式，进一步探索最佳饲喂量，以期为合理利用苹果渣奠定基础。

第六节　酿酒酵母发酵白酒糟

一、白酒糟简介

白酒糟是用高粱、玉米、大麦等几种纯粮掺加稻壳、麸皮等副产品接种酒曲发酵后，通过蒸馏酿造白酒的副产物，为淡褐色，具有令人舒适的发酵谷物的味道，略具烤香及麦芽味。作为动物饲料使用时，在同种蛋白饲料中价格占优势，可以促进消化吸收，不但适合反刍动物饲料，还能在鸭料、猪料和鸡料中做部分原料使用。而且还可用于各种饲料酵母、生物发酵饲料的发酵基质，也可以作为饲料添加剂很好的载体原料。

白酒糟是酿酒业的副产品。我国酒糟年产量达2000多万t。酒糟含有较为丰富的营养成分，如粗蛋白含量鲜糟为7%左右，干糟为24%，粗脂肪含量鲜糟为2.53%，干糟为6.98%，粗纤维含量鲜糟为7%，干糟为15%。此外，酒糟还含有丰富的矿物元素和维生素等。将酒糟作为饲料，充分而有效地对其利用，既可减轻环境污染，又可以节约粮食、降低生产成本。

二、酒糟利用情况进展

长期以来，我国对酒糟作为饲料使用主要采用两种方式，即，鲜喂和干喂。鲜酒糟直接饲喂动物，受许多条件的制约，比如，要在尽可能短的距离进行运输，另外，作为酒糟生产单位还必须有较大规模的储存设备；干喂是将鲜酒糟经过烘干后，作为饲料原料掺加到饲料中，再喂给动物。但是，干酒糟烘干过程中需要较大的能源和成本投入。烘干后的干酒糟粗纤维含量升高，不适合所有动物的采食，另外，在高温烘干的过程中，也存在营养成分损失的现象。因此，生物发酵酒糟生产生物饲料被认为是一种科学、合理的方法。

我国是一个酒类生产和消费大国，酒糟类资源十分丰富，可以作为饲料资源加以利用。然而，由于酿酒过程中可溶性碳水化合物发酵成醇被蒸馏出来，在酿酒过程中还要加入一些稻壳等疏松物质以提高出酒率；因此，酒糟中无氮浸出物相应降低，粗纤维含量大幅增加。这降低了酒糟的营养价值，直接饲喂动物容易引起其便秘、流产、死胎等不良后果。

如果能采取合适的方法，提高酒糟的蛋白质含量，降低其粗纤维含量，改善其营养结构，将酒糟变低值为高值，具有重要意义。因此，许多研究人员采取多菌种组合发酵的方法，筛选出合适的微生物菌种，从而为酒糟的合理利用，开发高蛋白质、低粗纤维含量酒糟发酵饲料提供帮助。张建华(2010)以酒糟为发酵原料，以发酵产物粗蛋白质、真蛋白和粗纤维含量为指标，选用了 8 种酵母和霉菌，通过平板点种、单茵发酵及混合菌种发酵试验，筛选了酒糟发酵蛋白质饲料的最佳菌种组合。即，酒糟发酵蛋白质饲料的最佳菌种组合为白地霉和热带假丝酵母、绿色木霉，与未发酵酒糟相比，发酵后粗蛋白质含量分别提高了 41.89%及 24.50%，真蛋白含量分别提高了 48.89%及 53.18%，粗纤维分别降低了 26.65%及 32.96%。叶均安等(2008)通过试验探讨了不同菌种组合及其发酵工艺对固态发酵黄酒糟生产蛋白饲料的研究。选用黑曲霉(H)、康氏木霉(K)、米曲霉(M)、白地霉(B)、热带假丝酵母(R)、绿色木霉(L)对黄酒糟进行双菌和三菌组合固态发酵试验，三菌组合发酵效果优于双菌组合，其中 RLM 组合发酵产物的氨基酸总量达 24.94%，胱氨酸、蛋氨酸含量显著高于其他组合($P<0.05$)。

所有的研究均表明，发酵酒糟生产生物饲料需要有优良的菌种作为前提条件。筛选到优良发酵菌种，能够对酒糟发酵起到保障性作用。同时，随着基因工程的发展，人们利用分子生物学技术和基因工程技术构建了许多携带有外源基因的生物工程菌、这些工程菌已经广泛应用到生产生活的诸多领域。这些工程菌的宿主，从最初的大肠杆菌到枯草杆菌，到后来的乳酸菌、酵母和霉菌，涵盖了自然界微生物的很多种类，也涵盖了大部分发酵酒糟的天然菌种。然而，应用生物工程菌发酵酒糟，提高其营养价值和饲料利用率的报道还非常少。酒糟中大量的粗纤维限制了其作为一种优质饲料原料的使用，要想提高其饲用价值，要使用微生物发酵，尤其是使用能产生纤维素酶的微生物，或者构建能够分泌纤维素酶的生物工程菌。

三、发酵白酒糟

在酒糟发酵工艺上，微生物发酵酒糟生产蛋白饲料的方法包括固态、液态和吸附在固体表面的膜状培养以及其他形式的固定化细胞培养等。常规发酵以固体发酵和液体发酵为主。在对废糟渣进行处理时，固体发酵产物具有易于燥、低能耗、高回收等特点，且在调制培养基时可充分利用饲用价值低的糠麸和糟渣为原料，在发酵后可一并回收利用菌体、菌体代谢物及底物。因此，到目前为止，国内对酒糟类的发酵大部分以固体发酵为主。本项目采用可移动式固态发酵工艺，具有便捷、省工等特点。

已有的发酵白酒糟相关技术已有部分阐述，本书简单对其作一阐述。目前国内与酒糟生物饲料相关专利如：

(1)《一种湿渣制作发酵蛋白饲料工艺》 专利受理号：201110080050.1(摘要：一种湿渣制作发酵蛋白饲料工艺，涉及用生产酒精残渣生产饲料的工艺方法。操作步骤：①湿渣碱处理：向生产酒精的湿渣中加入碱和氢氧化钙，使湿渣的 pH 达到 6.5～7.0；②加入豆粕和棉粕干粉：湿渣中加入豆粕和棉粕干粉，并搅拌；③加入益生菌种：向上述湿渣干粉混合原料中加入益生菌，并混合搅拌(加入量使混合原料的 pH 达到 5.8～6.2)；④分装发酵：将上述原料分别装入塑料袋中，热封封口或线扎封口，封口处留有出气孔，在常温下发酵 7～10d。本发明解决了现有技术用湿渣烘干生产饲料存在的生产成本高、营养价值降低的问题。)

(2)《一种生物蛋白饲料生产工艺》 专利受理号：201110068520.1(摘要：一种生物蛋白饲料生产工艺，涉及用酒精生产的残渣及粕类蛋白饲料生产生物发酵饲料的工艺方法。操作步骤：①湿渣碱处理：向酒精生产后产出的残余物——湿渣中加入碱和氢氧化钙，使湿渣的 pH 达到 6.5～7.0；②加入棉籽粕、菜籽粕和豆粕干粉，并搅拌；③加入益生菌种：向上述湿渣干粉混合原料中加入益生菌，并混合搅拌；④发酵：将上述原料装入大体积发酵饲料周转袋中，线扎封口，封口处留有出气孔；或分装入发酵池中，在常温下发酵 1～3 周；⑤喷浆烘干：在用绞龙输送入烘干机的过程中，喷入一定量(十分之一左右)的液体酒糟，一并进行烘干(或不喷浆，直接进行烘干)。本发明解决了现有技术粕类脱毒、生产生物饲料过程中存在的生产成本高的问题及湿渣含水量高不易发酵等问题。)

上述两项发明专利的内容，从菌种的筛选，到生物发酵工程菌的构建，到发酵工艺流程的设计和发酵参数的优化，都需要投入大量的精力和财力。为了工艺更完善，参数更优化的酒糟生物饲料发酵方法，还需进一步研究。

(3)《一种生物发酵酒糟蛋白饲料的制备方法》 专利受理号：201010194318.X(摘要：本发明提供了一种生物发酵酒糟蛋白饲料的制备方法。首先采用 5 株菌(分别为植物乳杆菌、短乳杆菌、鼠李糖乳杆菌、扣囊拟内孢霉、扣囊复膜孢酵母)进行一级和二级种子的扩培，然后按照重量比为酒糟：稻壳＝

(50～60)%：(3～5)%的比例混合均匀，向固体混合物中添加10%的尿素溶液，尿素浓度为15%，按5%接种液态二级种子，混合均匀，将该固态混合物摊平，厚度12～20cm，30℃培养48h。将发酵好的饲料添加2%的环糊精及12%的浓度为2.5%海藻酸钠胶体溶液、8%的浓度为0.5%亚麻籽胶胶体溶液，充分混匀后制粒机制粒，然后在40～45℃条件下通风干燥，直至饲料中水分含量低于5%，即可停止干燥，包装即为成品。)

(4)《多菌种混合培养生产微生物饲料添加剂的方法》 专利受理号：200610031230.×多菌种混合培养生产微生物饲料添加剂的方法。菌种为植物乳杆菌、嗜酸乳杆菌、产朊假丝酵母、酿酒酵母；将酿酒酵母与产朊假丝酵母制成酵母菌混合种子液；将植物乳杆菌、嗜酸乳杆菌制成乳酸菌混合种子液；将上述所得到的酵母菌混合种子液、嗜酸乳杆菌混合种子液接种于酵母菌与乳酸菌混合种子培养基中，得到酵母菌与乳酸菌混合种子液；将酵母菌与乳酸菌混合种子液按0.2～0.3%的接种量接种于混合发酵培养基中分段混合发酵后得到成品；酵母菌与乳酸菌混合发酵培养分两阶段进行，前期好氧培养，后期厌氧发酵。本发明是一种可很好地降低生产成本、生产能耗，菌种间可以互相很好地协同作用，提高动物的免疫力，提高饲料利用率，促进动物健康生长的多株菌种混合培养生产微生物饲料添加剂的方法。

(5)《一种生物饲料及其制备方法》 专利受理号：01120975.5本发明公开了一种利用生物技术生产畜禽饲料，由农作物秸秆、皮壳、糠麸、活化剂、营养调节剂、发酵剂、食用活性生物菌剂按比例配制而成。该发明的生物饲料蛋白含量≥20%，畜禽营养吸收率≥60%。可完全替代全价配合饲料，能有效改善畜禽的消化系统，增强营养吸收量，促进其快速生长发育，提高其蛋、奶、肉的品质，减少饲养的成本。

(6)《全价生物饲料》 专利受理号：01129095.1本发明提供一种全价生物饲料，其组分按重量%计包括纤维源10～35、能量源20～70、蛋白源15～45、微生物菌0.0057～0.129及有益微量剂0.064～0.130。其中的微生物菌不仅将饲料中的纤维源降解为被动物易吸收的蛋白质和糖类物质，还能对饲料中的有害霉菌、大肠杆菌、沙门氏菌等微生物起吞噬、抑制作用。本发明含蛋白质、脂肪、钙、磷、多种维生素及微量元素，无需再加任何添加剂，即可满足畜禽生长所需全部营养，提高畜禽免疫抗病能力，且成本低，可保存期长，无有害残留物，适合于饲喂各种畜禽。

这些技术研究的核心内容和侧重点不同。以酒糟为研究目标的多围绕如何高效利用酒糟为出发点，采用的方法多是购买菌种进行发酵以及掺加其他成分进行综合利用；以生物饲料为研究内容的专利则更多地关注如何利用微生物发酵自然界中的低营养价值物质或工农业的废弃物。

四、发酵白酒糟研究趋势

从研究内容上来看，未来发酵酒糟的研究内容主要集中在以下几个方面。

(1)发酵菌种的筛选

通过选择筛选培养基，从广泛的自然资源中筛选适合发酵酒糟生产生物蛋白饲料的菌种。包括从天然发酵酒糟的残渣中筛选，从秸秆、粪便等腐殖质中筛选，从酸性环境中筛选等等。筛选的菌种范围可以确定在常见的酒糟天然发酵菌种种类内，包括霉菌（根霉、曲霉等），酵母（假丝酵母、毕赤酵母等），乳酸菌（嗜酸乳酸菌、乳酸链球菌等），芽孢杆菌（枯草芽孢杆菌、地衣芽孢杆菌等）。同时，由于发酵酒糟生产生物蛋白饲料同时要利用棉籽饼粕、菜籽饼粕等，因此，菌种的筛选还要考虑到能够降解这些杂粕中的有毒有害物质，如棉酚、芥子碱等。在筛选菌种的时候，有针对性地筛选能够降解这些毒素，还能够提高菌种的酒糟饲用价值。

(2)发酵生物工程菌的构建

在筛选到酒糟发酵菌种之后，为了达到理想的发酵条件和最佳的产物获得效果，可以考虑通过初级发酵试验，确定其中具有代表性的优势菌种。同时，通过基因工程和分子生物学技术，克隆纤维素酶基因（纤维素酶广泛存在于自然界，微生物、植物和部分昆虫基因组内都含有纤维素酶基因）。以纤维素酶基因为目的基因构建发酵菌种特定位点的整合表达载体。通过生物工程菌的使用，充分挖掘酒糟的饲用价值，使之通过生物发酵成为优质动物饲料。

(3)固态发酵工艺研究

以酒糟为主要发酵原料，综合利用棉籽饼粕、菜籽饼粕等营养价值较低或者具有抗营养作用的饲料资源，通过添加优化组合的生物菌种，在液态环境下，装池或装袋进行发酵。发酵一定时间后，将液体酒糟饲料在烘干机内进行烘干，然后经过适当的粉碎，检测酒糟发酵蛋白饲料的品质，包装成产品。并根据饲喂动物的饲养标准设计饲料配方，配制饲喂动物的日粮。工艺流程见图 4-2。

(4)发酵饲料品质分析

通过试验设计菌种的适宜接种浓度，以期达到发酵生产出最佳的生物发酵饲料。同时，对饲料的品质进行评定，具体的方法分两类。第一种评定方法是化学成分分析。将生物发酵饲料通过饲料成分分析方法，测定其粗蛋白、粗脂肪、粗纤维、粗灰分、无氮浸出物以及微量元素及维生素的含量，初步评定其营养价值。作为饲料原料仅有表观的化学成分远远不够，必须通过饲养试验来验证其采食量、适口性的问题，故需要设计动物试验对饲养效果进行验证。本项目可采用单因素试验设计，通过添加生物发酵饲料，以及确定添加量的多少，寻找出从动物健康到经济效益都适宜的添加水平。

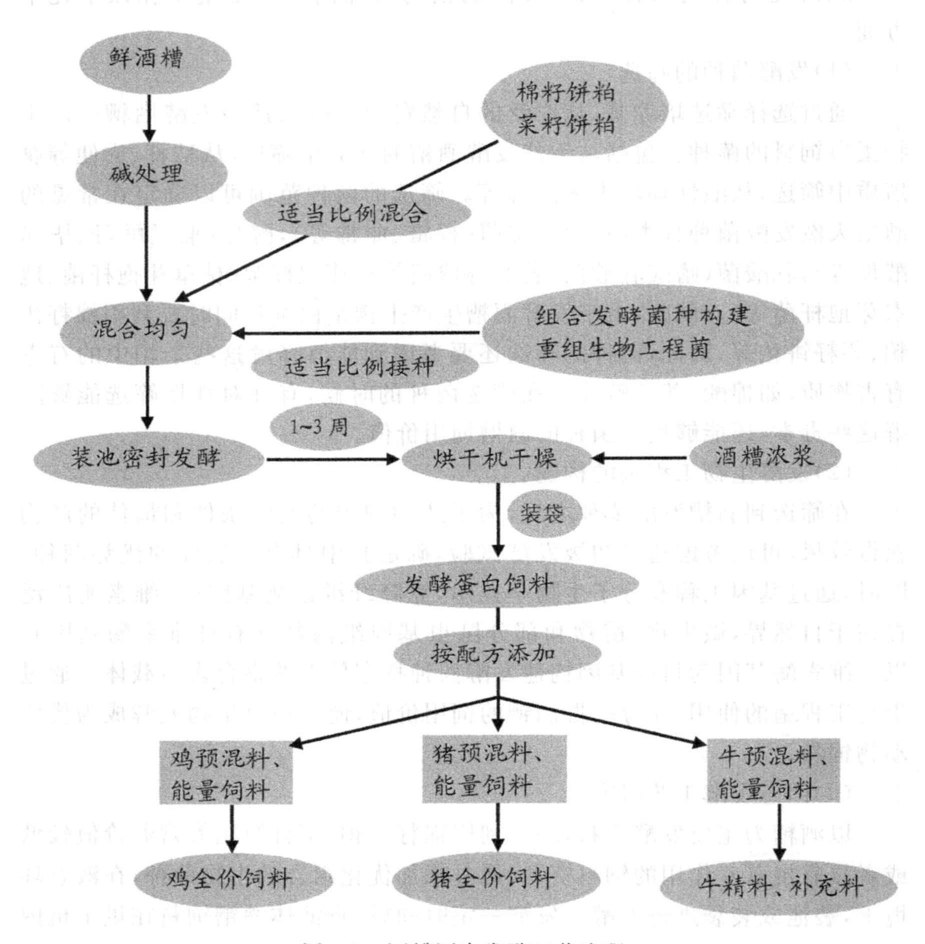

图 4-2　酒糟固态发酵工艺流程

第五章　生物发酵饲料应用

随着科学技术的发展，抗生素作为一种动物添加剂广泛地使用于动物饲料中，明显提高了动物的生长能力。但随着畜牧业的急速发展，以及大众对食品安全关注度的提高，抗生素添加剂对畜牧产品产生的副作用日益显现。此后，很多国家对饲料中抗生素的使用提出了严格的限制，甚至明文规定禁止使用。但与此同时因抗生素带来的畜牧业集约化发展却受到阻碍。为解决这个问题，微生物发酵饲料逐步受到很多国家和科技工作者的重视，被视为抗生素最好的替代品。20 世纪 90 代，我国开始了对微生物发酵饲料的研究，它作为一种新型的饲料资源对畜禽的发展有着积极的作用。微生物发酵饲料在畜禽的饲养过程中，可以改善饲料的适口性和风味，分泌促生长因子和生物降毒素，改善饲料的营养组分，提高畜禽的消化率等。

第一节　生物发酵饲料在配合饲料中的应用

近几年来，饲料生物发酵技术不断创新，成为行业发展技术新亮点，引起了业内广泛的关注。《全国饲料工业“十三五”发展规划》把“推动微生物发酵技术在饲料产品中的应用，开发全发酵配合饲料产品”列入了“十三五”发展重点。最近，正大集团中国区副董事长姚民仆在正昌天目湖论坛上指出，发酵饲料可能是实现无抗饲料的突破口。

生物发酵饲料按照水分含量的多少可分为液体发酵饲料和固体发酵饲料。液体发酵饲料是将液化的饲料原料自然发酵或人工接种发酵若干小时，直接饲喂，其在国外的规模猪场应用较多，国内也开始使用；固体发酵饲料，主要有饼粕类、糟渣类、农副产品类等（第四章所述）。生物发酵饲料在畜禽日粮中一般添加 2.5％～10％。发酵饲料主要有传统塑膜密封的厌氧发酵、呼吸阀袋内发酵和槽式翻料发酵等几种半干湿发酵形式。发酵饲料在配合饲料中的应用，是在总结和汲取了微生物、酶制剂、生物添加剂等技术成果基础上进行不断丰富和完善的。

一、干态发酵饲料在配合饲料中的应用

在饲料原料目录中出现的生物发酵饲料，如发酵豆粕、酿酒酵母培养物、发酵棉籽蛋白、发酵果渣、酿酒酵母发酵白酒糟等生物发酵饲料原料，都有烘干和粉碎的工艺，因此都能形成干态的生物发酵饲料，可根据其营养指标，直接作为配合饲料的原料，设计到日粮配方当中去。但是考虑到成本等因素，大部分发酵饲料原料的使用比例都控制在5%～10%，在某种程度上，限制了生物发酵饲料效果的体现。另外，存在较明显的一个问题是大部分配合饲料生产企业，都以营养指标为第一考虑因素，而忽略了生物发酵饲料作为发酵原料的众多未知或不能衡量的有益成分，使生物发酵饲料的优点和益处受到限制。

二、湿态生物发酵饲料在配合饲料中的应用

湿态生物发酵饲料，顾名思义即含水量高，感官呈湿态。湿态生物发酵饲料在养殖企业使用非常普遍。湿态生物发酵饲料使用的形式基本有两类。第一类是根据湿态发酵饲料的水分含量和营养价值，直接配合到饲料中（尤其常见与使用预混料自配料的养殖企业），作为一种饲料原料来使用。但是，此种使用方法需要注意的一个问题是，一次生产的全价料不能过多，过多存在一个存储问题，存储时间长的话，由于水分含量高，容易发霉变质；第二类使用方法是将湿态发酵饲料的主要营养指标（蛋白、脂肪、淀粉等）设计的和全价配合饲料相一致，在使用全价配合饲料的同时，额外添加湿态发酵饲料。尤其是在饲喂完全价配合饲料后，额外供给湿态发酵饲料，由于其适口性好，可提高采食量，保证动物充分的采食。

对于饲料生产企业来说，由于湿态发酵饲料在储存、输送等环节存在较多的工艺难题。故饲料生产企业直接使用湿态发酵饲料的并不多。但是，在全国无抗饲料和无抗养殖的大趋势下，部分饲料企业在纷纷尝试，将湿态发酵饲料直接添加到蛋鸡的粉料当中，尤其是在夏季，可以降低粉尘，提高蛋鸡饲料适口性，改善蛋壳、蛋黄颜色，整体提升蛋品质，缓解夏季高温热应激和鸡舍的臭味。在颗粒饲料的生产上，将湿态发酵饲料添加到配合饲料中，在调质环节可以减少水分的添加，在夏季保证颗粒饲料有较适宜的水分含量。随着生物发酵饲料的兴起，液态饲喂系统的优势显现，传统的配合饲料生产企业也在积极寻找转型和创新的契机，以完成产业的顺利转型和升级。

第二节 生物发酵饲料在养猪中的应用

我国作为一个养猪大国,养猪业在我国发展历史悠久,是增加农民收入的重要途径。同时,我国也是传统的猪肉消费大国,猪肉是我国消费者餐桌上的重要肉食来源。随着生产力、生活水平的提高,消费者对猪肉的需求和猪肉的品质上要求也逐步提高。养猪业的集约化发展,催生了一批抗生素的产生,这些抗生素短期内确实可以明显地提高猪的生长速度,提高猪产品品质,为农户创收。但抗生素的大量使用容易引起动物的耐药性,容易在猪肉产品中大量残留,处理不当还易引起环境的污染问题,制约着我国养猪业的可持续发展。寻找绿色、安全、高效的新型替代品成为养猪业急需解决的一个问题。

发酵饲料在生猪养殖中的应用是解决这一问题的有效途径。发酵饲料中的益生菌能够抑制病原菌的生长,维持动物机体内的微生态菌群平衡,增强动物的免疫力,促进机体对饲料中营养成分的吸收,提高饲料利用率。发酵饲料中选用的益生菌大多与动物机体存在同源性,不存在药物残留的问题,对环境的污染也可以减少到最小。

一、发酵饲料在仔猪上的应用

仔猪饲养是养猪过程中技术难度最大、环节最复杂的过程。仔猪在断奶后受外界环境应激的影响,通常会引起仔猪腹泻,免疫力下降,生长受阻等情况,导致仔猪成活率降低。饲料中营养物质经益生菌发酵之后,营养水平提高,一些不易被消化的大分子营养物质被降解成仔猪易吸收的小分子物质。

(一)发酵饲料对仔猪生长的影响

1. 改善仔猪生长效率

在饲料发酵过程中,益生菌会产生一些菌体蛋白和利于仔猪生长的代谢产物,提高仔猪的免疫力。饲料经过发酵后会产生酸香味,增加饲料的适口性,提高仔猪采食量,促进仔猪生长。胡新旭等对体重为 9.5kg 的断奶仔猪分别饲喂10%、20%、30%的无抗发酵饲料，发现在仔猪饲养过程中添加20%的无抗饲料，仔猪的平均日增重提高了6.73%，料肉比下降了5.73%。发酵饲料中的活性益生菌在生长过程中会产生一些蛋白酶、淀粉酶和纤维素酶，促进了仔猪对对饲料的消化，提高仔猪的生长。周映华将乳酸菌、酿酒酵母菌和枯草芽孢杆菌混合后发酵全价料，对18kg的仔猪进行饲喂，试验结果表明仔猪的平均日增重、平均日采食量均得到显著提高（$P<0.05$），与对照组相比料肉比明显下降（$P<0.05$）。经发酵后饲料的物理和化学性质均发生变化，饲喂后可以改善仔猪身体的各项机能，降低仔猪死亡率。

在仔猪饲喂过程中，并非是发酵饲料中益生菌种含量越高，对仔猪的生长性能越好。发酵饲料中益生菌含量过高时，益生菌的生长反而会消耗掉饲料中的营养成分，与仔猪形成竞争关系，影响仔猪的生长。

2. 促进消化系统发育

在仔猪生长发育过程中，虽然仔猪的消化系统都已经成形，但是发育的并不完善，且初生仔猪的消化系统均比较小，消化能力较弱，抵抗力也比较差。仔猪消化系统发育的最佳时期为20～70日龄，胃肠道内绒毛形态和绒毛表面积发生改变，影响仔猪对饲料的消化吸收。通过饲喂微生物发酵饲料，饲料中的活性益生菌可以促进消化道系统的发育，改善仔猪肠道黏膜上的形态结构，对于减少仔猪的腹泻率，提高肠道对营养物质的消化吸收有重要意义。例如芽孢杆菌可以提高仔猪十二指肠、空肠中段的绒毛厚度，提高肠道内壁与食糜的接触面积和接触时间，提高饲料的消化率。使用枯草芽孢杆菌和乳酸菌的混合菌液发酵饲料，能够提高空肠、盲肠和结肠的绒毛高度和黏膜厚度，使十二指肠和空肠的隐窝深度变浅。发酵饲料中微生物菌群可以促使肠道细胞的成熟，增强消化系统对营养物质的吸收，促进仔猪肠道发育。在断奶仔猪的饲养过程中添加发酵小麦，可以防止断奶后肠道黏膜的不良变化，增加小肠的绒毛高度。仔猪断奶的日龄越早，对肠绒毛高度的影响越大，需要恢复其高度的时间越长。

（二）发酵饲料对仔猪免疫功能的影响

1. 维持肠道菌群平衡，提高抗病能力

仔猪对营养物质的消化吸收主要集中在肠道，同时肠道也是仔猪机体抵御外界病原微生物的主要屏障。肠道的屏障功能主要通过肠道黏膜来实现，黏膜上附带有大量的菌群。仔猪出生后，接触到外界复杂的微生物环境，由于机体的遗传性，肠道微环境会根据需求，选择适合生长发育且不会引起病变的菌群。仔猪断奶后，受外界应激环境的影响，肠道内菌群微生态平衡容易遭到破坏，益生菌的数量减少，一些致病菌的种类和数量增加，导致仔猪消化系统发生紊乱，降低机体的抗病能力。

为保持断奶仔猪的机体抗病能力，可在养殖过程中，通过添加益生菌微生物的形式维持肠道内益生菌生态平衡。在酵母菌和地衣芽孢杆菌的混合发酵饲料中，两种菌落的生长代谢可以在肠道内形成一个厌氧环境，有利于乳酸菌等一些厌氧微生物的生长，增加了肠道内的益生菌比例。芽孢杆菌对一些致病微生物存在拮抗作用，能够抑制病原菌的生长，降低有害菌群的比例。微生物在发酵过程中，会生成乳酸、乙酸和丙酸等有机酸，能够使肠道内 pH 降低，抑制病原微生物的生长，增加机体抗病能力。

2. 增强机体免疫功能

发酵饲料中的乳酸菌是一种肠道原生菌，能够与肠道上皮的表面的特异性受体结合，稳定有序地寄生在肠道上皮表面，发挥肠道黏膜屏障的保护作用，增强宿主黏膜的免疫功能。寄生在肠道内的乳酸杆菌能促使淋巴细胞集合 B 细胞增生，在辅助性 T 细胞的帮助下分化成浆细胞，并产生大量分泌性免疫球蛋白。当机体内分泌性免疫球蛋白在肠道内积累到一定程度时，肠道黏膜的免疫识别力得到提高，诱导淋巴细胞和巨噬细胞产生细胞因子，通过淋巴细胞的循环，遍布到全身不同的免疫器官中，增强机体免疫能力。在仔猪的饲养过程中，发酵饲料中的乳酸杆菌促使十二指肠和回肠等肠道内分泌性免疫性球蛋白细胞数量增加。在仔猪日粮中添加枯草芽孢杆菌和地衣芽孢杆菌等益生菌，能够间接或直接地发挥免疫佐剂的作用，提高仔猪接种疫苗的抗体水平，增强机体抗病能力。

给仔猪饲喂含有猪源乳酸杆菌和枯草芽孢杆菌的发酵饲料，能够增加仔猪十二指肠和回肠内的白介素-2 和白介素-6 含量，提高肠道上皮细胞某些功能基因的表达，对仔猪体液免疫具有积极作用。部分益生菌和益生菌发酵产物能够刺激肠道黏膜上皮细胞，影响细胞因子的生成，从而影响体液免疫。例如在初生仔猪体内不含免疫球蛋白 A，需要从母乳中获得。免疫球蛋白 A 在机体体液免疫中发挥重要作用，抗体含量的高低决定机体体液免疫水平的高低。白介素-4 能够协同白介素-6 与转化因子的作用，诱导 B 细胞表面的免疫球蛋白 B 转化为免疫球蛋白 A，增加仔猪的免疫能力。枯草芽孢杆菌能够刺激动物免疫器官的生长，刺激 B 淋巴细胞，提高抗体水平，从而增强体液免疫力。

发酵饲料中的益生菌除了对体液免疫有作用外，对细胞免疫也有着积极的作用。与仔猪机体同源的益生菌在生长过程中会合成分泌小肽等能够刺激T淋巴细胞的细菌素。例如乳酸杆菌和枯草芽孢杆菌能够定植在小肠上皮，促进肠道相关淋巴组织生长，增加T淋巴细胞数量，提高细胞免疫成熟度。乳酸杆菌可以促进T淋巴细胞的发育，提高产细胞因子的能力。细胞因子能够调节机体的免疫应答，决定着T淋巴细胞的分化方向。

(三)发酵棉籽蛋白在仔猪上的应用

发酵棉籽蛋白饲料是以有益微生物为生物饲料发酵剂菌种，利用微生物产生的酶将大分子量蛋白质降解为小分子量蛋白质以及小肽，将棉籽蛋白转化为集微生物菌体蛋白、生物活性肽、氨基酸、益生菌、有机酸、维生素、复合酶制剂和未知生长因子(GDF)为一体的生物发酵饲料原料。棉籽蛋白变得软熟香甜，难以消化的成分得以分解，从而提高饲料的适口性和消化吸收利用率。

为研究发酵棉籽蛋白在仔猪上的实际使用价值，并且为此产品的科学推广提供重要依据，蔡东东等对发酵棉籽蛋白对仔猪生产性能的影响进行了细致研究。

该团队试验用的发酵棉籽蛋白由新疆希普生物科技股份有限公司提供，粗蛋白50.12%，游离棉酚含量140mg/kg。

该团队选择160头保育出栏的杜×长×大三元杂仔猪，全面遵循性别比例相接近的基本理念，将仔猪划分为试验组与对照组，并各自设置两个重复组，每组的仔猪头数为40头，保证公猪与母猪各占一半，并采取分头标号；对照组和试验组分别饲喂添加了0%和14%发酵棉籽蛋白的仔猪全价日粮。试验期从2014年10月14日到2014年11月19日，为期37d，前7d属于预试期，后期30d属于正式试验阶段。

试验期间观察发现，从仔猪健康指标、整体的均匀度的实际结果中来看，在仔猪精神状态、肤色上，试验组仔猪的形体十分丰满，肤色也更亮。可见，试验组要明显优于对照组，有统计学意义($P<0.05$)。此外，群体均匀度也比对照组明显提高，差异比较明显，有统计学意义($P<0.05$)。

1. 发酵棉籽蛋白可提高仔猪的生产性能

将发酵棉籽蛋白添加到饲料中，能增加仔猪采食量，提高其采食速度和日增重幅度，以降低料肉比。产生此现象的主要原因是发酵棉籽蛋白口感佳且气味良好，特别是乳酸菌发酵所产生酸香味，能起到一定的诱食效果，从而提高经济效益。

2. 发酵棉籽蛋白预防仔猪腹泻

发酵棉籽蛋白对仔猪的疾病尤其是腹泻具有较好的防治作用。发酵棉籽蛋白中含有大量活性乳酸菌、酵母菌、双歧杆菌等多种有益菌，有害菌处于被抑制地位。添加发酵棉籽蛋白，可有效改善肠道中的菌群组成情况，抑制大肠杆菌的数量，增加乳酸菌的数量，在杂菌上具有很强的抑制性。

3. 发酵棉籽蛋白能够降低饲料成本

在西北地区，豆粕相对匮乏、价格较高，充分利用发酵棉籽蛋白，适量替代豆粕，额外添加部分赖氨酸，能够有效降低饲料成本。根据本次试验配方，可以降低成本47.8元/t，效益可观。朱献章等用发酵棉粕在全价料中粗蛋白所占比例的50％进行替代豆粕，对猪的增重、饲料利用率以及健康状况没有显著的影响，而且显著降低了饲料成本，提高了经济效益。

4. 减轻粪尿的恶臭味，改善环境

添加发酵棉籽蛋白，可借助其中的复合芽孢杆菌来消除粪尿内的有害物质，还可排除臭源，进而减轻粪尿的恶臭味，从而达到改善环境的目的。发酵棉籽蛋白是一种具有推广价值的新型绿色饲料原料，是畜牧业未来饲料生产的一个新的方向。

因此发酵棉籽蛋白在仔猪上的应用可以得到以下几方面的效果：

第一，发酵棉籽蛋白能显著地提高饲料利用率，仔猪的采食量与采食速度也得到明显增加。第二，发酵棉籽蛋白预防仔猪腹泻，腹泻率降低了20.30％。第三，发酵棉籽蛋白适量替代豆粕，能够有效降低饲料成本。第四，饲料中添加发酵棉籽蛋白可改善仔猪的精神状态和毛色，减轻粪尿恶臭，改善猪场环境卫生。

二、发酵饲料在商品猪上的应用

在商品猪的养殖过程中，如何节约成本、提高饲料利用率、优化生产性能、改善肉类品质，是养猪业人士一直探讨和需要解决的问题。目前，随着饲料原料价格的上涨，抗生素的残留日益受到消费者重视，催生了微生物添加剂的使用与推广。我国农作物秸秆、蔗渣、糠麸等农产品废弃物种类繁多、数量巨大，通过微生物发酵饲料可以变废为宝，转化为可供猪机体利用的营养物质，这在一定程度上解决了饲料原料紧缺的局面，同时在提高商品猪生产性能上也有优秀的表现。

(一)发酵饲料对商品猪生产性能的影响

发酵饲料中的微生物能够加强日粮的酸化,显著降低胃内的pH值,抑制病原菌的生长和繁殖[21]。相对于普通饲料,生猪跟倾向于发酵饲料,饲料经过发酵后,适口性更强。通常用于生猪发酵饲料的微生物有芽孢杆菌、酵母菌和乳酸杆菌等益生菌,发酵过程产生的酸类物质能够刺激生猪食欲,增加采食量[22]。饲料中的大分子物质,如蛋白质、脂类和多糖经微生物降解后,形成可供生猪直接吸收的单糖、氨基酸和多肽类等,改善了饲料的营养价值,使生猪的营养更加均衡。在使用于发酵的菌种中,芽孢杆菌可以分泌蛋白酶、纤维素酶、脂肪酶和淀粉酶,提高饲料的利用率;酵母菌能够促进植酶酸的合成,提高生猪对磷的利用率[23-24]。将酿酒酵母、乳酸菌、芽孢杆菌混合后进行发酵,对育肥猪进行饲养可以使生猪的平均日增重提高10.86%,平均日采食提高5.86%,料肉比降低4.38%,同时可以减少猪的腹泻率[25]。

利用微生物发酵,还可以将一些不易被商品猪消化吸收的原材料转化为生猪可以利用的饲料原料降低饲养成本。例如,将玉米秸秆进行发酵后,内部的粗蛋白等营养成分会显著增加。发酵玉米秸秆的适口性好,增加生猪的采食量,提高进食速度和进食量,加快了育肥猪的体重增长[26]。花生壳作为发酵原料时,发酵过程中会伴随产生一些消化酶,在生猪生长发育过程中可以起到保健作用,同时促进机体的消化吸收。豆粕在发酵过程中可以产生一种独特的香味,很大程度上能够激发生猪的进食欲望,在发酵时所用的益生菌能够最大化地消灭植酸、脲酸等抗营养因子,避免了因抗营养因子引起的腹泻,同时还能将豆粕中营养成分消化吸收[27]。在实际生活中,这类农作物残留的利用率很低,通过生物发酵技术,不仅能够变废为宝,减少饲养成本,扩大经济利润,还有效地避免了对环境的污染[28]。

对商品猪饲喂发酵饲料后,生猪粪便中的细菌数,尤其是大肠杆菌的数量减少,降低了因外界环境对生猪饲养过程中带来的困扰[29-30]。除此之外,发酵饲料能够使生猪粪便的臭味明显降低,使猪舍变得更加整洁卫生,有利于饲养员的管理和商品猪的繁育。

(二)发酵饲料对商品猪肉制品的影响

猪肉是我国消费者的首选肉类,每年消费量十分巨大,猪肉的品质安全很大程度上取决于饲料的安全程度。在通常的饲养过程中,通过在饲料中添加抗生素添加剂来预防生猪的疾病和提高生猪生产性能,的确可以获得显著的效果。但抗生素却会残留在猪肉产品中，给消费者带来危害。同时抗生素容易引起一些病菌的抗病性，对于养猪业本身存在不利影响。发酵饲料作为抗生素添加剂的替代品，既能促进生猪的健康生长，也不会在肉制品中残留，对于提高猪肉品质安全有着重要意义。

生猪日粮中添加物抗生素微生物发酵饲料，可以提高猪肉肌内脂肪、α-亚麻酸和单不饱和脂肪酸含量，降低亚油酸、多不饱和脂肪酸含量和硫代巴比妥酸反应物值[31]。单不饱和脂肪酸能够增强人的记忆和思维能力，保障血液微循环，是保障细胞正常运转的主要营养物质[32]。

李敏[33]等用发酵预混料替代添加抗生素饲料饲喂育肥猪，肥猪屠宰后截取其背部一段最长肌，按美国肉科学协会(AMSA)方法进行品尝，小组人员培训，采用蒸、烤、炒进行处理，结果显示经发酵饲料喂养的育肥猪猪肉肌纤维直径更细，肌纤维数量增多，肉质更嫩，肌内脂肪含量上升，肌束更容易咀嚼，猪肉口感和风味增加。在肉质性能上大理石纹等级得到提高，降低了失水率和滴水损失。

三、发酵饲料在母猪上的应用

母猪是一个猪场发展的根本，母猪饲养的好坏决定了猪场未来的发展。但是，每个猪场母猪在饲养过程中都或多或少出现很多问题，比如：配不上种、配种后返情率高；流产，死胎/木乃伊；难产、产后奶水不足、奶水质量差；母猪便秘；小猪易发病、成活率低等问题。这些问题的出现其实和饲料有很大的关系：饲料中玉米霉变问题严重；转基因玉米的使用；饲喂干粉料造成母猪胃肠溃疡；饲料中添加抗生素、高铜、高锌以及其他违禁产品等等，都对母猪的健康造成了危害。

目前我国繁育母猪养殖面临几个关键限制因素：其一，玉米、豆粕等常规饲料原料价格上涨，导致饲料生产成本增加。同时非常规饲料原料的抗营养因子和较低的消化率限制了在繁育母猪上的广泛使用。其二，为了防止繁育母猪过肥而通常采用的限量饲喂技术，导致的母猪便秘等肠道疾病，严重制约着繁育母猪的健康和产仔性能。其三，饲料原料霉变导致母猪饲料中霉菌毒素含量增加，加之病菌感染，常导致母猪繁殖规律紊乱、仔猪成活率低下。我国每头母猪年提供仔猪平均14头左右，远远低于发达国家的25头以上。因此，应用及推广发酵饲料饲喂母猪技术，可以进一步利用非常规饲料原料，降低饲料成本，减少饲料中的有害物质，改善母猪饲料的适口性，同时增加母猪肠道内粗纤维和有益菌的数量，减少母猪便秘，提高母猪的繁殖性能。

目前母猪发酵饲料有袋、池、罐、桶、缸、窖等多种形式。也可购买商业发酵饲料进行配合饲喂。发酵后的饲料均质、蓬松、适口性好，并且含大量的有益菌，对母猪肠道有很好的调节和保护作用。不含任何抗生素和违禁产品。

饲喂母猪发酵饲料一段时间以后，可以达到如下的效果：原不发情后备母猪饲喂发酵饲料后正常发情；母猪产前、产后正常采食，产后精神状态好；母猪产后阴门无红肿；产子过程顺利，无难产、死胎、无弱仔；患产前、产后不食，高烧的母猪，饲喂发酵饲料半个月内可痊愈；母猪眼屎少、无泪斑；产后母猪奶水充足、奶水质量高，乳腺炎发病率低；仔猪初生重可达3斤左右。

第三节　在反刍动物中的应用

一、发酵饲料对肉牛的影响

在养牛生产中，配合日粮占据着肉牛养殖成本的一半，配合日粮的原料抗营养物质的处理程度和配方的合理性影响着肉牛养殖效益的提升。为此做好肉牛配合日粮的调配，应用微生态发酵技术进行配合日粮的原料预处理至关重要。

发酵处理的意义有以下几个方面：

(一)提高饲料的营养价值

饲料中都含有一定成分的抗营养因子。如豆类中含有抗胰蛋白酶、高粱中含有单宁碱、部分糟粕类饲料中含有一定的霉菌毒素，不经过处理会导致饲料利用率下降，会产生腹泻等现象，而传统的抗营养因子处理方式是通过加热焙炒或是添加酸类、碱类进行处理，处理方法不当造成营养物质的大量流失而采用微生态发酵进行饲料原料的处理。在降低饲料原料中抗营养因子拮抗成分的同时，产生大量有机酸类和植物菌体蛋白，在牛的消化过程中起到了瘤胃前置消化的作用，提高了饲料的利用率。

(二)改善牛的瘤胃内环境

牛的瘤胃内本身就有大量的细菌和纤毛虫，饲料原料微生态发酵后的菌类和饲料混合在一起，通过采食摄入到牛的瘤胃内，和牛瘤胃内的细菌和纤毛虫共同完成饲料的消化。在促进饲料消化吸收上起到协同的效果。同时微生态发酵后的饲料呈弱酸性，和牛瘤胃的 pH 大致一致，饲料进入瘤胃内后消化快，通过后端肠管后吸收好。

（三）降低圈舍内的氨气浓度

在牛饲料中，为了维持较高的生产性能，通常要添加一定量的蛋白质饲料。但是牛在蛋白质饲料的消化吸收过程中，一部分不能吸收的蛋白质通过粪氮和尿氮的形式排出体外，造成圈舍内氨气浓度升高，影响着圈舍内的空气质量。在微生态发酵条件下，蛋白质饲料中的蛋白质被分解成了单肽，多肽进入体内后能很快地被牛体吸收排出体外，粪氮和尿氮少，有效地降低了圈舍内的氨气含量。

（四）为进行无抗畜产品生产奠定良好的基础

在人民群众对畜产品要求程度不断提高的今天，国家对畜产品的抗生素残留的重视程度不断提高，利用微生态发酵饲料进行无公害畜产品的生产可有效地降低肉牛养殖过程中的抗生素使用。微生态发酵后的有益菌类和有机酸内可有效地维持牛体内的酸碱平衡和肠道菌群平衡，减少预防保健类抗生素的使用，为进行无公害绿色畜产品的生产奠定良好的基础。

二、发酵饲料改善肉牛肉质的效果

在肉牛养殖中，追求肉质的品质，给人们提供健康的牛肉，越来越符合现代养殖观念。想要得到具有大理石花纹，且皮下脂肪薄的肌肉，肌肉颜色和紧凑度都得到改善的牛肉，从饲喂一种发酵饲料入手可以达到目的。

1. 发酵饲料在改善牛肉肉质上的利用

发酵饲料作为肉牛饲料，目前是将农副产品等发酵，制成饲料，来降低饲料成本，在改变饲料成分的情况下，对于饲料储藏，提高适口性，有很大优点，从而被开发应用。但是，在应用上存在着一些弊端：若使用含油脂较高的原料，如米糠，因其脂肪含量以及能量很高，所以在家畜适口性上虽然好，饲料价值虽然高，若一直大量饲喂会导致家畜下痢。另外，作为无机物，有机态的磷含量较高，所以长期使用会导致尿石症，所以不能太多量的投给。在解决这个问题上，在大量应用米糠和麦麸到饲料中的研究实践中，把配合米糠的饲料进行发酵处理，不仅几乎摒除了上述弊害，而且在改善肉牛的肉质上具有很好的效果。

2. 配合米糠发酵饲料的制作

使用的米糠一定是未进行脱脂的情况下。未脱脂的米糠，即粗糠，脂肪含量高，适合使用。对于麦麸的使用没有什么特殊限制，作为发酵饲料重量比，按照米糠与麦麸重量比 1∶5 进行混合使用。在发酵菌的使用上，纳豆菌、枯草芽孢杆菌、酵母以及乳酸菌都能够使用。以纳豆菌为最好。对于发酵原料，以小麦削粉、海藻类，例如褐藻、大豆粕等进行适当的饲料配合。为了进行发酵，把米糠、麦麸和其他的原料、发酵菌，以及水进行混合，在 55～60℃恒温下，进行 2～5d 好氧发酵。加入的水量，根据气温，以 40%～50%重量比为好。得到的发酵物可直接作为饲料使用。例如，未脱脂米糠600kg，麦麸 750kg，大豆粕 150kg，以及纳豆菌 3kg，加水 700kg 混合搅拌。3d 后在 55～60℃的恒温下，好氧发酵 48h。接下来，在 70℃时，干燥得到含水 15%的发酵饲料。

3. 配合米糠发酵饲料的使用

本发酵饲料在肉牛出栏前 6 个月期间，在饲料中每天加入 1～3kg 左右，可代替浓缩饲料的一部分，饲喂肉牛。

4. 实践效果

在肉牛出栏前 6 个月期间，将本配方的饲料每天给予 1kg。使用这个发酵饲料进行肉质效果实验结果为：经检测，胴体等级以及里脊的大理石花纹和五花肉肉质都得到显著改善，并且饲喂本饲料期间未发现下痢症状。

三、发酵饲料对奶牛的影响

（一）酿酒酵母培养物在奶牛上的应用

生物发酵饲料在奶牛上应用最成功的当属酿酒酵母培养物。众所周知，酵母培养物已被农业部审定划归入饲料原料目录，不再列为饲料添加剂，说明其已被认可为常规添加的饲料，具有添加的必要性及独特性。要想养好奶牛并取得预期的经济效益，首要工作就是养好瘤胃中的微生物，以确保瘤胃功能的正常。尽量避免瘤胃功能性障碍的发生是维护瘤胃健康的前提。事实上，在奶牛养殖生产过程中常见的诸如瘤胃酸中毒、肢蹄病、牛乳体细胞数过高、产后代谢性疾病以及繁殖困难等问题的发生与瘤胃健康状况之间均存在着因果关系。在目前面市的添加剂产品中，既能维持瘤胃健康，帮助提升产奶量，又有助于改善繁殖性能者实属凤毛麟角，而酵母培养物就是其中的佼佼者。

近些年来，虽然牧场养殖生产中越来越多地使用了酵母培养物，并在改善或维护畜群的瘤胃健康取得成效。但仍有部分养殖者对酵母培养物产品的认知程度有限或存在误区。有些人甚至将酵母培养物与酵母菌或其他益生菌混为一谈，亦有部分生产管理者考虑到成本因素而裹足不前。但是在目前低奶价新常态下，为了提高养殖效益，必须提高新产牛及高产牛产奶量以降低每千克奶成本，中低产牛需使用更多非常规原料或较低品质粗饲料提高饲料利用效率。

1. 酵母培养物对奶牛的作用机理

酵母培养物的主要作用是保证动物在各种应激情况下维持消化道功能的正常。事实上，在动物养殖生产过程中存在多种应激因素，诸如环境、管理、动物生理、营养等。当这些影响达到一定程度时，动物激素水平会发生相应变化，致使消化道内原有消化因子的代谢呈现异常(消化道内一些营养代谢必需的前体物质数量不足或消失)，进而导致消化道系统内的营养代谢出现障碍，最终影响动物的健康水平和生产性能。研究表明，酵母培养物在缓解动物应激方面有着非常积极的作用，因为其包含大量可供代谢所用的前体和营养物质，有助于代谢动态平衡的建立和维护。

2. 酵母培养物的作用

酵母培养物的作用就是保持奶牛拥有一个健康的瘤胃，使饲料利用效率最大化，优化瘤胃发酵作用，进而达到产奶量最大化及利润最大化。奶牛养殖过程中有多种因素影响瘤胃健康，包括：草料质量变异，淀粉发酵速率不同(是否使用压片玉米、湿贮玉米，玉米粉碎程度较细，或使用快速淀粉降解速率的谷物如小麦、大麦及燕麦等)，TMR 混合不精确，日粮饲喂时间不一致，饲槽空间不足，牛只挑食精料，日粮原料变异及热应激等。更简单的说，酵母培养物的功能为改善或维护动物胃肠道的消化吸收能力，保持动物健康，进而提高生产性能。

(1)优化瘤胃功能性微生物的生长与平衡　①添加酵母培养物可使奶牛瘤胃细菌数增加 58%及 35%，其中，瘤胃分解纤维细菌数分别增加 82%、59%；②增加瘤胃乳酸利用菌数，包括反刍月形单胞菌及埃氏巨型球菌，降低乳酸在瘤胃的堆积，并将乳酸转变为丙酸；③增加瘤胃真菌数；④增加能清除氧气的原生虫，包括等毛属原生虫533%、多毛属原生虫574%；⑤增加微生物蛋白合成，减少吞噬细菌的原生虫，包括内毛虫属原生虫21%，前毛属原生虫15%。

（2）优化瘤胃环境 ①稳定瘤胃酸碱值，尤其是高精料导致采食前后的pH值巨大变化；②部分活酵母消耗瘤胃氧气，促进瘤胃氧气清除，提高瘤胃对瘤胃内粗料（包括玉米青贮）及精料的消化率。

（3）提高能量和蛋白的供应，进而提高生产效率 ①功能良好的瘤胃可提高瘤胃总挥发性脂肪酸，对淀粉类的快速消化能提高丙酸浓度；②稳定瘤胃pH值并增加挥发性脂肪酸浓度；③使瘤胃微生物蛋白至小肠的供给提高。

（4）提升牛只免疫能力及健康程度 ①降低瘤胃脂多糖LPS（内毒素）浓度，进而减少蹄叶炎及隐性乳房炎；②提升牛只免疫力，包括抗炎症能力及增强自然杀伤细胞活力。

（5）具有吸附霉菌毒素的作用 因酵母培养物含有酵母细胞壁成分，其天然的空间结构能够非定向地吸附饲料中的霉菌毒素。高剂量酵母培养物具有一定的霉菌毒素吸附效果。

3. 酵母培养物在中国的应用

我国牧场使用的粗饲料质量大部分不如国外的品质好，牧场的管理也较美国挑战性更大，粗精饲料质量变化大，瘤胃过酸、蹄病及疫病、应激、TMR混合不佳、繁殖障碍、乳房炎等问题亟待解决。从中国牧场的应用实践中发现合适的添加剂量更能提高效益，不论奶价为何，在围产、新产及高产牛提高剂量至150～200g/（头·d）以上，可获取更大利益。中低产牛保持80～120g/（头·d）的添加量能提高饲料利用效率，提高产奶量，节省饲料（产奶效益仍提高）。许多牧场及饲料企业的管理者一直认为添加酵母培养物会增加成本，事实上由于添加150g以上的酵母培养物预估可增加至少0.18Mcal/kg干物质的能量，可减少至少10%的玉米用量及粕类蛋白原料（可以用糠麸类原料替代玉米，饲料蛋白会提高），因此能量及成本均能控制到相近水平。面对日趋强烈的奶牛健康和生产成本上升问题，市场上存在着各种各样的解决方案和途径。笔者认为加强对动物胃肠道的管理是解决上述问题最有效、最自然和最经济的方法，因此推荐酵母培养物添加量如下：

围产前期牛（产前21d至分娩）：150～200g/（头·d）；或每吨精料30～40kg（按每头采食5kg精料计算）。围产后期或新产牛（分娩至产后21～30d）：. 150～200g/（头·d）；或每吨精料20～25kg。高产牛（产后150d

内):150～200g/(头·d);或每吨精料 15～25kg。中低产牛(产后 150d 以上):80～120g/(头·d);或每吨精料 10kg。干奶牛:>80g/(头·d);或每吨精料 20～30kg。应激阶段(注射疫苗前后、热应激、换料、运输前后等),瘤胃酸中毒及牛只不食阶段:200～350g/(头·d)(必要时可加大酵母培养物用量);或每吨精料 25～40kg。隐性乳房炎或高体细胞数牛只:>200g/(头·d),或每吨精料 25～30kg;搭配含有高量硒代蛋氨酸的有机硒产品,前 10d 10g/(头·d)、后 20d 6g/(头·d)、30d 后如 SCC 降至 40 万/ml 以下,改为 3～6g/(头·d)。

因瘤胃过酸导致的蹄叶炎及乳脂率降低:>300g/(头·d),连用 7d 后降至>200g/(头·d),连用 7d;待问题改进,再降至 150～200g/(头·d)。产后灌服料(产后食欲不佳、低血钙、酮病及其他产后代谢病等问题):每头每次酵母培养物 350g,搭配丙酸钙 450g、丙二醇 300～500ml(无丙二醇时,丙酸钙加量至 650g)、硫酸镁 100g、氯化钾 100g、小苏打 50g、食盐 50g、有机硒 6g、维生素 ADE 适量等,加水稀释至 40L,至少全体牛只灌服 1 次,体况过肥牛只灌服 2～3 次。如果使用市售商品灌服料,应该额外增加酵母培养物 200～350g,并根据商品是否含有丙二醇,外加 0～500ml。

0～6 月龄犊牛:30～50g/(头·d),或每吨精料 30～50kg(下痢犊牛额外补充 50g)。

7～22 月龄育成牛:45～60g/(头·d),或每吨精料 15～20kg。

4. 酵母培养物在奶牛上应用的前景

研究和实践证明,将酵母培养物应用于泌乳早期奶牛,可以提高采食量,增加产奶量;应用于泌乳中后期奶牛,可增加奶产量,提高饲料消化率;同时蹄叶炎和隐性乳房炎发病率减少,乳脂率增加。从产前 21d 起给奶牛饲喂酵母培养物可使产前产后食欲大幅度增加,产后体况评分下降较少,产后代谢性疾病降低,同时初乳质量尤其是免疫球蛋白含量增加;同样,犊牛阶段饲喂酵母培养物,可促使瘤胃绒毛发育及生长速度增加,下痢减少,改善健康状况。因此,预计未来几年内酵母培养物将从主要应用于围产、新产及高产牛转向全群奶牛,添加剂量则视牛只的产奶潜能、应激是否加大等而定。考虑到酵母培养物的主要作用机理就是在应对应激时解决消化道的功能性障碍,因此从长远来看,只要应激因素不消除,市场只会持续扩大,但应用的原理是相同的,使用时必须根据牛只所受应激的大小,随时修正推荐剂量。而随着对瘤胃微生物基因组学及其功能的更多了解、菌种的选育及优化、发酵工艺的不断改进及突破,将会有更好的产品问世。此外,犊牛断奶前逐步转向大剂量喝奶或自由采食甲酸酸化奶,在哺乳前期采食量会降低，因此液体专用酵母培养物（直接进入皱胃及小肠）的应用比例将有所提升。随着对犊牛及育成牛亚临床性瘤胃酸中毒的了解及其对免疫功能的负面影响，未来应更加重视犊牛及育成牛培育中酵母培养物的应用。

目前，许多牧场以提高日粮精料比例来提升奶量，中小型牧场及养殖小区由于粗饲料品质相对大牧场差，也依赖提高精料来弥补粗饲料的不足，再加上 TMR 制作及管理因素，这些都会加大瘤胃酵中毒的风险。在低奶价新常态下，牧场多寻求降低生产成本，维护牛只瘤胃及肠道健康，增加收益，提高牛奶品质，让消费者喝上健康、营养、安全的牛奶的目标始终不变。根据这个目标，酵母培养物的未来前景十分光明。

（二）其他发酵饲料对奶牛的应用效果

除酿酒酵母培养物之外，其他的生物发酵饲料在奶牛上也取得了不错的应用效果。但需要注意的一点是，奶牛饲养的主产品是牛奶，在奶牛代谢过程中饲料中的霉菌毒素向牛奶中的代谢效率非常高。故，饲料中的霉菌毒素若超标，很容易导致牛奶中的霉菌毒素超标。为保证牛奶品质，一定要控制住发酵过程，不得感染杂菌，不得发霉变质。

综合来看，生物发酵饲料在奶牛上取得的效果主要和发酵过程中代谢的小肽和寡糖有着密切的关系。同时，生物发酵饲料若使用符合菌种，其中的菌体和微生物代谢产物也起着很重要的作用。

已有的研究表明，乳酸菌和芽孢杆菌在发酵过程中能产生大量的微生态调节剂，如小肽、寡糖、消化酶类、多种维生素及未知营养因子等，与奶牛瘤胃中固有微生物发生协同作用，调整瘤胃微生态平衡，增加瘤胃纤维分解菌数目以及瘤胃细菌总数，促进瘤胃发酵或微生物的活动，从而提高瘤胃微生物对粗饲料的利用程度，同时提高瘤胃微生物蛋白的产量，达到提高奶牛生产性能的目的。有关小肽对奶牛产奶性能的影响已有部分文献报道，如曹志军、姜宁、张永根和黄国清等研究了在奶牛日粮中添加小肽对奶牛生产性能的影响，结果表明，添加小肽或保护性小肽能提高产奶量4.12％～24.02％，同时对提高乳蛋白率和乳脂肪率也有部分作用。程茂基等测定了不同来源肽（玉米肽、大豆肽和瘤胃液肽）对培养液中瘤胃细菌蛋白产量的影响，发现瘤胃细菌生长需要肽营养，肽可能是细菌生长的限制性因素之一。功能性寡糖在反刍动物中的应用研究报道非常少。凌宝明等研究了体外条件下日粮分别添加异麦芽寡糖、甘露寡糖及果寡糖对生长绵羊瘤胃发酵功能的影响，刘光斌等研究了在日粮中添加大豆寡糖对绵羊瘤胃发酵功能的影响，结果表明寡糖可以提高培养液或瘤胃中的挥发性脂肪酸(VFA)、BCP含量,降低培养液中的氨态氮(NH_3^-N)含量和培养残渣中的中性洗涤纤维(NDF)含量,说明寡糖有助于提高生长绵羊的瘤胃发酵功能,其中果寡糖对提高瘤胃整体发酵功能的作用效果较好。

四、发酵饲料对羊的影响

目前,在市场上销售的活性酵母产品大都是酵母菌与某种稀释剂(载体)的混合物。由于它们没有经过任何的厌氧发酵过程,所以活性酵母产品中是不含代谢产物成分的。这些强调酵母活性和菌落数量的产品仅为动物提供一定数量的活酵母细胞并期待着这些活酵母能够在瘤胃里继续存活并进行代谢活动,以便达到对瘤胃内环境的调整或改善的功效,从而帮助提升瘤胃对养分的消化吸收能力。

酵母细胞进入瘤胃后会再水合,并进行活跃的代谢活动。但是,事实上瘤胃环境对酵母细胞而言太过苛刻,酵母细胞在这种环境里根本无法进行所想象的功能活动。众所周知,瘤胃是一个厌氧环境,缺少呼吸性代谢活动所需要的氧气。另外,酵母菌的最佳存活温度是30℃,而瘤胃内的环境温度则高达39℃。再者,瘤胃微生物细菌产生的小分子导致在瘤胃内产生了很高的渗透压,这会影响到酵母周围养分的供应和向其细胞内渗漏。除此之外,瘤胃里各种细菌争夺糖分的竞争也很激烈,这种竞争客观上使得酵母难以获得适当的养分。

瘤胃中存在的大量微生物也能够导致细菌酶攻击酵母细胞壁,使得酵母细胞裂开。事实上,活的酵母细胞根本不能够消化淀粉或纤维等复杂的饲料成分,只能吸收简单的糖分。因此,酵母不能够预先直接为动物消化饲料,只有当酵母细胞被水解时,饲喂活酵母的好处才能够从酵母细胞内容物所提供的营养成分上体现出来,而绝不是因为酵母细胞直接消化了饲料成分的缘故。

有人推测,活酵母作为一种兼性的厌氧细菌,在瘤胃里会起到夺氧的效果从而消除奶牛在采食和饮水时吸进的氧气。由于氧气对专性厌氧微生物来说是有毒的,因此有人假定排斥氧气效应是活酵母在瘤胃内的主要活动模式。但是,事实上在瘤胃内众多的微生物细菌里,兼性厌氧细菌所占的比例相当高,它们同样也可起到夺氧的效果。因此,所谓酵母对氧气的排斥效应是不太可能产生显著效果的。

需要注意的是,活酵母不能够在瘤胃里大量繁殖,它们被认为是一种过渡性生物体(Kung等,1997)。就这一点来说,活酵母没什么价值。酵母在像瘤胃这样的厌氧环境中生长得非常缓慢。在厌氧发酵过程中，酵母细胞可从每克分子单位的葡萄糖中产生 225.72J 的自由能，而在有氧发酵中则可产生 2867.48J 的自由能，这是因为在有氧发酵过程中能够将线粒体的呼吸酶加以利用。由于存在着能量产出方面的差别，酵母繁殖下一代的生长周期要比瘤胃液翻转一次所需要的时间更长一些。因此，往往是酵母细胞还未来得及在瘤胃里繁殖到足够的数量就已经被胃液从瘤胃里冲出去了。如果再考虑到竞争中缺乏酶作用物和酵母细胞的生长速度很慢等因素，关于为什么酵母细胞在瘤胃里的生长能力有限这一点就比较容易理解了。相反，瘤胃内微生物细菌的生长繁殖速度很快，并且它们不是附着于饲料微粒上和瘤胃壁上，就是附着在瘤胃液里。

与活性干酵母的作用方式完全不同，酵母培养物不能够作为一种酵母菌的来源使用。酵母培养物的核心价值在于它里面含有达到一定浓度的发酵代谢物。这些代谢产物是在酵母培养物制造过程中由活酵母在厌氧条件下经过充分发酵所产生的，包括肽、有机酸、寡糖、氨基酸、核苷酸和芳香物质等，以及许多为人们所不熟悉、但实践证明对促进畜禽生长有益的“未知生长因子”等物质。在养殖业的生产实践中，酵母培养物被用来向动物胃肠道内的寄生微生物提供额外的营养底物，而这个营养底物的主要作用成分正是那些代谢产物。就反刍动物而言，酵母培养物对瘤胃内微生物施加的额外营养作用能够有效地刺激它们的代谢活性，改善瘤胃功能和提高生产效率。

由于活酵母产品的作用特点决定了其在储存期间必须保持相应的活性，因此必须使用特殊的包装或专门的冷藏技术以保证酵母菌有适当的存活期，在高温情况下更是如此。酵母细胞如果不进行真空包装或用惰性气体（如氮气等）来隔绝氧气，在保存时非常容易发生氧化现象，而且氧化对酵母活性的影响往往随环境温度的变化而改变。环境温度升得越高，酵母的死亡率就越高。表 5-1 中给出的实验数据表明了活性干酵母产品在高温下储存时失去活性的程度。在该实验中，将纯净的活性干酵母放在纸袋里，并被分别放置在 7℃、21℃和 35℃等 3 种恒定温度下进行保存，保存期均为 20 周。在保存期间，定期检查活酵母的平皿计数。该实验的结果显示，冷藏的样品在整个试验期间都能保持活性，但储存在高温下的样品随着时间的增长，其活性显著下降。该项实验研究还证实：在高温条件下储存的样品在 4 周后其活性就损失了 81%，8 周后活性损失达到了 99%（见表 5-1）。

表 5-1　存储时间、温度对活性干酵母产品中的酵母存活能力的影响(cfu/g)

存储的周数	存储温度		
	低(7℃)	中(21℃)	高(35℃)
0	1.6×10^{10}	1.6×10^{10}	1.6×10^{10}
1	1.5×10^{10}	1.4×10^{10}	1.5×10^{10}
2	1.6×10^{10}	1.4×10^{10}	1.0×10^{10}
4	1.7×10^{10}	1.5×10^{10}	3.7×10^{9}
8	1.6×10^{10}	9.2×10^{9}	2.2×10^{9}
20	1.6×10^{10}	8.2×10^{9}	5.9×10^{8}

酵母培养物不依赖于酵母细胞的存活状况和其数量的多寡，且它所含的代谢产物是相当稳定的。所以，酵母培养物在一般储存条件下的保存期限也很长，并且能够对它们进行包括制粒在内的饲料加工制作而不会影响其使用效果，但活性酵母产品就不具有这种稳定性的品质。在加工时，它们不得不被进行某些特殊的处理，而且要避免将活酵母产品进行制粒加工，因为制粒时的温度会大大地降低酵母的活性。

无论是作为一种良好的蛋白质来源或是作为一种可直接饲喂的活菌制剂，活性干酵母产品都是向动物提供酵母细胞，并且利用酵母细胞本身的作用。只不过前者的质量靠酵母细胞的纯度来保证，而后者的应用效果则完全取决于酵母细胞的存活状态。已经制成的酵母培养物向动物提供的是含有“未明生长因子”的代谢产物，而非酵母细胞本身。酵母培养物对动物胃肠道的调控作用是各种代谢物质之间相互协同效应的体现。由此可见，活性干酵母与酵母培养物是两类完全不同的产品。它们之间的差异不仅体现在内容物或成分方面，也体现在对动物的作用方式上。

如果一定要将经过发酵的酵母培养物产品与强调酵母活性的酵母产品进行比较，不难看出，尽管这两种产品的作用方式不同并且对动物都有益处，但在应用效果方面，经过发酵的酵母培养物产品相比之下要更加稳定和可靠一些。因为，人们无法对进入动物胃肠道内的酵母细胞的存活状况以及它们是否还能够进行代谢活动这一事实做出准确的评估。在不确定的环境下，各种可能性似乎都会存在。而酵母培养物是经过受控发酵程序和特定的烘干工艺制作而成的，它所含有的代谢产物是事实上已经存在着的东西，没有“死活”的问题或顾虑。

第四节　在家禽中的应用

一、发酵饲料对蛋鸡的影响

(一)发酵棉籽蛋白在产蛋鸡日粮中的应用

随着规模化养殖业的发展壮大和“人畜争粮”矛盾的日益突出，饲料工业对高效、安全、质优、价廉蛋白质饲料原料的开发也越来越重视。将动植物原料加工副产物(糟渣、饼粕等)经过现代生物技术加工处理后，制成低价、高效、无毒，易于畜禽消化利用的饲料原料是目前饲料研发人员研究的热点。发酵棉籽蛋白就是在这一理念指引下研发出来的产品。

发酵棉籽蛋白是利用微生物固态发酵原理对棉粕进行生物发酵处理，从而显著降低其中内源毒素及抗营养因子含量，提高棉粕的饲用价值。该产品加工工艺具有易发酵、投资少、能耗低、产物产率高、环境污染较少、后处理加工方便等优点，因而具有很大的开发应用潜力。

有人试验了通过在产蛋鸡日粮中添加 15%的发酵棉籽蛋白研究发酵棉籽蛋白对产蛋鸡生产性能和鸡蛋品质的影响。研究结果表明，产蛋鸡日粮中 15%的发酵棉籽蛋白添加不会对产蛋鸡生产性能和鸡蛋品质产生负面影响。

(二)发酵棉籽蛋白的主要营养成分

我国棉籽粕资源丰富，是一种优良的蛋白饲料资源。棉籽粕中色氨酸、蛋氨酸丰富，维生素含量也较高。完全脱壳的棉仁制成的棉粕粗蛋白质达45%，甚至高达 50%以上；而由不脱壳的棉籽直接榨油生产的棉籽粕粗纤维含量高达 16%～20%，粗蛋白质仅为 20%～30%，因此，棉籽饼粕的质量因加工工艺不同变化很大。目前，我国优质蛋白饲料资源日趋紧缺，豆粕自给量不足 50%，大部分靠进口。此外，棉粕与豆粕之间有着一种特定的关系：一是棉粕价格永远比豆粕价格低；二是豆粕价格为棉粕价格的波动确立了一个合理价差。因此，杂粕饲料资源(棉粕、菜粕等)深度开发利用具有重要意义。棉籽粕经过生物固态发酵后，营养价值显著提高。

为了验证发酵棉籽蛋白的应用效果，随机选取 47 周龄京粉 1 号蛋鸡，随机分为对照组和试验组，每个处理3个重复(每层为1个重复)，每个重复110只鸡。对照组为玉米一豆粕组，试验组为发酵棉籽蛋白组，并在日粮中添加15%的发酵棉籽蛋白替代对照组的豆粕。90天后对两组的生产性能和鸡蛋品质进行比较分析。

实验结果显示，日粮中添加15%的发酵棉籽蛋白替代部分豆粕不会影响产蛋鸡的生产性能。从试验组和对照组生产性能中的两个重要指标——产蛋率和平均蛋重上看不具有显著的差异，试验组产蛋率和平均蛋重分别是(83.8±0.01)%和(63.2±0.07)g；对照组产蛋率和平均蛋重分别是(83.8%±0.01)%和(63.1±0.09)g，且产蛋率试验组有增高趋势。

日粮中添加15%的发酵棉籽蛋白替代部分豆粕不会对鸡蛋品质产生负面影响。日粮中添加10%的发酵棉籽粕对蛋黄相对重、哈夫单位、蛋黄颜色、蛋壳强度和蛋黄蛋白质含量等蛋品质指标均无不良影响。

发酵棉籽蛋白与豆粕相比，在价格上占有一定优势，可以节约生产成本。1t豆粕当时(2014年)市场售价是3380元，发酵棉籽蛋白市价是3000元，如用发酵棉籽蛋白替代豆粕，每吨可以节约元成本380元。这样算下来，10000只蛋鸡一个周期共计需要600t饲料(每只需要60kg饲料)，即发酵棉籽蛋白60t，这样一个周期就可节约成本28800元，相当于每只蛋鸡节约成本2.88元。

(三)湿态生物发酵饲料在蛋鸡日粮中的应用

近年来，随着饲料、原料及人工、管理、运输等各项费用的不断上涨，蛋鸡养殖场承担着较大的成本压力。尤其是饲料费用，占到整个养殖成本的60%～80%；其连续多年的价格暴涨，使得本就已经处于微利时代的蛋鸡养殖业更是雪上加霜，养殖利润大大缩水。再加上夏季高温带来的应激，以及长期使用粉料带来的粉尘和呼吸道疾病等问题越来越严重。为解决这一困境，许多蛋鸡场开始采用发酵饲料来降低蛋鸡养殖成本，提高鸡的抗病力和生产性能，取得了较大的经济效益。

微生物发酵饲料具有改善饲料品质，提高饲料消化利用率，降低饲料成本等作用。其中益生菌具有促生长、抗腹泻、增强免疫功能等作用。在蛋鸡饲养上主要体现在以下几个方面。

(1)营养物质易吸收利用　饲料原料豆粕经益生菌发酵水解后，能够产生大量的活性肽。这些活性肽在饲料中易消化、吸收快，且能够有效刺激肠道内有益菌的增殖，调节体内微生态菌群的结构，更加利于整个消化道对饲料营养物质的分解和利用。

(2)抑制有害菌，维护肠道菌群平衡　发酵饲料中的有益菌在机体内能够抑制大肠杆菌、沙门氏菌等有害菌的生长和繁殖，维持肠道内菌群平衡，使机体内微生态环境长期处于稳定、平衡状态，避免肠道疾病的发生。

(3)补充内源酶的不足，提高饲料利用率　发酵饲料含有多种酶类，可补充机体内源酶的不足，促进各种营养物质在机体内的消化，提高蛋鸡对饲料蛋白质和能量的利用率。

(4)提高适口性，促进鸡的生长发育　发酵饲料富含乳酸、维生素、氨基酸等多种营养物质，以及未知促生长因子等，且在发酵过程中能产生特殊的香味，提高鸡的适口性，增加鸡的采食量，促进鸡的生长。

(5)消除抗营养因子，提高蛋的品质　未经处理的豆粕中含有胰蛋白酶抑制因子、脲酶、皂苷、致甲状腺肿因子、胃肠胀气因子、抗维生素因子等，这些物质会阻碍蛋鸡对饲料的消化利用。但豆粕经发酵后，就可消除这些抗营养因子，提高饲料利用率。

微生物发酵饲料中所含的乳酸菌等有益菌群分泌的乳酸、乙酸等各种有机酸，可降低肠道 pH，提高动物肠道对矿物质，如钙、磷、铁、锌及维生素 D 的吸收，从而提高了蛋壳厚度与蛋壳强度，改善了蛋壳品质。有益菌改善了肠道环境，提高了机体对蛋白质及叶黄素等类胡萝卜素的吸收能力。研究发现，在蛋鸡日粮中添加微生物发酵饲料，哈氏单位及蛋黄颜色极显著提高。

钙磷是构成蛋壳的主要矿物质，对蛋壳的品质影响极大。血钙直接参与蛋壳的形成，主要决定蛋壳的脆性，是影响蛋壳质量的重要因素。在蛋鸡日粮中添加微生物发酵饲料后，可降低肠道 pH，有利于钙、磷的吸收，提高了血钙、血磷浓度，从而改善蛋壳的质量。

(6)优化生态环境，减少呼吸道疾病　芽孢杆菌等有益菌可将肠道内非蛋白氮合成氨基酸以利用，并能产生分解硫化氢的酶类，降低粪便中氨、硫化氢等有害气体的浓度，减少环境污染，改善饲养环境。

通过湿态生物发酵饲料的使用，增加了传统粉料中的水分，使之具有较强的吸附性，降低了饲料中的粉尘飘散。改善了养殖环境中的粉尘，同时也降低了蛋鸡呼吸道疾病的发病几率。

总之，发酵饲料的优势就在于能调节肠道菌群，减少发病，提高饲料利用率，促进蛋壳质量的改善，降低饲料成本，提高产蛋率。因此，发酵饲料将会越来越受到蛋鸡养殖场的青睐。

二、发酵饲料对肉鸡的影响

众多研究报道表明，与无抗生素日粮相比，饲喂微生物发酵饲料能明显地促进肉鸡的生长，提高肉鸡的生长性能；与含有抗生长素的日粮相比，饲喂微生物发酵饲料的肉鸡在生产性能指标方面也会表现出一定的优势。

（一）发酵饲料的作用

1. 发酵饲料对肉鸡肠道微生态与形态结构的影响

Missotten 等分别用全价发酵饲料和未发酵的基础日粮饲喂肉鸡，发现后期试验组肉鸡饲料转化率高、肠道健康，尤其是小肠组织形态、绒毛高度以及肠道内的菌群组成均显著优于对照组。Zhang 等报道，在饲粮中添加经过黑曲霉或者黑曲霉和假丝酵母混合发发酵的银杏叶，可以明显提高肉鸡小肠消化功能以及改善微生态系统。Heres 等指出，发酵饲料饲喂肉鸡可以明显改善小肠上半部分的形态，抑制沙门氏菌的功能，显著增加回肠和盲肠中的乳酸菌和米曲霉的数量，显著降低大肠杆菌的数量。

2. 对肉鸡免疫机能和肠道酶活的影响

Ahmed 等研究发现，添加 10、20g/kg 发酵香橙（乳酸杆菌、酵母菌、肠球菌、芽孢杆菌的混合菌发酵）可显著增加血清抗体 IgM 浓度，而且后者明显地抑制了大肠杆菌的增殖。Tang 等用芽孢杆菌发酵的棉籽粕代替饲粮中部分豆粕发现，替代量为 8%组肉鸡血清 IgM 和 IgG、补体 C3 和 C4 水平较对照组有明显提高，肉鸡体液免疫水平得到了很大改善。

3. 环境保护作用

畜牧业发展带来的环境污染问题一直难以解决，而发酵饲料具有较高的消化利用率，可以明显地减少动物粪便中的氨、氮物质的含量，可对环境起到一定的保护作用。最重要的是，微生物发酵饲料没有添加抗生素等药物，间接地减少了耐药菌株对人体抗药性的影响。

4. 经济效益

倖祥仁等研究发现，在肉鸡饲料中添加 10%、20%木薯渣后，饲养毛利润分别提高了 28.36%、26.63%，可以降低养殖成本，提高经济效益。Apata 等发现，用 180g/kg 发酵橄榄仁代替基础日粮中 40%的玉米对肉鸡生长性能、血清生化指标、表观代谢均无不良影响，同时使废弃物原料得到利用，大大地减少了玉米原料的使用，节省了原料成本。

(二)肉鸡发酵饲料生产存在的问题

1. 发酵原料和混合料种类繁多,没有明确的标准

发酵涉及到植物、动物以及矿物质等原料,每一种原料都有其特定的营养成分和不足之处。发酵时原料的状态、料水比例、菌种、发酵过程中的注意事项,以及混合原料进行发酵时原料配比、菌种的选择等均无明确的标准。因此,在进行发酵时可能会面临着各种问题。

2. 发酵所用菌种的复杂性及其安全性

用于发酵的微生物包括真菌、细菌等很多种类,并且每一菌种都有各自特定的生存条件和代谢途径,在发酵前要明确所用菌种的生存和代谢特点。在选用混合菌种进行发酵时,还要考虑菌种生存条件的差异及其相互关系。同时,菌种的产物以及其安全性同样至关重要。

3. 发酵饲料的添加以及保存问题

不同的饲料经过不同的菌种发酵后,饲料的理化性质、生物功能都可能存在很大的区别。在添加到饲粮中使用时,添加的比例、时间、饲喂方式等要求可能都不相同。饲料经过发酵后,水分含量与微生物种类增加,饲料生产出来以后就会一直处于发酵状态,且饲料在饲喂前暴露于空气中会受到空气温度、湿度、微生物等影响,容易发霉变质,使得饲料的保存变得困难。若保存时间过长,发酵饲料中的营养物质会因为微生物代谢过多,致使其营养价值下降。

(三)酵母培养物对肉鸡的影响

作为功能性饲料原料,酵母培养物是一类复杂的微生物发酵制剂,可以提高动物生产性能与促进免疫发育。但其有效的促进效果受到多方面的因素影响,其中包括酵母菌菌种、发酵工艺以及日粮营养成分等。

荣博涵等通过两个试验,研究其自主筛选配制的糖蜜培养基培养的酿酒酵母培养物作为肉仔鸡日粮添加剂,优选饲喂 AA 肉仔鸡的最适添加剂量范围以及研究不同粗蛋白水平对 YC 添加效果的影响。日粮 CP 正常试验组饲喂基础日粮,同时各添加三个水平比例的酵母培养物。低蛋白试验组饲喂低蛋白日粮,同时各添加三个水平比例的酵母培养物。试验期为 42 天,于试验结束(42 日龄)从每个重复随机选取 2 只屠宰取样。试验结果表

明:1)与对照组相比,在整个试验周期中,0.384%的添加剂量显著提高ADG(P<0.05),0.192%组料重比显著降低(P<0.05);在22～42日龄期间,0.192%和0.384%的添加剂量显著提高ADG(P<0.05);0.192%组料重比显著降低。2)与对照组相比,添加0.192%酵母培养物在试验后期明显提高了仔鸡对氮素沉积(P<0.05),0.192%与0.384%的添加剂量显著提高血清中新城疫抗体滴度(P<0.05)。3)与对照组相比,0.384%试验组的血清球蛋白含量显著提高(P<0.05)。日粮中添加0.192%的酵母培养物显著提高血清中碱性磷酸酶的含量(P<0.05),0.384%的添加剂量的谷丙转氨酶显著高于对照组(P<0.05)。4)0.192%与0.384%的添加剂量会显著提高十二指肠的绒毛高度(P<0.05),0.384%的添加剂量会显著降低十二指肠隐窝深度,提高绒毛隐窝比(VCR)(P<0.05);0.384%的添加剂量会显著提高空肠的绒毛高度以及VCR(P<0.05),0.192%组的VCR显著高于对照组(P<0.05)。5)日粮添加0.384%的酵母培养物显著降低了肝脏的器官指数(P<0.05),0.024%与0.196%的添加剂量显著提高胸腺指数(P<0.05)。

从全期增重情况来看,日粮粗蛋白水平对肉鸡ADG影响显著,正常蛋白日粮对ADG的影响显著高于低蛋白日粮(P<0.1),交互作用影响显著,低蛋白日粮0.384%组显著低于正常日粮的0.192%与0.384%组(P<0.1)。在1～21日龄期间,日粮蛋白水平对肉鸡生长ADG影响作用显著,正常组ADG显著高于低蛋白日粮组(P<0.1)。在22～42日龄,交互作用影响显著,其中,低蛋白日粮0.384%组ADG显著低于低蛋白日粮0.024%组(P<0.1)。

酵母培养物在1～21与1～42日龄期间对肉鸡采食影响显著(P<0.1),其中采食量随酵母培养物添加剂量增高而增高。在整个试验期间,FCR分别受到酵母培养物添加剂量、日粮蛋白水平以及两者交互作用的显著影响(P<0.1)。其中,FCR随日粮蛋白水平下降而上升,0.384%的添加剂量的试验组显著增高(P<0.1);在1～21日龄期间,日粮蛋白水平是主要影响因素,且正常日粮FCR显著低于低蛋白日粮组;在22～42日龄期间,添加剂量与交互作用都对FCR影响显著(P<0.1)。

在相同蛋白水平下,酵母培养物添加剂量对肉鸡氮素表观沉积率影响显著(P<0.1),0.192%组显著高于0.384%组(P<0.1)。同时,酵母培养物添加剂量与蛋白水平的交互作用显著影响肉鸡在后期对氮素的表观沉积率。

酵母培养物添加剂量对血清中球蛋白、尿素氮与谷草转氨酶的含量影响显著(P<0.1),0.384%组球蛋白与尿素氮水平显著高于0.024%组;而

谷草转氨酶的含量随添加剂量上升而下降，0.384%组显著低于0.024%组和0.192%组。日粮蛋白水平对血清中尿素氮、尿酸、谷草以及谷丙转氨酶影响显著（P<0.1），其中尿素氮、尿酸与谷丙转氨酶的含量随粗蛋白下降而下降，谷草转氨酶则相反。两者交互作用显著影响着碱性磷酸酶、血清尿素氮谷草以及谷丙转氨酶（P<0.1）。

酵母培养物添加剂量对血清中新城疫抗体效价的影响显著（P<0.1），且随添加剂量上升而提高。日粮蛋白水平对十二指肠绒毛高度、空肠与回肠的隐窝深度与VCR比值（绒毛高度/隐窝深度）影响显著（P<0.1），其中十二指肠绒毛高度与空肠和回肠的VCR随粗蛋白水平下降而下降，空肠与回肠的隐窝深度则相反。酵母培养物对黏膜影响并不显著（P>0.1）；两者交互作用显著影响十二指肠绒毛高度、三个肠段的隐窝度与VCR比值（P<0.1）。

酵母培养物添加剂量对法氏囊指数影响显著（P<0.1），0.192%组显著高于0.384%组；日粮蛋白水平对肝和法氏囊指数影响显著（P<0.1），其中肝指数随粗蛋白下降而上升，法氏囊则相反。

肖曼也通过试验，研究了日粮中添加不同水平的酵母培养物对肉仔鸡生产性能、营养物质利用率、肠黏膜组织结构、肠道菌群、免疫功能及血清生化指标的影响。结果表明：1）日粮中添加酵母培养物可以明显改善肉仔鸡的生产性能。1～42日龄，各酵母培养物组肉鸡的平均日增重和平均日采食量均极显著高于对照组（P<0.01），料重比均低于对照组，且Ⅴ组的达到了显著水平（P<0.05）。2）日粮中添加酵母培养物可以提高肉仔鸡的营养物质利用率。试验组酵母培养物显著地提高了表观代谢能、干物质、粗蛋白、粗脂肪和磷的表观代谢率（P<0.05），且有提高粗灰分表观代谢率的趋势（P>0.05）。3）日粮中添加酵母培养物可以改善肉仔鸡十二指肠、空肠和回肠肠道黏膜组织结构。添加1000mg/kg、1500mg/kg、2000mg/kg、2500mg/kg酵母培养物显著地提高了21和42日龄肉鸡十二指肠、空肠和回肠绒毛高度和绒毛高度/隐窝深度（P<0.05），显著地降低了各肠段隐窝深度（P<0.05）。其中，2000mg/kg剂量组对21日龄肉鸡各肠段黏膜形态结构的改善作用最佳；1500mg/kg剂量组对42日龄肉鸡各肠段黏膜形态结构的改善作用最佳。4）日粮中添加酵母培养可以改善肉仔鸡肠道菌群结构。饲粮中添加酵母培养物可不同程度提高空肠、回肠和盲肠中乳酸杆菌和双歧杆菌数量，降低大肠埃希菌的数量，且2000mg/kg剂量组对整个试验期肉鸡肠道菌群作用效果较好。5）日粮中添加酵母培养物可以提高肉仔鸡的免疫功能。21日龄时，试验组的脾脏指数、胸腺指数和法氏囊指数分别高出对照组67.50%（P<0.01）、23.05%（P>0.05）和49.25%（P<0.05）。

42日龄时，试验组的法氏囊指数显著高于对照组，但酵母培养物对42日龄肉鸡的脾脏指数和胸腺指数均无显著影响（$P>0.05$）；6）日粮中添加酵母培养物可以提高肉仔鸡抗氧化酶活性。

国内外大量研究表明，酵母培养物通过向动物体内的微生物菌群提供营养底物来改善胃肠道环境，加速微生物的新陈代谢，调整菌群结构，增加有益菌的有效浓度，从而促进胃肠道对饲料营养物质的分解、合成、消化、吸收和利用，从而增加动物采食量，提高动物对营养物质的利用率，促进生长，使动物的生产性能得到较高水平的发挥。刘苑青等（2011）研究发现，酵母培养物可提高肉种鸡的生产性能和种蛋合格率，酵母培养物可以显著改善肉种鸡产蛋后期产蛋率和受精率的下降幅度，降低死淘率。

酵母细胞壁主要由葡聚糖、甘露聚糖、糖蛋白和几丁质组成，其中甘露寡糖可显著影响动物的免疫系统，吸附和抑制胃肠道病原菌，调节非免疫防御机制，防止毒素和废物的吸收，排斥病原性微生物在胃肠黏膜表面的附着；可诱导刺激机体产生细胞免疫和体液免疫，调节免疫防御机制。刘观忠等（2005）研究发现，饲料中添加酵母培养物可以显著提高雏鸡免疫功能，保证健康。肉种鸡饲料中添加酵母培养物后，健康状态得以改善，死淘率显著降低。

（四）肉鸡发酵饲料的研究趋势

（1）特色功能菌株的筛选　随着科研工作者对发酵饲料技术的不断探索，发酵饲料菌株的筛选也日益多元化，筛选出来的功能菌株也越来越丰富。从高产蛋白酶、纤维酶、脂肪酶、淀粉酶菌株进而到降解棉酚、硫苷等毒素菌株和抗菌抗病毒菌株的筛选，研究者们正致力于筛选高性能、高耐受性、高稳定性的菌株。

（2）菌种的组合效果　目前，不同菌种按照不同的比例组合发酵出来的饲料质量也不相同，有的混合菌发酵效果表现优于单个菌株，有的却不如单个菌株。进行发酵前，要充分了解原料特点、菌种的生存条件、代谢途径、发酵产物和混合菌种之间可能存在的相互关系。根据发酵目的，结合菌种发酵效果，选用菌种的种类和添加比例。例如张建华在酒糟发酵蛋白质饲料菌种的筛选研究中，以粗蛋白、真蛋白、粗纤维为指标，选用8种酵母菌和霉菌反复结合进行试验，最终确定出最佳发酵菌种组合。

（3）发酵饲料应用到的技术　目前，饲料发酵主要是在传统发酵的基础上对发酵工艺、菌种选育、菌种复配等进行了改进，还需要不断探索发现新的应用技术，如通过基因工程实现对菌种的目的性改造，保证菌种高效稳定性遗传。

(4)发酵饲料应用效果的评价指标　发酵饲料在肉鸡养殖中的效果,不仅仅体现在生产性能、肠道环境、肠道形态等方面。鸡肉一直是我国主要肉食消费品之一,因此在追求高产、低消耗时,肉品质也是应该关注的重点之一。鸡粪中潜在的有害微生物以及散发臭味的吲哚等,都可以作为探索发酵饲料在肉鸡养殖中应用中的出发点。

第六章　生物发酵饲料存在问题

我国生物发酵饲料有着悠久的生产和应用史，主要经历过青贮饲料、单细胞蛋白、微生物发酵饲料这几个时期。但对生物发酵饲料的定义没有具体统一，而且随着科技和实践认识的不断发展，其定义和内涵也在不断变化，广义认为生物发酵饲料是指在人为可控制的条件下，以植物性农副产品为主要原料，通过微生物的代谢作用，降解部分多糖、蛋白质和脂肪等大分子物质，生成有机酸、可溶性多肽等小分子物质，形成营养丰富、适口性好、活菌含量高的生物饲料或饲料原料。生物饲料是指以饲料和饲料添加剂为对象，以基因工程、蛋白质工程、发酵工程等高新生物技术为手段，利用微生物发酵工程开发的新型饲料资源和饲料添加剂。

利用农产品副产物生产生物发酵饲料，可扩大饲料生产规模，提高饲料质量和资源利用率，对饲料行业的发展具有重大意义。目前我国蛋白质饲料原料严重短缺，大豆和鱼粉进口量居世界第一，2010 年进口大豆 5480 万 t，对进口依存度达 75%，鱼粉进口依存度也在 70%以上。但我国拥有着丰富的富含蛋白质的饼粕资源，2012 年菜籽粕产量就达到 923 万 t，棉粕产量达 448 万 t。利用发酵技术降解这些饼粕中的抗营养因子，分解蛋白产生小肽，生产饼粕生物发酵饲料，能够有效保障我国养殖业的健康、平稳发展。这些迫切的需求和我国的实际情况推动了生物发酵饲料行业的发展。但是，由于发展得过快，在这个过程中也出现了一系列的问题。

第一节　技术储备问题

“发酵”是来源于生物化学领域和发酵工业领域的专业词汇，这两个行业与传统的饲料行业和畜牧行业在很长时间内没有交集。直到工业化饲料的出现和集团化养殖企业的出现，导致饲料资源开发的过程中，陆陆续续涉及到不同行业的副产品和下脚料。这些副产品和下脚料有的作为添加剂，有的经过适当处理作为饲料原料使用。同时在处理的过程中借鉴了不同行业的加工工艺。饲料发酵技术其实就是借鉴了传统的酿造行业和发酵工业的一些关键操作而来的。但是饲料和畜牧行业的从业人员没有经过专业的训练，对发酵的理解和运用受到了一定的限制。另外，从固化的学科分类上，发酵过去属于工学或者理学，而畜牧和饲料行业属于农学。大农业的粗放和落后导致一些精细化的技术不被看好，难以在农业领域实施和转化。

生物发酵领域的核心是微生物菌种。我国饲用微生物菌种的发展非常迅速，目前允许在养殖动物和饲料中使用的已经达到34种。但是对微生物菌种的研究或技术转化非常不如人意。很多从业人员一个菌种走遍天下，在大江南北，在猪马牛禽上均大显神通，这与科学理论基础严重背离。还有很多微生物相关的基础领域研究的学者专家掌握了大量优质的微生物菌种资源，但是却对末端的应用不感兴趣，或者未考虑在相对落后的畜牧和饲料领域去应用和转化。导致部分优秀的微生物菌种躺在菌种库里睡大觉。

我国目前从事生物发酵饲料研发和生产的企业，大部分由中小型饲料企业和兽药企业转型而来。他们对微生物知识和发酵工艺了解较少，发酵设备落后，在固体发酵阶段没有标准化设备；有的厂家发酵设备全部暴露在浓缩饲料生产车间中，粉尘夹带杂菌产生污染；有的厂家没有专职的微生物培养、检验人员。这些因素都影响着生物发酵饲料的质量稳定及安全。

第二节　产品稳定性

一、发酵原料的灭菌问题

由于生物发酵饲料在养殖上需求量巨大，导致很多企业开始规划和投产。我国采用的发酵方式多为固态发酵，因而原料灭菌对于大批量生产来说成本较高，加之缺乏专业的灭菌设备，产品的附加值得不到认可，故大部分企业对原料不灭菌或者灭菌效果不好。但如果消毒灭菌不彻底，在后期发酵的设备、输送系统等程序中很容易出现杂菌污染，导致发酵失败。开放式发酵床、发酵池等生产方式的生产量相对于发酵罐大很多，但使用开放式发酵进行发酵染菌风险更高。这就导致了生物发酵产品一直摇摆于产品成本和产品品质之间的尴尬境地。在生物发酵饲料产品的高附加值的使用价值（如，作为高档畜产品的必须原料）没有被彻底公认，产品生产成本没有大幅度降低之前，这种尴尬的情况会一直存在。

二、发酵过程中发酵不良

在生物发酵饲料固态发酵过程中没有标准化设备，发酵过程只有空气和水分两种介质，发酵的物料不能像液态发酵那样具有均一性，因此会出现以下一些发酵不良的问题：

①发酵料发酵不均匀，不同部位水分蒸发快慢不同，导致局部菌种生长不良。

②发酵过程中由于微生物呼吸代谢作用，内部易出现缺氧、温度过高现象，在没有完全实现人工控制的情况下，影响发酵效果。

③生物发酵饲料的生产很难实现补酸、补碱等流加工艺，因此发酵过程中的 pH 不易调控。发酵一段时间后培养基偏酸性，不利于后续发酵的继续进行。

第三节　产品安全性

生物饲料是目前世界上研究和开发的热点，在保障我国饲料资源、饲料和畜产品安全，促进减排、降低环境污染等诸多方面都表现出了极大的应用前景。近年来，广大用户对生物发酵饲料的使用效果的认知度越来越高，使得越来越多的生物发酵饲料应用于饲料工业和养殖业中。然而，生物发酵饲料的安全性却正在被忽视。阐述生物发酵饲料的安全性可以从以下三个方面来进行。

一、发酵原料安全性

生物发酵饲料的原料种类繁多，这些原料作为饲料和作为发酵原料的合理性方面的科学研究不够深入，缺乏针对不同原料筛选、评测、复配合理发酵菌种等生产过程各环节的系统研究。有的发酵原料本身可以直接饲喂动物，但经过长时间的发酵可能会分解出不利于动物健康和产品安全的有毒有害物质（霉菌毒素、亚硝酸盐均是这样产生的）。对于发酵产品也缺乏统一、有效的品质成分分析检测法，各类饼粕发酵饲料的养殖应用研究不够深入。市场上现有各类饼粕发酵饲料用法、用量随意性很强，差异很大，主要是因为缺乏使用有效的科学评判方法。此外发酵饼粕饲料的安全风险评估研究目前开展较少，对发酵原料、过程及产品中霉菌、毒素的数量变化及控制研究等很少涉及。

生物发酵是一个复杂的生物化学过程，发酵过程中饲料化学成分会发生变化，还会引起发酵环境的变化。目前一些工厂对生物发酵饲料的检测手段单一，有些纯粹凭借气味判断产品质量和产品性能，这样很难保证发酵原料和发酵饲料产品质量的稳定性和安全性。发酵过程中对参数进行控制可以有效保证发酵产品质量，但目前监控技术还不是很成熟，国内外对固态发酵过程参数的智能监控技术还急需探索。

二、发酵菌种安全性

目前，生物发酵饲料所用的发酵菌种，大部分为购买或自己筛选。购买的菌种在长期使用时，缺乏代次稳定性和变异性的检验，很难保证稳定性。自己筛选的发酵菌种通过鉴定，符合复合添加剂目录的要求即开始作为发酵菌种使用。然而，笔者认为这些过程还不够完善。判断一个菌株是否优良、是否可用还需要大量的验证。筛选发酵菌株主要是考虑到人和各种动物是否安全，并通过动物临床试验来验证其应用效果，从而评价菌株是否优良。通过耐受体外试验就判断其能够在肠道里定植，缺乏科学性和准确性，而通过动物临床试验更加科学合理。

发酵饲料使的菌株的安全性是最重要的。在适宜的条件下，只有有益菌大量繁殖，才能将原料转化成对动物有益的代谢产物，而有害菌的繁殖会产生有害物质影响动物健康。应该对已筛选到的菌种进行大量研究之后，再投入生产和应用。如肠球菌，在农业部饲料添加剂里面它到现在仍然可以使用。但有研究表明，有的肠球菌在饲喂猪的过程中降低了猪的肠道微生物多样性，它的使用效果和抗生素一样。因此，我们在选择肠球菌时，一定要评价所选用的菌株是否安全。

三、代谢产物安全性

目前，发酵饲料的好坏主要通过色泽、气味和质地等感官指标，以及乳酸菌、酵母菌和芽孢杆菌的数量来判断。但是，这些评价指标是否科学，并未得到验证。生物发酵饲料经过发酵的复杂过程，代谢产物成百上千，而目前能够认识到的非常有限。这些代谢产物是否安全有效，是衡量发酵饲料品质好坏的一个重要因素。在这方面我们需要分析化学、有机化学、生物化学等学科的研究成果,并将它们迅速应用到生物发酵饲料领域,以提供有力的理论支撑和技术支撑。由于发酵原料特色和个人感官敏感度不同,肉眼所见所感并不一定代表发酵饲料的真实变化,在目前没有科学的指标评价前提下,不应单纯地依靠感官指标的某一个或几个指标作出判断,而应结合已知的理化指标并结合具体的饲养实验进行综合评定其质量及营养价值,才能正确地判断发酵饲料的成功与否。

第七章　生物发酵饲料前景

近年来，微生物发酵技术快速发展，微生物发酵饲料的发展也相当的迅速，各种微生物发酵饲料层出不穷，在畜牧业、养殖业中得到应用，而且应用前景也十分广阔。在集约化养殖的快速发展中，动物出现各种各样的疾病，为了确保动物的健康和经济效益，大量使用抗生素，导致动物机体和动物体内的有害微生物产生抗药性；人类长期食用这些动物畜产品会引起健康问题，而且致病菌已经对一些抗生素产生抗药性，治疗起来也增加了难度。

第一节　缓解饲料原料匮乏问题

饲料资源是限制我国畜牧业发展的一个重要因素。我国是一个农业大国，但是随着人口数量的增加和耕地面积的减少，我国的粮食产量很难增加，饲料资源短缺问题越来越严重，尤其是蛋白质饲料资源缺口逐年加大，一直是困扰我国畜牧业发展的重要问题。利用微生物发酵技术开发新型饲料资源，生产蛋白质饲料和新型添加剂越来越受到业内人士重视，特别是进入二十一世纪以来，利用微生物生产的饲料蛋白、酶制剂、氨基酸、维生素、抗生素和益生菌微生物制剂等产品在饲料工业中应用得越来越广泛。

近年来，饲料资源的制约逐渐成为世界饲料行业甚至畜牧生产发展的瓶颈。精饲料资源（如玉米、豆粕、鱼粉等）紧缺并且价格较高，而廉价的粗饲料却因无法充分被动物利用而被大量废弃或烧毁，造成资源浪费和环境污染。目前，我国饲粮约占粮食总产量的 35%，预计到 2020 年和 2030 年，比重将分别达到 45%和 50%，但粮食预期年增量约有 1%，饲粮缺口在所难免，其中优质蛋白质饲料资源将更加紧张。因此，尝试利用新型饲料原料来代替日渐紧缺的常规饲料原料将会成为未来饲料发展的必然趋势。而其中粮食深加工所得的一些副产物（麸皮等）、农副产品的废弃物（农作物秸秆、果渣等）以及工业有机废水、废渣等将会是一个重要的研究趋势。

粮食深加工的副产物、农副产品的废弃物以及工业有机废水、废渣等含量丰富，并且其富含膳食纤维和蛋白质等营养成分。目前我国对于这些资源的利用还不充分，从而导致这些资源的附加值较低，造成资源的浪费。尤其对于农副产品废弃物的利用存在的问题比较严重，有的直接丢弃，有的进行焚烧。这不仅会造成资源的浪费同时对环境构成破坏。因此，通过微生物发酵的方式来利用这些资源进行饲料生产的研究，不仅可以实现资源的再利用，还能缓解我国饲料资源紧缺的问题。

第二节　解决抗生素带来的危害

人类医疗中，抗药病原菌的不断出现引起了世界各国医疗卫生部门的高度重视，并采取了相应的措施预防。在 1999 年，欧盟国家就把饲料中药物添加剂减少为 4 种，到了 2006 年，更是彻底禁止了非治疗性药物饲料添加剂的使用。中国作为世界畜禽生产大国，参与了世界畜禽市场的竞争，曾因为抗生素的含量不符合其他国家制定的标准而被拒绝出口。为了保障中国国民的公共卫生安全和适应国际上其他国家对畜禽产品制定的安全标准，我国政府更加严格地限制抗生素类饲料添加剂的使用。我国在饲料中批准使用的抗生素种类在逐渐减少，人们开始寻求其他的替代品，以保证畜牧业生产的效率和效益不受影响。

动物肠道内的病原菌直接危害动物自身的健康，同时也是食品污染的主要来源。自 20 世纪 50 年代开始，在动物饲粮中添加抗生素能显著促进动物生长，并对集约化畜牧业的发展有巨大的促进作用。然而随着科技的发展，抗生素的负面作用逐渐被发现。主要体现在以下几个方面：①抗生素在消灭病原微生物的同时也消灭了动物体内的有益微生物，破坏了动物机体内的菌群平衡，会导致更多感染或更大疾病的发生；②长期使用抗生素，会导致病原微生物产生抗药性，致使有害人类健康的病原菌产生抗药性，进而影响到人类公共卫生与安全；③抗生素在动物体内残留和富集，在食用畜禽产品后会通过食物链直接威胁人类健康和生命安全。基于抗生素的负面作用，寻找能够替代抗生素并能发挥抑制病原菌生长，促进畜禽生长作用的新型饲料变得越来越重要。

第三节　缓解畜牧行业的环境污染

据有关资料介绍，全世界每年约有纤维素资源 1000 亿 t，我国约有 50 亿 t，其中的农作物秸杆（玉米秸，麦秸，稻草等）就达到 5 亿 t 左右，这些农作物秸杆能用于青贮饲料（青秸杆）的是少数，大多数被用于燃料和肥料，即使作为饲料，也是非常传统的方法，即直接饲喂牛羊，消化利用率很低。现在农户在田间地头大量焚烧秸杆的现象很普遍，这不仅是对资源的极大浪费，而且严重污染环境，特别是在市郊大量焚烧秸杆，污染的后果更加恶劣。如果我们把其中的 20%秸杆发酵处理，变为饲料，则可以获得相当于 4000 万 t 的饲料粮，约为目前全国每年饲料用粮的一半。生物发酵饲料技术可以使其实现成为可能。酶制剂和益生菌的应用，也大大降低了养殖场对外部周围环境的污染，显著减少了养殖场周围的空气环境，降低了臭味等。

目前，我国对于畜禽粪便的排放和利用方式都存在一些问题。大量的畜禽粪便不经处理便直接排放或者露天堆砌，造成土壤和大气的污染。而在使用方面多直接作为肥料，使其不能得到充分利用，附加值较低。研究表明，动物将饲料中的养分转化为畜产品的效率只有 20%～35%，而 65%～80%的摄入养分都随粪便排入了环境。畜禽粪便不但造成土地承载力超标，而且粪便中的重金属渗入地下，造成土地及地下水污染。此外，粪便分解的硫化氢、甲烷和氨气等危害人类健康的空气污染物，容易形成酸雨，造成大量土壤酸化，并加重了土壤污染和水体污染。

精饲料资源短缺，而丰富的粗饲料资源未被合理利用，使得废弃物资源再生成为研究的热点。同时饲用抗生素的滥用，畜禽粪便不合理的排放，畜禽养殖场集约化、集团化的出现，导致畜禽养殖疾病风险增加，养殖成本上升，环境污染，食品安全压力增大。这些使得健康、环保、安全的养殖逐步成为共识，而发展微生物发酵饲料产业是解决上述问题的重要途径之一。

第四节　国家政策的支持和引领

我国微生物发酵饲料的研究起步较晚，但经过不断的发展，生物饲料行业得到了较快的发展，产品效果得到了养殖者的广泛认可。总结微生物发酵饲料在我国的发展，大体可以概括为以下 3 个阶段。第一阶段，糖化饲料、青贮饲料等；第二阶段，将益生菌菌株先进行培养然后经过离心、洗涤和干燥等步骤制成菌剂作为饲料添加剂掺在基础日粮中，如单细胞蛋白（酵母粉）等；第三阶段，即今天的微生物发酵饲料，其主要是利用高活性的有益微生物发酵廉价的农业或工业废弃物生产高质量的蛋白质饲料，不仅能实现资源的再利用，同时生产的产品品质也有很大提高。

为了促进养殖业和饲料行业的发展，国家制定了一系列相关政策并提出了未来饲料行业的总体目标。即逐步实现安全、优质、高效、协调发展，确保饲料产品供求平衡和质量安全；实现饲料工业结构进一步优化；提高科技对饲料工业的贡献率，饲料企业的国际竞争能力显著增强；进一步健全和完善饲料工业生产与经营的法律体系，保障饲料工业持续、健康发展，逐步将饲料大国转变为饲料强国。而为了完成这个目标，发展微生物发酵饲料将是未来饲料行业发展的一个重要方向。其中在《生物产业发展“十三五”规划》《饲料工业“十三五”发展规划》中就明确提出：未来生物技术与生物饲料在保障饲料安全与食品安全、促进饲料产业健康可持续发展的方向及产业布局模式等方面具有重要意义；是促进我国畜牧业健康持续发展的必要条件和物质基础；是我国今后饲料工业发展的长期战略。

第五节　上下游协同发展的物质基础

人们消费结构的变化，促使畜牧业较快发展，从而带动了饲料市场的继续扩张。随着工业饲料普及率的提高，养殖业中利用工业饲料比例的逐步攀升，必然进一步拉动对饲料的需求。然而，随着配合饲料技术进步，畜产品的产量极大丰富，在满足量的需求之后，消费者必然对畜产品的品质提出更高的要求。土鸡、土鸡蛋、黑猪肉、桑香猪等畜产品越来越受消费者欢迎，这充分说明了下游市场对养殖行业的需求的改变和升级。我国饲料产品市场将呈不断扩大态势，但是也面临着转型的压力。其中微生物发酵饲料在进几年发展得较为迅速。目前，微生物发酵饲料在我国畜牧业已得到了广泛应用。随着人们对微生物发酵饲料、畜产品质量的认识和重视程度的加强以及生物技术的迅速发展，将会进一步促进微生物发酵饲料的发展。

第六节　传统饲料升级和养殖模式转变的根本

随着科学技术水平的快速进步，农户的养殖观念与养殖方式开始转变，规模化、标准化、专业化养殖模式发展较快，工业饲料普及率逐年提高，土地、人力、粮食的产出率逐步提高，这为我国饲料工业的发展提供了广阔的空间。尤其是在农业部“三大战略”“九大行动”的部署下，生态养殖理念得到推广，为构建资源节约、生态环保的养殖业奠定了良好的基础，发展饲料工业和规范养殖将从整体上提高资源综合利用效率。其中，生物技术的迅猛发展，将进一步促进微生物发酵饲料的发展。随着基因工程的发展，可以定向地对微生物菌株进行改造。谢光蓉等将枯草芽孢杆菌 α-淀粉酶基因与穿梭表达载体 PP43C 相连并导入 8 种蛋白酶缺陷枯草芽孢杆菌 WB800，获得高效分泌表达 α-淀粉酶的工程菌，酶活力高达 960U，具有良好的应用潜力，可促进 α-淀粉酶的工业化生产。

微生物发酵饲料可以大大降低药源性（主要来自于饲料）疾病，改善动物整体健康状况，还可以生产出无抗生素残留的优质畜禽产品，满足人们对绿色健康食品的迫切需求。

但是，想要生产质优价廉的发酵饲料，首先还得研发一些规模较大、自动化程度较高的固体发酵设备，其次需要不断发掘新的饲料菌种和改良现有的菌种。因纤维素酶、淀粉酶、蛋白酶等酶类对发酵至关重要，因此筛选此类酶制剂的菌种是微生物发酵饲料今后发展的重点。

以后的微生物发酵饲料会向着高效、专一的方向发展，针对特定动物、特定时期、特定疾病的微生物发酵饲料效果会更加显著。在生物科技不断发展的过程中，特别是酶工程、基因工程和发酵工程等相关技术的深入研究，很多新型的“基因工程菌种”在饲料的生产、加工和调制过程中得到广泛应用，饲料资源的利用前景和市场也逐渐广阔，具有高营养、高吸收率的生物饲料被广泛应用，并为畜牧发展做出较大的贡献。

附　录

附录1　产纤维素酶枯草芽孢杆菌的优化培养

摘要:采用单因素设计,对枯草芽孢杆菌的碳源,氮源,起始 pH 值,盐浓度和培养时间进行优化,测定菌液的纤维素酶活力。结果表明:碳源是葡萄糖时,酶活力 0.750,纤维素酶酶活力最高;氮源是蛋白胨时,酶活力 0.711,纤维素酶酶活力最高;起始 pH 为 7,酶活力 0.696,纤维素酶酶活力最高;盐浓度 5%,酶活力 0.698,纤维素酶酶活力最高;培养时间 18h,酶活力 0.698,纤维素酶酶活力最高。

关键词:纤维素酶;益生菌;枯草芽孢杆菌;优化

Abstract:Single factor design changes carbon,nitrogen sources,initial pH,salt concentration and incubation time to detect the cellulase activity. The results are:when carbon source is glucose,the highest enzyme activity is 0.750,nitrogen source is peptone,the highest enzyme activity is 0.711,initial pH is 7,the highest enzyme activity 0.696,when the salinity is 5%,the highest enzyme activity is 0.698,and incubation 18 hours,the highest enzyme activity is 0.698.

Key words:cellulase;probiotic;Bacillus subtilis;Optimization

纤维素是世界上最为丰富的可再生生物高分子,其不断通过光合作用得以补充[1]。因为糖是能量、食品、化工产品等的重要来源,所以将纤维素这些生物高分子降解成糖,便成为十分有意义的事情[2]。纤维素酶是指所有参与降解纤维素,最终将其转化为还原糖的各种酶的总称。它是一类复杂的酶复合物,故而又称为纤维素酶系(cellulase system)[3]。本试验通过研究影响细菌正常生长的因素,包括碳源、氮源、培养时间、培养温度、培养盐浓度等,对一株能够产纤维素酶的枯草芽孢杆菌进行优化培养。通过优化培养条件,使之生长和产纤维素酶达到最佳。

1　材料与方法

1.1　材料

枯草芽孢杆菌(*Bacillus subtilis*),筛选自土壤样品,实验室－20°C保存。

1.2　方法

1.2.1　主要溶液和培养基配制参考文献[4][5]方法,包括羧甲基纤维素培养基、LB培、基础培养基、摇瓶发酵培养基、葡萄糖溶液(10.0mg/ml)、羧甲基纤维素钠溶液(8g/L)、DNS试剂等。

1.2.2　菌种活化

将枯草芽孢杆菌菌种,在CMC固体培养基中划线培养12h以后,形成单菌落,用接种环挑取单菌落,接种到5ml的摇瓶发酵培养基37℃摇床中摇动培养。待菌液生长到一定浓度,以1∶50扩大培养到30ml发酵培养基的三角瓶中,用以进行培养条件优化。

1.2.3　实验设计

采用单因素设计,分别对碳源,氮源,酸度pH,盐浓度,优化培养时间进行优化培养;测其OD_{600}值和酶活力,计算出单因素条件下的碳源,氮源,酸度pH,盐浓度,优化培养时间最高的酶活力。

具体实验设计方案如表1所示:

表1　优化培养设计方案

	C源	N源	NaCl	pH	时间(t)
A1	0.6g葡萄糖	0.45g蛋白胨	0.15g	7	15h
A2	0.6g葡萄糖	0.45g蛋白胨	0.15g	7	18h
A3	0.6g葡萄糖	0.45g蛋白胨	0.15g	7	21h
A4	0.6g葡萄糖	0.45g蛋白胨	0.15g	7	24h
A5	0.6g葡萄糖	0.45g蛋白胨	0.15g	7	27h
A6	0.6g葡萄糖	0.45g蛋白胨	0.15g	7	30h
B1	0.6g葡萄糖	0.45g蛋白胨	0.15g	7	18h

（续）

	C 源	N 源	NaCl	pH	时间(t)
B2	0.6g 蔗糖	0.45g 蛋白胨	0.15g	7	18h
B3	0.6g 麦芽糖	0.45g 蛋白胨	0.15g	7	18h
C1	0.6g 葡萄糖	0.45g 蛋白胨	0.15g	7	18h
C2	0.6g 葡萄糖	0.45g 氯化铵	0.15g	7	18h
C3	0.6g 葡萄糖	0.45g 水解乳	0.15g	7	18h
D1	0.6g 葡萄糖	0.45g 蛋白胨	0.15g	3	18h
D2	0.6g 葡萄糖	0.45g 蛋白胨	0.15g	5	18h
D3	0.6g 葡萄糖	0.45g 蛋白胨	0.15g	7	18h
D4	0.6g 葡萄糖	0.45g 蛋白胨	0.15g	9	18h
D5	0.6g 葡萄糖	0.45g 蛋白胨	0.15g	11	18h
E1	0.6g 葡萄糖	0.45g 蛋白胨	0.075g	7	18h
E2	0.6g 葡萄糖	0.45g 蛋白胨	0.15g	7	18h
E3	0.6g 葡萄糖	0.45g 蛋白胨	0.225g	7	18h
E4	0.6g 葡萄糖	0.45g 蛋白胨	0.30g	7	18h

1.3　维素酶酶活力测定

1.3.1　标准曲线的绘制参考文献[6][7]

1.3.2　纤维素酶酶活测定参考文献[8]

(1)培养液以 3000r/min，离心 8min，取 1ml 上清液，再用乙酸-乙酸钠缓冲液稀释到 9ml。

(2)吸取 10.0ml 羧甲基纤维素钠溶液和稀释的酶液，37℃平衡 10min。

(3)吸取 0.8ml 经过适当稀释的酶液(已经经过 37℃平衡)，加入刻度试管中，然后加入羧甲基纤维素钠溶液 0.80ml，37℃保温 30min，再加入 2ml DNS 试剂，沸水浴加热 5min。用自来水冷却至室温，加水定容至 10ml，以标准空白样为空白对照，在波长 540nm 处测吸光度 $A1$。

(4)吸取 0.8ml 经过适当稀释的酶液(已经经过 37℃平衡)，加入刻度试管中，再加入 2ml DNS 试剂，电磁振荡 3s。然后加入羧甲基纤维素钠溶液 0.80ml，37℃保温 30min，沸水浴加热 5min。用自来水冷却至室温，加水定容至 10ml，以标准空白样为空白对照，在波长 540nm 处测吸光度 A。

1.3.3　酶活力计算

$$X = [(A - A1) \times K + b]/(180.2 \times t) \times D \times 1000$$

式中：A 为酶反应的吸光度；$A1$ 为酶空白样的吸光度；K 为标准曲线的斜率；b 为标准曲线的截距；180.2 为葡萄糖的摩尔质量，g/mol；t 为酶解反应时间，min；D 为稀释倍数；1000 为转化因子，1mmol＝1000μmol，酶活力结果的计算值保留 3 位有效数字。

1.3.4　数据处理

所有试验数据用 Excel 软件处理，观察其纤维素酶活力值。

2　结果

2.1　葡萄糖的标准曲线

由不同质量浓度葡萄糖溶液，加入乙酸-乙酸钠溶液和 DNS 试剂，在 540nm 处测吸光度值，以标准空白样对照调零，数据如表 2 所示，再用 Excel 处理数据，以葡萄糖质量浓度为 X 轴，以 OD_{540} 吸光度值为 Y 轴，绘制标准曲线，结果如图 1 所示。通过软件分析，标准曲线的方程为：$y=1.3645x+0.0889$。

表 2　葡萄糖浓度与吸光度

葡萄糖浓度（mg/mL）	540nm 吸光度 A	540nm 吸光度 B	(A+B)/2
0.04	0.084	0.098	0.091
0.08	0.345	0.353	0.349
0.12	0.594	0.608	0.601
0.16	0.853	0.835	0.844
0.20	1.140	1.079	1.1095

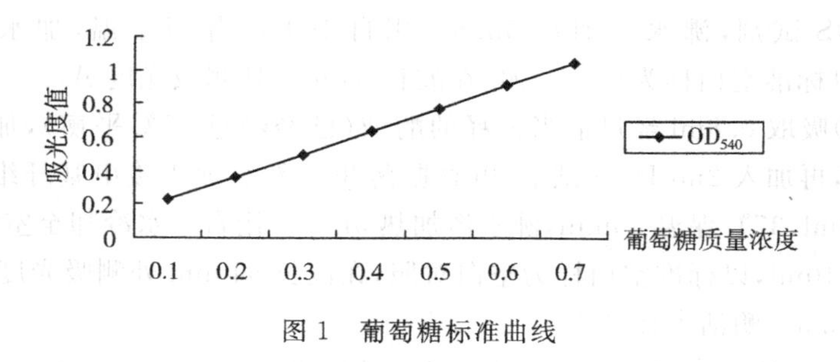

图 1　葡萄糖标准曲线

2.2　单因素的优化培养

2.2.1　最佳培养时间的确定

菌种经过扩大后，在摇床上摇动培养，分别在培养 15h，18h，21h，24h，27h 和 30h 测定其在 600nm 处的吸光度。结果分别为 0.735，1.336，1.379，1.829，1.937 和 1.927，表示芽孢杆菌在基础培养基在不同时间的生长趋势（图 2）；同时，样品培养到 15h，18h，21h，24h，27h 和 30h 时，取菌种扩大培养液，离心取上清，测定上清液的纤维素酶活力分别为 0.691，0.698，0.582，0.478，0.593 和 0.468（图 3），表明枯草芽孢杆菌产纤维素酶优化培养最高酶活力的培养时间为 18h。

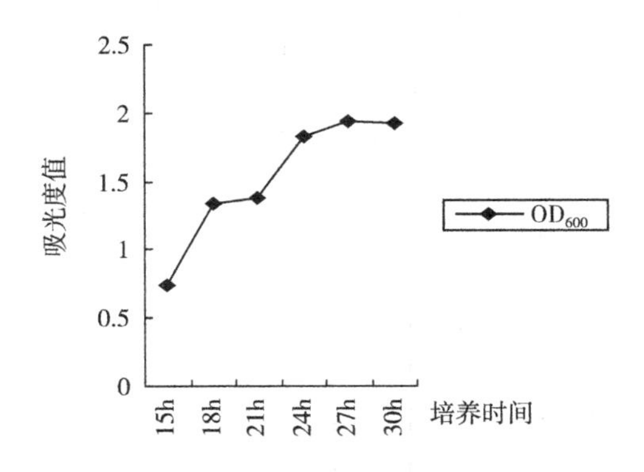

图 2　枯草芽孢杆菌生长曲线

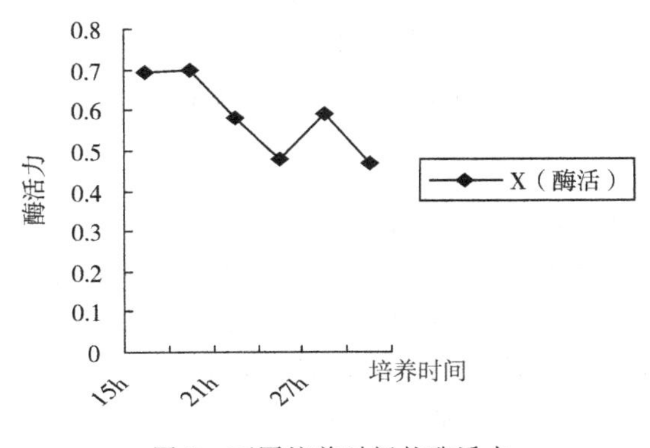

图 3　不同培养时间的酶活力

2.2.2　最佳碳源和氮源的确定

在普通 LB 培养基中分别加入不同的碳源和氮源物质，摇床培养 18h 后，葡萄糖、蔗糖和麦芽糖的纤维素酶酶活力依次是 0.750，0.407，0.402；

当碳源是葡萄糖时，酶活力为 0.750，枯草芽孢杆菌纤维素酶酶活力最高（图 4）。在摇床培养 18h 后，蛋白胨、氯化铵、水解乳作为氮源的菌液的纤维素酶酶活力依次是 0.711，0.421 和 0.535；当氮源是蛋白胨时，酶活力为 0.711，枯草芽孢杆菌纤维素酶酶活力最高（图 5）。

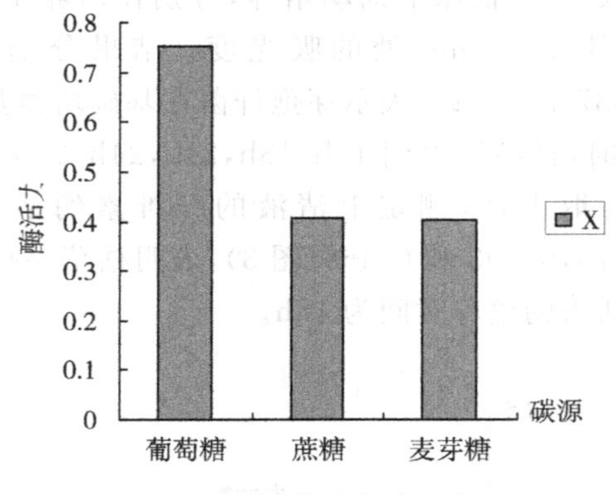

图 4　不同碳源的酶活力

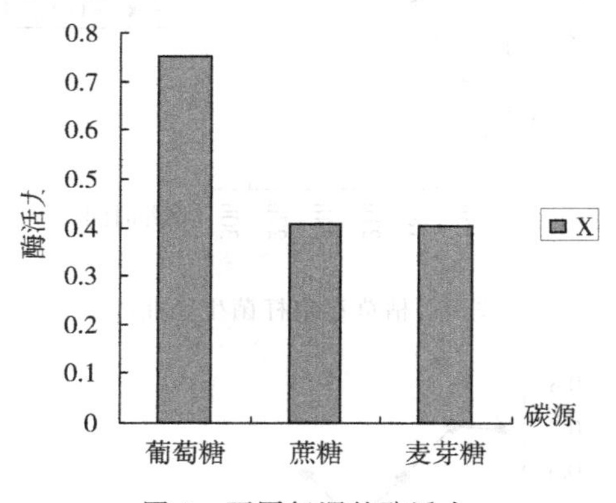

图 5　不同氮源的酶活力

2.2.3　优化培养最优的 pH 和 NaCl 浓度

菌液扩大后，分别以葡萄糖和蛋白胨作为碳源和氮源，调整培养基的初始 pH 和盐浓度，分别在摇床培养 18h 后，收集菌液上清液，测定纤维素酶活力，结果见图 6。当起始 pH 为 3，5，7，9，11 时，纤维素酶酶活力依次是 0.495，0.518，0.696，0.639 和 0.632；当起始 pH 为 7 时，纤维素酶酶活力为 0.696，枯草芽孢杆菌纤维素酶酶活力最高。

在以葡萄糖为碳源，蛋白胨为氮源，初始 pH 为 7 的培养基中，加入不同浓度的 NaCl，在摇床培养 18h，收集菌液上清液测定纤维素酶活力。结果是添加 2.5%，5%，7.5% 和 10% 盐浓度的纤维素酶酶活力依次是

0.507,0.698,0.575,0.636;当盐浓度为5%时,纤维素酶酶活力为0.698,枯草芽孢杆菌纤维素酶酶活力最高(图7)。

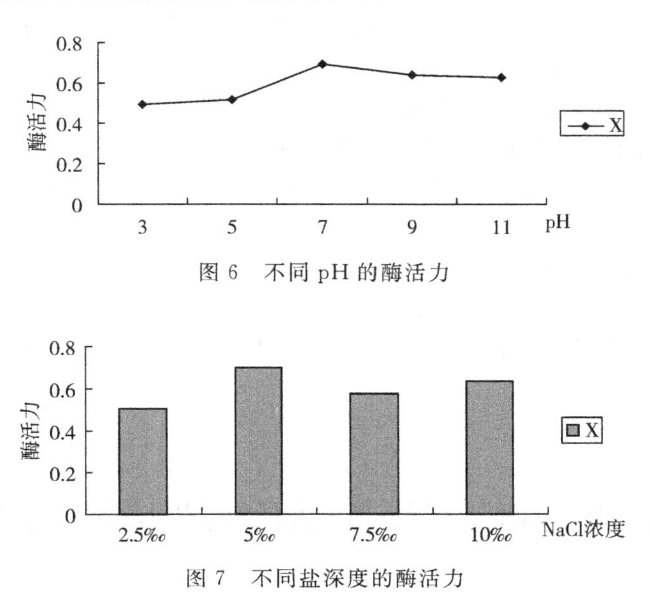

图6　不同pH的酶活力

图7　不同盐深度的酶活力

3　结论

枯草芽孢杆菌产纤维素酶的优化培养:采用单因素设计,分别对碳源,氮源,盐浓度,起始pH和培养时间进行优化培养;碳源是葡萄糖,酶活力0.750,枯草芽孢杆菌纤维素酶酶活力最高;氮源是蛋白胨,纤维素酶酶活力0.711,枯草芽孢杆菌纤维素酶酶活力最高;盐浓度5%,纤维素酶酶活力0.698,枯草芽孢杆菌纤维素酶酶活力最高;起始pH为7左右,纤维素酶酶活力0.696,枯草芽孢杆菌纤维素酶酶活力最高;培养时间18h,纤维素酶酶活力0.698,枯草芽孢杆菌纤维素酶酶活力最高。

参考文献

[1] 丘燕临.纤维素酶的研究和应用前景[J].粮食与饲料工业,2001(8):30-31.

[2] 朱汇源,汪天虹.纤维素分子的计算机辅助序列分析[J].山东轻工业学院学报,2003,17(1):27-30.

[3] 吴显荣,纤维素酶分子生物学研究进展及趋势[J]. 生物化学和生物物理进展,1994,14(4):25-27.
[4] 李日强,辛小云,刘继清. 天然纤维素酶分解菌的分离选育[J]. 上海环境科学,2002,21(1)8-11.
[5] 孙君社,董秀琴,等. 纤维素酶高产菌株的选育及产酶条件的研究[J]. 北京林业大学学报,2002,24(2):83-85.
[6] 张加春,王权飞,等. 里氏木酶的纤维素酶产生条件的研究[J]. 食品与发酵工业,1999,26(3):21-23.
[7] 沈雪亮,夏黎明. 产纤维素酶细菌的筛选及酶学特性研究[J]. 林产品化学与工艺,2002(1):47-51.
[8] 张年凤,赵允麟. 纤维素酶菌株的选育及其产酶条件[J]. 粮食与饲料工业,2003,5:23-25.

附录 2　响应面法优化产朊假丝酵母培养及干燥工艺

摘要:采用响应面法优化产朊假丝酵母液体培养方案,在单因素试验基础上,选取装液量、转速、温度、培养时间为自变量,以酵母菌数为响应值,通过 Box-Behnken 试验设计及响应面分析法,研究各因素间交互作用以及对产朊假丝酵母菌数的影响,获得产朊假丝酵母最佳培养条件。在此条件下培养酵母,收集并干燥,对产朊假丝酵母干燥保护剂进行筛选,通过响应面试验设计,以 L-谷氨酸钠、乳糖、脱脂奶粉为自变量,以产朊假丝酵母干燥后复苏率为评价指标,寻求最佳干燥保护剂组合。研究结果表明,产朊假丝酵母最佳培养条件为液量 50ml,转速 200r/min,温度 30℃,培养时间 28h。在此条件下,培养的产朊假丝酵母数量可以达到 9.34×10^{8} CFU/mL;最佳保护剂组合 1% L-谷氨酸钠、10%脱脂奶粉、5%乳糖,先经过 40℃,再降温到 30℃ 干燥后,产朊假丝酵母复苏率达到 81.9%。此时活菌数 7.65×10^{8} CFU/g,比未加保护剂组提高了 3.85 倍,有效地提高了干燥工艺中酵母活菌数,有利于产朊假丝酵母作为活菌制剂的开发和利用。

关键词:响应面;产朊假丝酵母;优化培养;干燥保护剂

Abstract: The method of response surface methodology was used to optimize the liquid culture scheme of Candida utilis. On the basis of single factor test, the liquid volume, rotation speed, temperature and culture time were selected as independent variables, and the response value was calculated by Box-Behnken test And the response surface analysis method, the interaction between the factors and the number of Candida utilis were studied, and the optimum culture conditions were obtained. On the basis of this, the Candida apticulatum dry protective agent was screened. Through the response surface test design, the recovery rate of L-glutamate, lactose and skimmed milk powder was Evaluation of the index, seeking the best combination of dry protection agent. The results showed that the optimum culture conditions were Candida fulvaicaum, the liquid volume was 50ml, the speed was 200r/min, the temperature was 30℃ and the culture time was 28h. Under this condition, the number of Candida utilis can reach 9.34 • 10^8 CFU/mL; the best combination of 1% L-glutamate, 10% skim milk powder, 5% lactose, the first 40℃, After cooling to 30℃, the recovery rate of Candida utilis was 81.9%. The number of viable cells was 7.65 • 108CFU/g, which was 3.85 times higher than that of the untreated group, which effectively improved the number of yeast viable cells in the drying process, which was beneficial to the development and utilization of Candida utilis as feed additive .

Keywords: response surface; optimization; protectant; drying

产朊假丝酵母作为一种公认安全使用(GRAS)的微生物,被美国的FDA认证为可作为食品添加剂的酵母,被广泛应用于食品和制药行业[1]。产朊假丝酵母作为一种重要的真菌微生物,富含多种营养物质,提供多种B族维生素[2],可作为优质菌种用作生产单细胞蛋白[3]。在工业生产中,产朊假丝酵母对氮元素转化能力强,能利用糖类及工厂废液生产可食用蛋白[4],常被用于生产多种具有功能性的生物质,例如谷胱甘肽及一些氨基酸和酶类等生物活性物质[5]。在饲料和饲料添加剂领域有着非常好的应用前景[6]。以往的研究更多关注于活性物质的收率,对于酵母数量的增殖研究不多。

为了方便储存、运输和使用,酵母菌种经过液体增殖培养后,一般经过干燥脱水,形成活性干酵母。在一定条件下复水活化,能恢复至自然状态并具有正常的酵母活性细胞[7]。干燥是活性干酵母制备的重要部分,对活性干酵母活性影响很大。在干燥脱水过程中,自由水和大部分结合水丧失,导致细胞膜两侧水化层丧失,进而引起细胞膜磷脂双分子层紊乱,导致细胞膜渗透性增加,引起营养物质流失[8]。在酵母干燥过程中,通常需要添加保护剂,减少酵母活性损失。

本试验采用 Box-Behnken 设计法和响应曲面分析法，对产朊假丝酵母培养工艺参数进行优化，获得最佳培养工艺，提高菌体产量。在此基础上，对产朊假丝酵母保护剂进行筛选，对保护效果佳的保护剂进行组合试验，寻求最佳保护剂组合，最大程度减少酵母干燥过程中营养损失，保持酵母细胞活性，更好的运用在饲料添加剂和食品添加剂中。

1　材料与方法

1.1　材料与试剂

产朊假丝酵母(Candida utilis)　河南科技大学宏翔生物饲料实验室保藏

葡萄糖、蛋白胨、酵母浸粉、L-谷氨酸钠、脱脂奶粉、乳糖、次甲基蓝、葡萄糖、氯化钠、氯化钙、氯化钾、碳酸氢钠以上试剂均为分析纯。

1.2　仪器与设备

超净工作台　浙江苏净净化设备有限公司；自动电热压力蒸汽灭菌锅　上海申安医疗器械厂；电热恒温鼓风干燥箱　上海新苗医疗器械制造有限公司；超准微量电子天平　上海海康电子仪器厂；大容量摇床　上海泸粤明科学仪器有限公司。

1.3　实验方法

1.3.1　试验菌液培养

吸取实验室保藏菌液 20μL 涂布于 YPD 固体培养基中，30℃培养箱中培养 16h。挑取单菌落于 5ml YPD 液体培养基中，30℃，200r/min 震荡培养 12h，形成种子菌液。取 4ml 种子菌液转接于 100ml YPD 液体培养基中，30℃，200r/min 震荡培养 12h，形成试验菌液。

1.3.2　酵母生长指标测定

酵母菌液细胞数测定：血球计数法[9]。将少量酵母培养液稀释适当倍数置于血球计数板中，于 40 倍物镜下直接计数，并通过计算求出菌数的方法。以每小方格内含有 4～5 个酵母细胞为宜。

1.3.3　产朊假丝酵母培养参数优化单因素试验

影响产朊假丝酵母生长的培养条件主要有装液量、转速、温度、培养时间。本实验固定接种量 2%，通过改变装液量(50、100、150、200ml)，转速

(140、160、180、200r/min),温度(24、27、30、33℃),培养时间(6、12、18、24h)等条件,以产朊假丝酵母酵母细胞菌数为指标,研究培养参数对产朊假丝酵母生长的影响。

1.3.4　响应曲面优化产朊假丝酵母实验设计

依据单因素实验结果,以接种量、转速、培养时间、培养温度为自变量,酵母菌菌数为响应值,利用响应面软件,采用4因素3水平响应面设计方法,确定产朊假丝酵母最佳培养条件。实验因素及水平设计见表1。

1.3.5　产朊假丝活性干酵母制备

取15g麸皮,15g不同种类保护剂,5ml试验优化菌液形成酵母混合物,充分混匀后,先后放入40℃干燥箱中干燥40min,待降温至30℃继续干燥40min[5]。

表1　响应面因素水平表

Table 1　Factors and levels in response surface design

水平	因素			
	A装液量(ml)	B转速(r/min)	C培养温度(℃)	D培养时间(h)
−1	50	180	27	20
0	75	200	30	24
1	100	220	33	28

1.3.6　产朊假丝活性干酵母复水活化[10]

取干燥好的酵母混合物1g,加入9ml,4%葡萄糖水溶液,35℃恒温活化20min,取出,充分震荡形成均匀细胞液。吸取细胞悬浮液0.1ml,加入9.9ml次甲基蓝溶液20℃,染色10min,运用血球计数板进行显微计数,每组进行三次平行试验,取平均值。显微镜观察中,活细胞为无色,死细胞为蓝色,复苏率=活细胞数/细胞总数。

1.3.7　干燥保护剂筛选

查阅相关文献[11−13],选定以下药品作为保护剂:谷氨酸钠,蔗糖,脱脂乳粉,甘油,乳糖,明胶,通过试验筛选出三种保护效果较好的保护剂,并确定其最佳浓度。三种最适保护剂为L-谷氨酸钠1%、脱脂奶粉10%、乳糖5%。

1.3.8　干燥保护剂组合

将1.3.7节筛选出的三种保护剂进行响应面设计,具体组合如表2。通过测定复苏率,确定产朊假丝酵母最佳保护剂组合。

表 2　干燥剂响应面优化因素设计表

Table 2　Dry protection agent combination design table

组合	A(L-谷氨酸钠)	B(脱脂奶粉)	C(乳糖)
1	0.5%	5%	2.5%
2	1%	10%	5%
3	1.5%	15%	7.5%

1.4　数据处理与分析

单因素试验采用 origin9.0 作图,利用 Design Expert8.0.6 软件进行响应面方差分析。

2. 结果与分析

2.1　单因素实验结果

2.1.1　装液量对酵母生长的影响

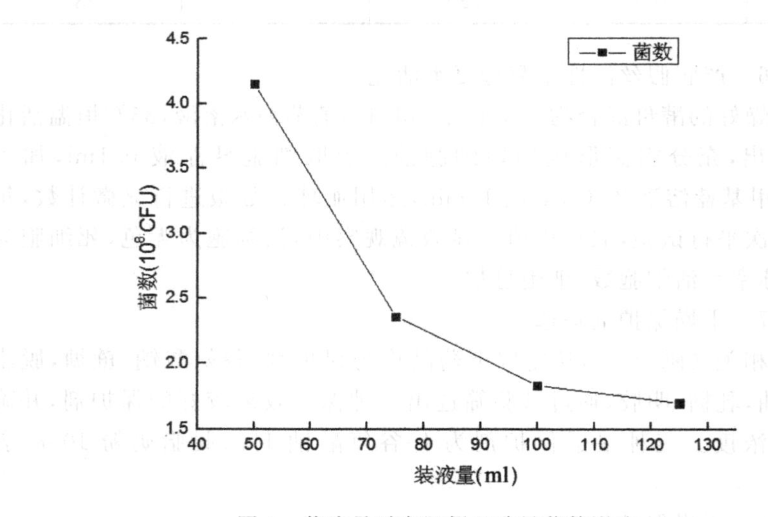

图 1　装液量对产朊假丝酵母菌数影响

Fig.1　Effect of liquid loading on the number of Candida utilis

由图 1 结果可知,随着 250ml 锥形瓶中装液量的增加,酵菌数呈下降趋势,当装液量为 50ml 时,菌数取得最大值。在酵母培养中,锥形瓶中装液量多少直接影响培养基溶氧水平，进而影响酵母的生长增殖[14]。随着装液量增大，导致锥形瓶中溶氧水平变低，不利于酵母生长。因此，装液量不宜过高，以装液量 50ml 为最佳装液量。

2.1.2　转速对酵母生长的影响

由图 2 结果可知，随着转速增大，酵母菌数呈现先增后降趋势，转速为 200r/min，酵母菌数达到最大值。转速过低，可能会导致培养基溶氧不足，生长缓慢。转速过高，过高的震荡速率会产生一定的剪切作用[15]，阻碍酵母生长。综上，转速为 200r/min 为合适转速。

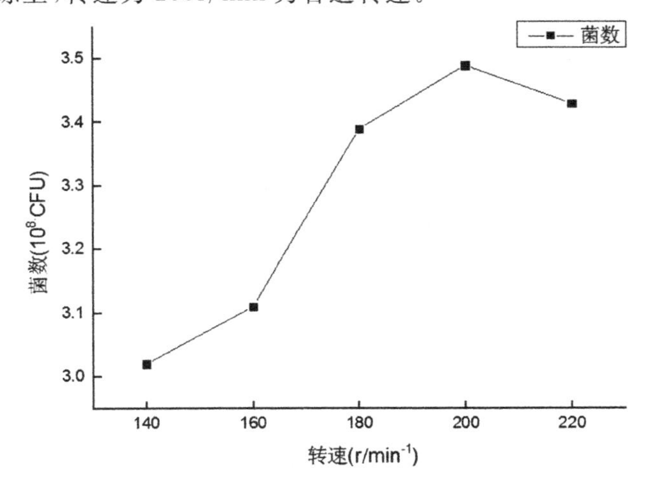

图 2　转速对产朊假丝酵母菌数影响

Fig. 2　Effect of rotational speed on the number of Candida utilis

2.1.3　温度对酵母生长影响

由图 3 结果可知，随着温度升高，酵母菌数先增高后下降，温度为 30℃时，酵母菌数取得最大值。温度过低，影响细胞质膜的流动性[16]和物质溶解度[17]，不利于营养物质运输和酵母生长，产朊假丝酵母生长状况不佳；温度过高，会影响酵母细胞内某些酶的活性，可能会抑制酵母菌对葡萄糖等能量物质的利用。所以，温度选 30℃较为合适。

2.1.4　培养时间对酵母生长的影响

由图 4 结果可知，随着培养时间逐渐变长，酵母菌数先呈现上升趋势，进入对数期，后来进入稳定期，最终将进入衰退期。当培养时间达到 28h，酵母菌数达到最大值。培养前期，营养丰富，生存环境适宜，酵母快速生长。中期，酵母生长与死亡维持在稳定状态。培养后期，酵母细胞数目开始减少，可能由于培养基中营养成分不足，酵母菌进行无氧呼吸[18]，导致生长环境变差。因此，培养时间选择 24h 较为合适。

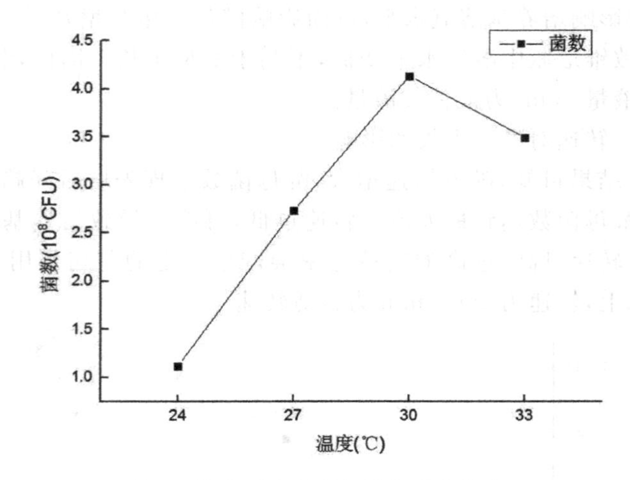

图 3 温度对产朊假丝酵母菌数影响

Fig. 3 Effect of temperature on the number of Candida utilis

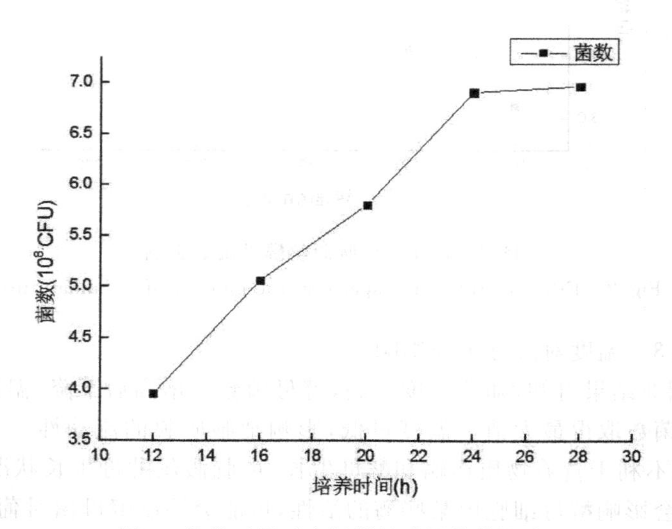

图 4 培养时间对产朊假丝酵母菌数影响

Fig. 4 Effect of culture time on the number of Candida utilis

2.2 响应面优化酵母培养试验结果

2.2.1 响应面试验设计

在单因素基础上，根据 Box-Benhken 试验设计原理，通过 Design Expert 8.0.6 软件试验方案及结果见表 3。

表 3　响应面优化产朊假丝酵母培养参数试验方案及结果

Table 3　Optimization of culture parameters of Candida utilis by response surface methodology and results

序号	A	B	C	D	Y_2 菌数
1	0	1	0	1	6.64
2	0	0	−1	1	5.93
3	−1	0	0	1	9.34
4	0	0	−1	−1	5.39
5	−1	1	0	0	7.88
6	−1	−1	0	0	7.71
7	0	−1	0	1	6.52
8	1	1	0	0	4.98
9	0	1	0	−1	5.19
10	0	0	0	0	6.76
11	0	0	0	0	6.86
12	0	1	−1	0	5.46
13	0	0	0	0	6.79
14	0	0	1	1	6.67
15	0	0	0	0	6.68
16	1	0	0	−1	4.6
17	0	−1	1	0	4.83
18	−1	0	−1	0	7.63
19	1	0	−1	0	4.7
20	0	0	1	−1	4.43
21	0	−1	−1	0	4.94
22	0	−1	0	−1	4.64
23	0	1	1	0	5.08
24	1	−1	0	0	4.81
25	1	0	0	1	5.66
26	0	0	0	0	6.78
27	−1	0	1	0	7.79
28	−1	0	0	−1	7.34
29	1	0	1	0	4.63

2.2.2　响应面方差分析

通过 Design Expert 8.0.6 软件对响应面优化结果进行二元多次回归

拟合，可得到装液量、转速、温度、培养时间四因素与产朊假丝酵母菌数的二元多项回归方程。

装液量、转速、温度、培养时间对产朊假丝酵母菌数影响的二元回归方程为：

$$Y=6.77-1.5A+0.046B-0.31C+0.72D-0.015AB-0.078AC-0.28AD-0.16BC+0.047BD+0.4CD+0.24A^2-0.54B^2-0.81C^2-0.22D^2$$

表 4 产朊假丝酵母菌数回归模型方差分析

Table 4 Analysis of variance of regression model of Candida utilis

方差来源	平方和	自由度	均方	F 值	P	显著性
模型	46.05	14	46.05	238.80	< 0.0001	* *
A	27.94	1	27.94	2028.22	< 0.0001	* *
B	0.26	1	0.26	19.17	0.0006	* *
C	0.032	1	0.032	2.33	0.1495	
D	7.01	1	7.01	508.72	< 0.0001	* *
AB	0	1	0	0	1.0000	
AC	0.013	1	0.013	0.96	0.3438	
AD	0.22	1	0.22	16.04	0.0013	* *
BC	0.018	1	0.018	1.32	0.2693	
BD	0.046	1	0.046	3.36	0.0883	
CD	0.72	1	0.72	52.45	< 0.0001	* *
A^2	0.57	1	0.57	41.58	< 0.0001	* *
B^2	3.66	1	3.66	266.00	< 0.0001	* *
C^2	5.27	1	5.27	382.77	< 0.0001	* *
D^2	0.56	1	0.56	40.38	< 0.0001	* *
残差	0.19	14	0.14			
失拟项	0.18	10	0.18	4.21	0.0891	
误差	0.017	4	0.00418			
总和	46.24	28				

注：* * 极显著（P<0.01），* 显著（P<0.05）。

由表 4 结果可知，产朊假丝酵母菌数模型极显著，失拟项不显著，可以用此方程反映试验结果。在产朊假丝酵母菌数模型中，A、B、D、AD、CD、A^2、B^2、C^2、D^2差异极显著，C、AB、AC、BC、BD差异不显著。产朊假丝酵母OD_{600}和菌数方差分析中，R^2和RAdj为0.9958、0.9917。方差分析结果表明方程预测值与实际值高度相关，模型可信度高，拟合程度较好，能够较好地反映产朊假丝酵母菌数与装液量、转速、温度、培养时间的关系。由F值可知单因素对产朊假丝酵母菌数影响顺序为A>D>B>C。

2.2.3　响应面分析

根据回归方程对因素之间交互作用作响应曲面图。响应曲面图可以反映两因素交互作用强弱。响应面坡度越陡，表明两因素交互作用显著[19]。反之，则不显著。图5响应面结果表明，AB、AC、BC、BD因素之间响应面坡度平缓，响应面变化范围较小，AB、AC、BC、BD因素之间交互作用不显著。AD、CD因素之间坡面陡峭，响应面变化范围较大，AD、CD因素交互作用明显。

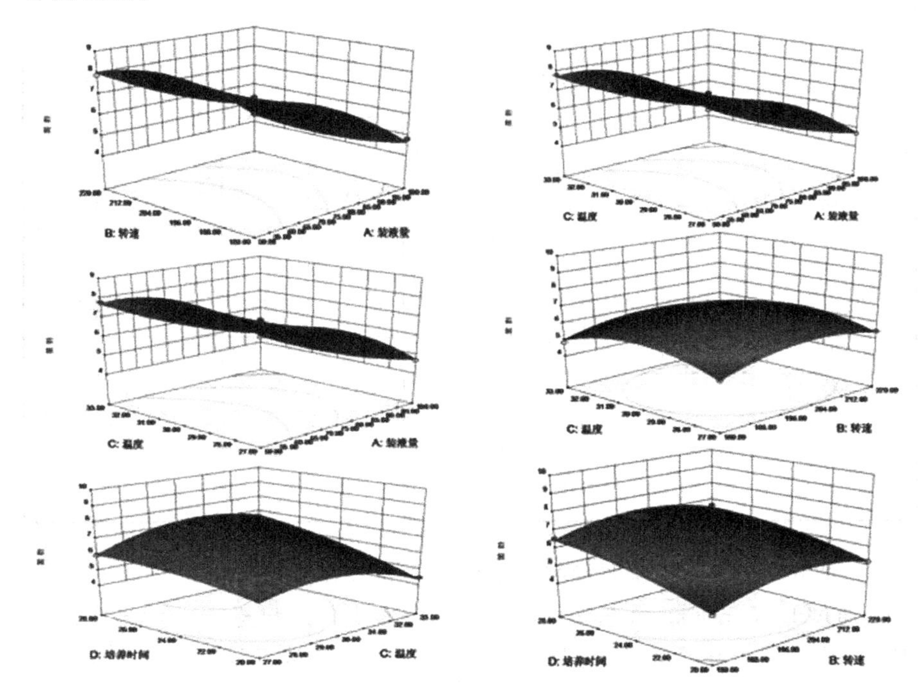

图5　两因素交互作用影响产朊假丝酵母菌数的响应曲面图

Figure 5. Response surface diagram of two factors affecting the number of Candida utilis

2.2.4 产朊假丝酵母培养工艺优化及验证试验

根据 Design Expert 8.0.6 建立模型对产朊假丝酵母培养参数进行最优化分析，通过菌数得到最优培养参数分别为：装液量 50ml，转速 202.67r/min，温度 30.75，培养时间 28h，菌数为 9.344×10^{8} CFU。为实际操作方便，修正为装液量 50ml，转速 200r/min，温度 30℃，培养时间 28h。在此条件下实际测得菌数 9.34×10^{8} CFU。与预测值相差不大，说明由响应面法得出产朊假丝酵母最佳培养参数是可行的。

2.2.5 响应面优化产朊假丝酵母干燥工艺结果

表 5 响应面优化干燥工艺试验方案及结果

Table 5 Response surface optimization Drying process test plan and results

序号	E	F	G	复苏率
1	0	−1	−1	0.626
2	−1	−1	0	0.604
3	−1	1	0	0.642
4	0	0	0	0.786
5	1	1	0	0.765
6	1	−1	0	0.679
7	0	−1	1	0.696
8	0	0	0	0.803
9	0	0	0	0.819
10	0	1	−1	0.733
11	1	0	−1	0.706
12	1	0	1	0.712
13	−1	0	−1	0.588
14	−1	0	1	0.658
15	0	1	1	0.749
16	0	0	0	0.84
17	0	0	0	0.819

2.2.6 响应面产朊假丝酵母干燥工艺方差分析

通过 Design Expert 8.0.6 软件对响应面优化结果进行二元多次回归拟合，可得到 L-谷氨酸钠、脱脂奶粉、乳糖三因素与酵母复苏率的二元多项回归方程。

L-谷氨酸钠、脱脂奶粉、乳糖因素对复苏率影响的二元回归方程为

$$Y=0.081+0.046A+0.036B+0.020C+0.012AB-0.016AC-0.013BC-0.088A^2-0.053B^2-0.059C^2$$

表 6　响应面产朊假丝酵母干燥工艺方差分析表

Table 6　Response to Candida utilis Candida Drying Process Variance Analysis Table

方差来源	平方和	自由度	均方	F 值	P	显著性
模型	0.099	9	0.011	40.59	<0.0001	* *
A	0.017	1	0.017	63.44	<0.0001	* *
B	0.010	1	0.010	37.38	0.0005	* *
C	0.003	1	0.003	12.16	0.0102	*
AB	0.0005	1	0.0005	2.14	0.1873	
AC	0.001	1	0.001	3.80	0.0924	
BC	0.0007	1	0.0007	2.70	0.1442	
A^2	0.032	1	0.032	120.74	<0.0001	* *
B^2	0.011	1	0.011	43.76	0.0003	* *
C^2	0.015	1	0.015	55.17	0.0001	* *
残差	0.0019	7	0.00027			
失拟项	0.00026	3	0.000086	0.21	0.8834	
误差	0.0016	4	0.0004			
总和	0.10	16				

注：* * 极显著($P<0.01$)，* 显著($P<0.05$)。

表 6 方差分析结果表明，在产朊假丝酵母复苏率模型中，模型差异极显著，失拟项不显著，A、B、A^2、B^2、C^2 差异极显著，C 差异显著，AB、AC、BC 差异不显著。产朊假丝酵母复苏率方差分析中，R^2 和 RAdj 为 0.9812、0.9570，表明模型可信度和拟合程度较高。方程能够较好地反映产朊假丝酵母复苏率与 L-谷氨酸钠、脱脂奶粉、乳糖三因素之间的关系。

2.2.7　产朊假丝酵母干燥工艺响应面分析及结果验证

图 6 结果表明，AB、AC、BC 因素响应面坡度比较平缓，整体变化不大，相互之间作用不显著，影响较小。根据 Design Expert 8.0.6 建立模型对产朊假丝酵母干燥工艺进行最优化分析，通过复苏率得到最优干燥剂组合为：脱脂奶粉 11.39%，乳糖 5.89%，L-谷氨酸钠 1.05%，复苏率为 0.827。为实际操作方便，修正为脱脂奶粉 10%，乳糖 5%，L-谷氨酸钠 1%。在此条件下实际测得，复苏率为 81.9%。与预测值相差不大，说明由响应面法得出产朊假丝酵母干燥工艺研究是可行的。

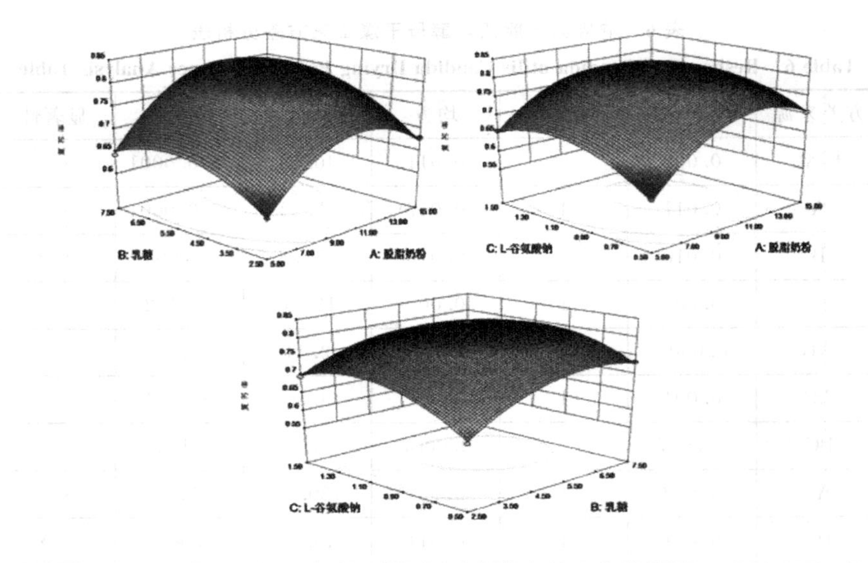

图 6　两因素交互作用影响复苏率的响应曲面图

Figure 6　Response of two factors to the response rate of the recovery rate of the surface map

3. 结论

本文以产朊假丝酵母菌数作为测量指标，在单因素基础上，采用响应面法对产朊假丝酵母优化培养，得到最佳培养条件为装液量 50ml，转速 200r/min，温度 30℃，培养时间 28h，此时菌数达到 9.34×10^{8} CFU。在此基础上，采用响应面法对产朊假丝酵母干燥工艺进行研究，确定最佳干燥剂组合为脱脂奶粉 10%，乳糖 5%，L-谷氨酸钠 1%，此条件下产朊假丝酵母复苏率达到 81.9%，此时活菌数 7.65×10^{8} CFU/g，比未加保护剂组提高了 3.85 倍，有效地提高了干燥工艺中酵母活菌数，有利于产朊假丝酵母作为活菌制剂的开发和利用。

参考文献

[1] 张倩倩，管于平，刁爱坡，孙媛霞．产朊假丝酵母培养条件的优化研究[J]. 中国调味品，2013，(05)：43-48.

[2] Santos E O，Michelon M，Gallas J A，et al. Raw glycerol as substrate for the production of yeast biomass [J]. International Journal of Food

Engineering,2016,9(4):413-420.
[3] 张涛,田方．产朊假丝酵母的发酵及功能性质研究[J],生物技术世界,2015,(08):54-56.
[4] 郭照宙,许灵敏,宋建楼,等．产朊假丝酵母功能的探究及应用 [J]. 饲料博览,2016,(3):33-35.
[5] 郭照宙,许灵敏,宋建楼,许丽．产朊假丝酵母功能的探究及应用[J]. 饲料博览,2016,(03):33-35.
[6] 李加友,蔡丽阳,于建兴,沈洁,陆筑凤．饲用产朊假丝酵母的发酵培养条件研究[J]. 饲料工业,2012,(06):57-60.
[7] 窦冰然,郭会明,骆海燕,姜开维,洪厚胜．活性干酵母及其在食品工业中的应用[J]. 中国酿造,2016,(08):1-4.
[8] 宋娜,李竹生,牛芳方．酵母干燥工艺研究[J]. 河南工业大学学报(自然科学版),2011,(05):71-73.
[9] 郭军英．关于血球计数板的使用及注意事项[J]. 教学仪器与实验,2009(4):26-28.
[10] 陈敏,梁新乐,励建荣．葡萄酒活性干酵母复水活化条件的研究[J]. 江苏食品与发酵,2001,(02):6-9.
[11] 张建峰,耿宏伟,王丕武．酿酒活性干酵母生产工艺优化及干燥剂的选择[J]. 食品科学,2011,(09):213-216.
[12] 高振鹏,岳田利,袁亚宏,刘英杰．增香型苹果酒活性干酵母保护剂的筛选研究[J]. 农产品加工(学刊),2007,(03):22-24.
[13] 任蓓蕾,李志辉,田洪涛,杜萍萍,张莹莹,马雯,锁然,何俊萍,檀建新．生香酵母 C42 真空冷冻干燥保护剂的筛选和优化[J]. 食品工业科技,2015,(10):158-162.
[14] 朱明军,梁世中．装液量和接种量对红发夫酵母生长和虾青素积累的影响[J]. 氨基酸和生物资源,2002,(04):28-31.
[15] 李芳,刘波,刘芳,陈家骅．摇床转速对淡紫拟青霉菌生长的影响[J]. 微生物学杂志,2005,(02):103-106.
[16] 邓红梅,覃伯贵．温度对酿酒酵母产酒量的影响[J]. 茂名学院学报,2005,(03):23-25.
[17] 沈萍．微生物学[M]．北京:高等教育出版社,2000.
[18] 何东东,张坤生．产朊假丝酵母生长条件的优化[J]. 食品科技,2010,(02):14-17.
[19] 周小双,王锦旭,杨贤庆,林婉玲,魏涯．响应面法优化合浦珠母贝糖胺聚糖提取工艺[J]. 食品与发酵工业,2016,(01):238-243.

附录3　丁酸梭菌、凝结芽孢杆菌复合微生态制剂开发

一、项目意义

研究试制丁酸梭菌和凝结芽孢杆菌微生态制剂，在猪禽饲料中使用，降低产品的成本。

二、项目描述

通过高密度液体培养丁酸梭菌、凝结芽孢杆菌后，与固体物料进行混合，并低温烘干形成产品。

三、项目过程简介

1. 丁酸梭菌

1.1　实验目的

高密度培养丁酸梭菌，然后与麸皮按一定比例混合，低温烘干后应用到现有产品中。

1.2　材料与方法

1.2.1　菌种

凝结芽孢杆菌21736、丁酸梭菌10350，购自工业微生物菌种保藏中心，河南科技大学宏翔生物饲料实验室保藏，使用前进行活化。

1.2.2　增殖培养基

酵母膏0.3%，牛肉膏1%，胰蛋白胨1%，葡萄糖0.5%，可溶性淀粉0.1%，氯化钠0.5%，三水合乙酸钠0.3%，半胖氨酸盐酸盐0.05%，美兰0.02%。

1.2.3　优化出的发酵培养基

葡萄糖 1%，蛋白胨 1%，牛肉膏 0.3%，酵母膏 0.5%，NaCl 0.2%，K_2HPO_4 0.3%，$CaCO_3$ 0.1%，$MgSO_4$ 0.04%，$MnSO_4$ 0.01%。

1.2.4　器材

高压灭菌锅、超净工作台、恒温培养箱、光学显微镜、血球计数板、发酵罐等。

1.2.5　培养方法

实验室液体深层静置培养(种子液培养)：500ml 三角瓶装液量 500ml，于 37℃恒温培养箱中静置培养。

发酵罐液体深层静置培养(发酵培养)：85L 发酵罐装液量 70L，接种量 5%，于 37℃恒温培养 48h。

1.2.6　菌液和物料混合

菌液和物料的混合比例采用 1∶1，固体物料使用麸皮。

1.2.7　检测方法

菌数测定采用稀释平板计数法和血球计数板计数法，采用革兰染色法在显微镜下观察菌体形态。

1.3　实验结果与分析

1.3.1　菌体形态和菌落形态

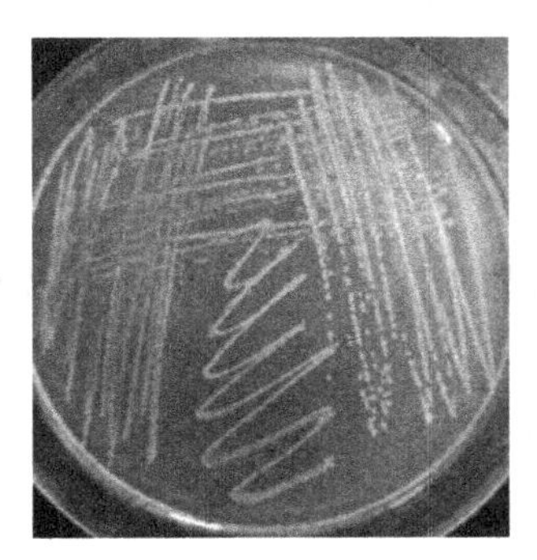
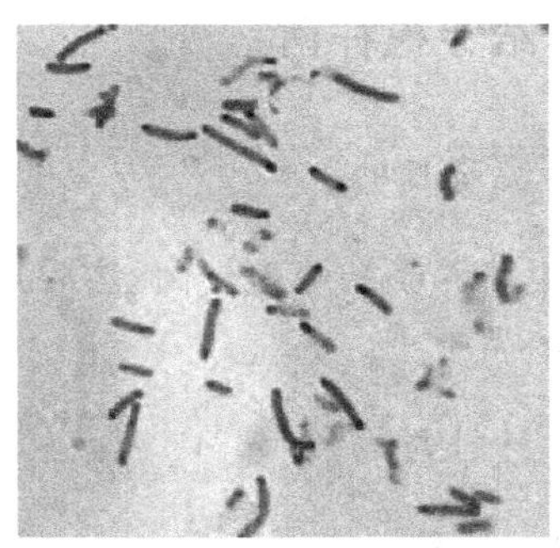

图 1　丁酸梭菌菌体形态和菌落形态

1.3.2　液体深层发酵培养后计数结果

发酵罐中液体深层发酵培养后，进行稀释平板计数，设置三个稀释梯度 10^{-3}，10^{-4}，10^{-5}，稀释后分别取 100μL 涂板，将平板置于厌氧培养袋中 37℃厌氧培养 12～24h，结果见图 2。

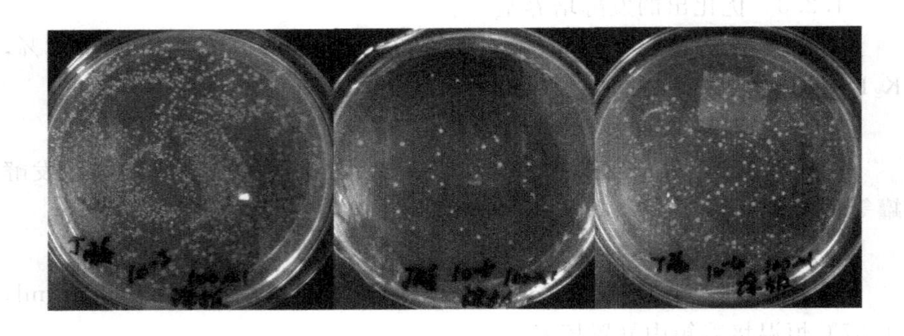

图 2　三个稀释梯度的平板计数结果

计数得出丁酸梭菌活菌数为：

$$72\times10\times10^{5}=7.2\times10^{7}\text{CFU/mL}$$

1.3.3　丁酸梭菌和麸皮的混合后的计数

将发酵 48h 的丁酸梭菌和麸皮按 1∶1 混合后低温烘干至 15%，并放置 4d 后，丁酸梭菌活菌计数结果：

$$53\times10\times10^{5}=5.3\times10^{7}\text{CFU/g}$$

高密度液体培养丁酸梭菌后，与麸皮 1∶1 混合并低温烘干，计数显示产品中丁酸梭菌活菌计数达到 530 亿/kg，水分含量 12%。

2. 凝结芽孢杆菌

2.1　实验目的

高密度培养凝结芽孢杆菌，然后与麸皮按一定比例混合，低温烘干后应用到现有产品中。

2.2　材料与方法

2.2.1　菌种

宏翔生物研发中心实验室保藏。

2.2.2　增殖培养基

酵母粉 1%，葡萄糖 2%，胰蛋白胨 2%。

2.2.3　优化出的发酵培养基

蛋白胨 5g/L，酵母粉 3g/L，牛肉膏 3g/L，NaCl 2g/L，K_2HPO_4 3g/L，$MgSO_4$ 0.04g/L，$MnSO_4$ 0.01g/L。

2.2.4　器材

高压灭菌锅、超净工作台、恒温培养箱、恒温振荡器、光学显微镜、血球计数板、发酵罐等。

2.2.5　培养方法

实验室培养(种子液培养):从平板上挑取一环凝结芽孢杆菌菌落,接种于装液量为100ml的500ml三角瓶中,置于40℃、180r/min恒温振荡器中培养18h。

发酵罐液体深层培养(发酵培养):190L发酵罐装液量30L,接种量6%,于40℃恒温通气培养48h。

2.2.6　菌液和物料混合

菌液和物料的混合比例采用1∶1,固体物料使用麸皮。

2.2.7　检测方法

菌数测定采用稀释平板计数法或血球计数板计数法,采用革兰染色法在显微镜下观察菌体形态。

2.3　实验结果与分析

2.3.1　菌体形态和菌落形态

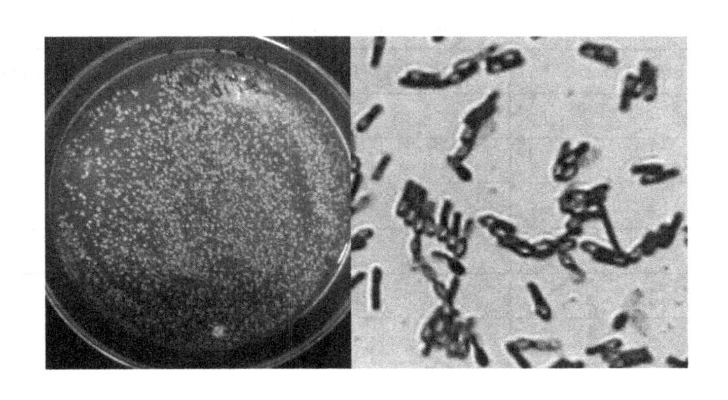

图3　凝结芽孢杆菌菌体形态和菌落形态

2.3.2　液体深层发酵培养后计数结果

发酵罐中液体深层发酵培养后,进行稀释平板计数,设置三个稀释梯度10^{-4},10^{-5},10^{-6},稀释后分别取200μL涂板,将平板倒置于37℃恒温培养箱中培养12～24h,结果见图4。

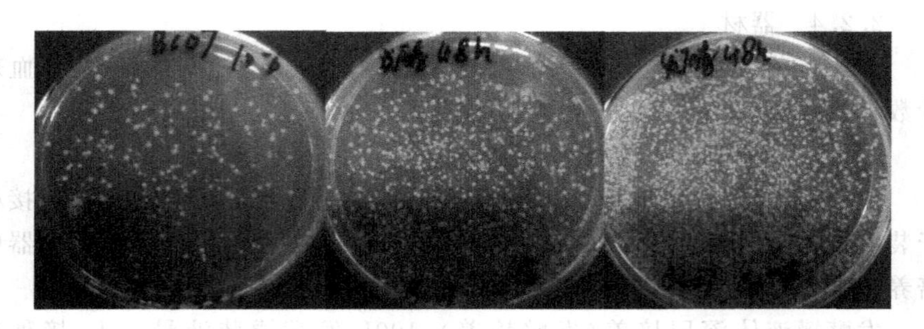

图 4 凝结芽孢杆菌稀释平板计数结果

计数得出丁酸梭菌活菌数为：

$$228 \times 5 \times 10^{6} = 1.14 \times 10^{9}\,\text{CFU/mL}$$

2.3.3 丁酸梭菌和麸皮的混合后的计数

将发酵 48h 的凝结芽孢杆菌和麸皮按 1∶1 混合后低温烘干至水分 15%，并放置 4d 后，凝结芽孢杆菌活菌计数结果：

$$67 \times 5 \times 10^{6} = 3.35 \times 10^{8}\,\text{CFU/g}$$

即产品中凝结芽孢杆菌活菌数达到 3350 亿/kg，水分含量 12%。

丁酸梭菌和凝结芽孢杆菌种子液制备

丁酸梭菌种子培养基

试剂	单位添加量(g/L)	应用添加量
胰蛋白胨	10	
酵母膏	3	
牛肉膏	10	
葡萄糖	5	
可溶性淀粉	1	
氯化钠	5	
三水合乙酸钠	3	
半胱氨酸盐酸盐	0.5	
蒸馏水	1000	

培养条件：500ml 三角瓶中装液体种子培养基 500ml，121℃灭菌 30min，冷却后挑取一环丁酸梭菌菌落进行接种，接种后用保鲜膜封口，37℃恒温培养箱中厌氧培养 24h。

凝结芽孢杆菌种子培养基

试剂	单位添加量(g/L)	应用添加量
酵母粉	10	
葡萄糖	20	
胰蛋白胨	20	
蒸馏水	1000	

培养条件：500ml 三角瓶中装液体种子培养基 100ml，用棉塞封口，121℃灭菌 30min，冷却后挑取一环凝结芽孢杆菌菌落进行接种，接种后置于 37℃、180r/min 的恒温振荡器中好氧培养 24h。

丁酸梭菌和凝结芽孢杆菌的发酵罐培养

试剂	单位添加量(g/L)	应用添加量
葡萄糖	10	
蛋白胨	10	
酵母膏	5	
牛肉膏	3	
氯化钠	2	
磷酸氢二钾	3	
硫酸镁	0.5	
硫酸锰	0.2	
碳酸钙	1	
蒸馏水	1000	

丁酸梭菌发酵罐培养基

试剂	单位添加量(g/L)	应用添加量
葡萄糖	10	
蛋白胨	10	
酵母膏	5	
牛肉膏	3	
氯化钠	2	
磷酸氢二钾	3	
硫酸镁	0.5	
硫酸锰	0.2	
碳酸钙	1	
蒸馏水	1000	

培养条件：85L 发酵罐中装入发酵培养基 70L，121℃灭菌 30min，冷却后按 5%接种量接种种子液，然后封口，37℃恒温静置培养 48h。

凝结芽孢杆菌发酵罐培养基

试剂	单位添加量(g/L)	应用添加量
蛋白胨	5	
酵母粉	3	
牛肉膏	3	
氯化钠	2	
磷酸氢二钾	3	
硫酸镁	0.04	
硫酸锰	0.01	
蒸馏水	1000	

培养条件：190L 发酵罐中装入发酵培养基 30L，121℃灭菌 30min，冷却后按 6%接种量接种种子液，40℃恒温通气培养 48h。

丁酸梭菌和凝结芽孢杆菌复合微生态制剂生产流程

粉碎的麸皮 100kg
灭菌(100～120℃，30min)

丁酸梭菌菌液 70kg 与 70kg 麸皮混合均匀后烘干(烘干温度低于 70℃、凝结芽孢杆菌菌液 30kg 与 30kg 麸皮混合均匀后烘干)

将上述两种烘干样直接混合，
包装，净重 40kg，内袋扎口，外袋封口

附录4　米曲霉生产复合酶项目试验报告

1　米曲霉的活化和检测

1.1　米曲霉及应用

米曲霉是一种好氧性真菌，菌落生长较快，质地疏松，菌丝一般呈黄绿色。米曲霉老化后逐渐呈褐色，菌丝由多细胞组成，除产蛋白酶外，还能产生淀粉酶、糖化酶、植酸酶、纤维素酶等，是一类复合酶的菌株。

米曲霉主要存在于粮食、发酵食品、土壤以及腐败的有机物中，是我国传统发酵食品酱、酱油和酒类的生产菌株。

1.2　米曲霉菌种培养及活化

固体培养基见表1。

表1　固体培养基

试剂	单位添加量(g/L)	应用添加量
蔗糖	30	
硝酸钠	3	
硫酸镁	0.5	
氯化钾	0.5	
四水硫酸亚铁	0.01	
磷酸氢二钾	1	
琼脂	20	
蒸馏水	1	

备注：培养条件：固体培养基倒平板，玻璃棒涂布，30℃恒温箱好氧培养72h。

1.3　米曲霉孢子悬液制备和计数

1.3.1　用无菌生理盐水洗脱培养72h的固体平板表面菌丝，四层纱布

过滤,制成孢子悬液

1.3.2 将孢子悬液装入带有适量无菌玻璃珠的 500ml 三角瓶中,180/min 摇床上振荡 30min,使孢子分散充分。

1.4 血球计数板进行计数

米曲霉孢子计数结果为:稀释 10000 倍,孢子数量 9.1 亿/mL。

从上述平板挑取健康菌落,接种到新的固体培养基。

2 米曲霉的液体培养

2.1 米曲霉液体培养基

米曲霉液体培养基见表 2。

表 2 米曲霉液体培养基

试剂	单位添加量(g/L)	应用添加量
蔗糖	30	
硝酸钠	3	
硫酸镁	0.5	
氯化钾	0.5	
四水硫酸亚铁	0.01	
磷酸氢二钾	1	
琼脂	—	
蒸馏水	1	

2.2 配制液体培养基

121℃灭菌 30min,按 5%接种量,接种第一步实验孢子悬液,500ml 三角瓶装液量 200ml,30℃恒温培养箱静置培养 72h,每个 8h 振荡一次。

2.3 米曲霉液体培养计数。

按照 1.2 和 1.3 处理和稀释样品,并计数。

3　米曲霉固体发酵技术

3.1　发酵固体原料

豆粕，麸皮，花生壳。发酵固体原料见表 3。

表 3　发酵固体原料

原料名称	含水量	比例	用量(g)	水分
豆粕	12%	50%	500	60
麸皮	10%	30%	300	30
花生壳	10%	20%	200	20
米曲霉菌液	1	30%	300	300
玉米浆	50	50%	500	250
蒸馏水	1	30%	300	300
合计	57%		2100	960

注：液体菌种比例以固体原料为基数计，设计水分 47%。

固体原料加玉米浆后 121℃灭菌处理 30min，冷却至室温接种菌液。
发酵温度：30℃。发酵时间：72h。发酵条件：好氧发酵。
发酵结束后，纤维素酶，蛋白酶，淀粉酶。

3.2　发酵固体原料

豆粕，麸皮，花生壳。发酵固体原料见表 4。

表 4　发酵固体原料

原料名称	含水量	比例	用量(g)	水分
麸皮	10%	50%	500	50
豆粕	12%	30%	300	36
花生壳	10%	20%	200	20
米曲霉菌液	1	30%	300	300
玉米浆	50%	50%	500	250
蒸馏水	1	40%	400	400
合计	48%		2200	1056

注：液体菌种比例以固体原料为基数计，设计水分 48%。

固体原料加玉米浆后 121℃灭菌处理 30min，冷却至室温接种菌液。
发酵温度：30℃。发酵时间：72h。发酵条件：好氧发酵。
发酵结束后，纤维素酶，蛋白酶，淀粉酶。

3.3 发酵固体原料

豆粕，麸皮，花生壳。发酵固体原料见表5。

表5 发酵固体原料

原料名称	含水量	比例	用量(g)	水分
麸皮	10%	50%	500	50
豆粕	12%	30%	300	36
花生壳	10%	20%	200	20
米曲霉菌液	1	30%	300	300
玉米浆	50%	50%	500	250
蒸馏水	1	30%	300	300
合计	45%		2100	956

注：液体菌种比例以固体原料为基数计，设计水分45%。

固体原料加玉米浆后121℃灭菌处理30min，冷却至室温接种菌液。
发酵温度：30℃。发酵时间：72h。发酵条件：好氧发酵。
发酵结束后，检测纤维素酶，蛋白酶，淀粉酶。

4 酶活力检测报告

表6 实验室试验测定结果

项目 编号	纤维素酶活力	蛋白酶活力	淀粉酶活力
试验3.1	3.29U/g	792U/g	4363U/g
试验3.2	5.79U/g	396U/g	4000U/g
实验3.3	11.2U/g	198U/g	3692U/g
备注	纤维素酶以滤纸酶活力的测定方法(DNS)检测。 淀粉酶以目视比色法检测。 蛋白酶以福林法检测。 平行测定三次，取平均值。 试验3.2和试验3.3为复检。		
结果分析	试验3.1蛋白酶和淀粉酶活力均优于其他两组。 试验3.3纤维素酶活力检出为最优。 根据评测指标，蛋白酶活力50U/g，淀粉酶活力2U/g，纤维素酶活力2U/g，综合评价分析，以试验3.1为最佳。		

表 7　中试试验测定结果

项目 / 编号	纤维素酶活力	蛋白酶活力	淀粉酶活力
中试实验干料	13.9U/g	462U/g	2341U/g
中试实验湿料	17. U/g	1504U/g	2201U/g
备注	纤维素酶以滤纸酶活力的测定方法(DNS)检测。 淀粉酶以目视比色法检测。 蛋白酶以福林法检测。 平行测定三次，取平均值。		
结果分析	米曲霉为好氧菌，在发酵过程中，料车外围与空气接触部分发酵状况较好，取样过程中，在1t物料中取少许部分，而在检测过程中仅取1g样品，所以试验结果存在较大随机误差，但同一试验样品，测定结果稳定。		

5　米曲霉固体发酵复合酶酶制剂生产作业流程

5.1　生产工艺流程

麸皮 500kg，
豆粕 300kg，
花生壳 200kg，
玉米浆 250kg，
匀混合，蒸制灭菌(100～120℃，30min)

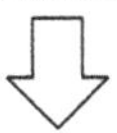

加米曲霉菌液 300kg(见附表一)
水 400kg

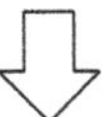

混合完成后的物料，装入好氧发酵车，温度 30℃，空气湿度 75%，好氧发酵 3d

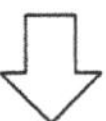

烘干至 12.5%水分，(烘干温度低于 70℃)，粉碎(垂片粉碎，2.0mm 筛片)，包装，净重 40kg，内袋扎口，外袋封口

5.2　原料标准

麸皮的验收标准按照《饲料原料验收标准》

5.3　质量标准及质量判定

成品标准：
蛋白酶活力≥50U/g，纤维素酶活力≥2U/g，淀粉酶活力≥2U/g。

5.4　包装

本品包装规格为40kg。保证每包产品的净重达到40kg，正负误差≤50g，随机抽查10包产品的净重应大于400kg。

5.5　产品留样

成品样品留样至保质期截止后30d。
目的：1. 观察产品质量变化情况。
2. 观察产品中各酶活力变化情况。
3. 遇有客户投诉时以做产品对照。
附表（米曲霉各级培养基配方）

表8　液体种子培养基

试剂	单位添加量(kg/1000L)	应用添加量
蔗糖	30	
硝酸钠	3	
硫酸镁	0.5	
氯化钾	0.5	
四水硫酸亚铁	0.01	
磷酸氢二钾	1	
蒸馏水	1000	

备注：培养条件，二级灌装液量500L，121℃摄氏度灭菌30min，接种三角瓶菌液2.5L。30℃好氧培养72h。

固体发酵配料单

原料名称	含水量	比例	用量(kg)	水分
麸皮	10%	50%	500	50
豆粕	12%	30%	300	36
花生壳	10%	20%	200	20
米曲霉菌液	1	30%	300	300
玉米浆	50%	50%	500	250
蒸馏水	1	40%	400	400
合计			2200	1056

注:液体菌种比例以固体原料为基数计,设计水分48%。

固体原料加玉米浆后121℃灭菌处理30min,冷却至室温接种菌液。

发酵温度:30℃。

发酵时间:72h。

发酵条件:好氧发酵。

发酵结束检测蛋白酶活力,纤维素酶活力,淀粉酶活力。

参考文献

[1] 杨帆．微生物发酵饲料的作用机理及利用[J]．新疆畜牧业,2014,(10):11-13.

[2] 蒋爱国.动物血粉的加工技术[J].农村新技术,2008,8:86-88.

[3] 张岩．发酵蛋白饲料在动物生产中的应用[J]．饲料博览,2015,(08):19-23.

[4] 王文梅,许丽．肉骨粉在动物生产中的应用现状[J]．饲料工业,2010,(16):55-58.

[5] 张克英,崔立,胡秀华,等.不同肉骨粉替代鱼粉对仔猪生产性能的影响[J].畜牧市场,2006(9):29-30.

[6] 翁晓辉,王敏,杜红方.发酵豆粕在动物生产中的应用研究[J].饲料广角,2014,21:42-43.

[7] 陆豫,余勃,藏超,等.发酵菜籽粕脱毒工艺优化研究[J].食品科学,2007,28(10):267-271.

[8] 张建华,戴求仲.玉米加工副产品在畜禽饲料中的应用研究进展[J].饲料博览,2010(7):40-42.

[9] 张金玉,霍光明,张李阳. 微生物发酵饲料发展现状及展望[J]. 南京晓庄学院学报,2009(3):68-71.

[10] 木泰华,陈井旺. 甘薯淀粉加工副产品综合利用前景广阔[J]. 农产品加工,2011,(01):10-11.

[11] 娄开利. 几种农副产品的深加工[J]. 川化,1999,(02):35-40.

[12] 赵建明,何学军,魏金涛. 玉米酒精糟在猪饲料中的应用[J]. 农村新技术,2009,(04):26-27.

[13] 彭庆付,孟玲琳. 我国食品及制造业糟渣在生物饲料中的应用[J]. 食品安全导刊,2015,(27):74.

[14] 李义海,黄坤勇. 苹果渣的营养成分及在饲料中的应用[J]. 饲料与畜牧,2011,(02):35-37.

[15] 任燕锋,陈丽丽,李忠秋,刘大森,刘春龙. 甜菜渣饲料资源化利用的现状及发展趋势[J]. 中国奶牛,2010,(11):22-25.

[16] 王秀. 饲料保水及在生产过程中的水分控制[J]. 江西饲料,2014,(01):21-23.

[17] 宋志伟,上官奔. 水分对饲料加工的影响[J]. 当代畜禽养殖业,2013,(04):53.

[18] 陈梁军,王翠,柯伙钊. 玉米浆对多黏菌素E发酵的影响研究[J]. 北方药学,2014,(10):70-71.

[19] 刘井权,刘晓兰,焦岩,刘娜,孟祥伟. 玉米浆生产植物蛋白调味液中试工艺的探讨[J]. 中国调味品,2016,(10):70-72.

[20] 白东清,乔秀亭,魏东,郭立,齐海林. 植酸酶对鲤钙磷等营养物质利用率的影响[J]. 天津农学院学报,2003,(01):6-10.

[21] 孙义章. 玉米浸泡水中植酸的回收和利用[J]. 农牧产品开发,1998,8.

[22] 杨洁彬,郭兴华,张篪,等. 乳酸菌——生物学基础及应用[M]. 北京:中国轻工业出版社,1996.

[23] 贾士芳,郭兴华. 活菌制剂的现状和未来[J]. 生物工程进展,1996,16(2):16-20.

[24] Krehbiel C R, Rust S R, Zhang G, et al. Bacterial direct-fed microbials in ruminant diets: Performance response and mode of action [J]. Journal of Animal Science, 2003, 81 (Supp. 2): 120-132.

[25] 杭柏林,胡建和,刘丽艳,等. 乳酸菌株植物乳杆菌和粪链球菌对肉鸡免疫性能的影响[J]. 广东农业科学,2008,11:80-84.

[26] 王继强,张波,刘福柱. 小麦基础日粮甲添加酶制剂对蛋鸡生产性能

和蛋品质的影响[J]. 中国饲料,2004,21:5-10.
[27] 刘晶晶,刘小平,王小芬,等.SFC-2 发酵液吸附和微贮水稻秸秆的效果比较[C].第十三次全国环境微生物学术研讨会论文摘要集.南京:南京农业大学出版社,2010.
[28] 张晓庆,樊丽娟.不同发酵型乳酸菌在饲料青贮中应用的研究进展[J].当代畜牧,2008,28(5):24-25.